Probability Theory

제2판

확률론

민만식 · 정형철 · 오용선 지음

한티미디어

저자소개

민만식 현 수원대학교 데이터과학부 Adjunct Professor
[주요저서]
확률과 통계, 미분적분학 (공저), 행렬대수

정형철 현 수원대학교 응용통계학과 Professor
[주요저서]
붓스트랩의 이해 (공저), SAS/AF와 SCL을 이용한 통계적 정보분석시스템 개발 (공저)
실험설계와 분석 (공저)

오용선 현 목원대학교 정보통신융합공학부 Professor
[주요저서]
공학에 꼭 필요한 수학(공저), 통신시스템 기초 원리 (공역)

제2판

확률론

발행일 2020년 03월 02일 1쇄
지은이 민만식 · 정형철 · 오용선
펴낸이 김준호
펴낸곳 한티미디어 | **주 소** 서울시 마포구 동교로 23길 67 3층
등 록 제15-571호 2006년 5월 15일
전 화 02)332-7993~4 | **팩 스** 02)332-7995
ISBN 978-89-6421-392-6 (93410)
가 격 25,000원

마케팅 노호근 박재인 최상욱 김원국 | **관 리** 김지영 문지희
편 집 김은수 유채원 | **본 문** 이경은 | **표 지** 유채원

이 책에 대한 의견이나 잘못된 내용에 대한 수정 정보는 한티미디어 홈페이지나 이메일로 알려주십시오.
독자님의 의견을 충분히 반영하도록 늘 노력하겠습니다.
홈페이지 www.hanteemedia.co.kr | **이메일** hantee@hanteemedia.co.kr

---

PREFACE

근래에는 물리학, 공학 등 자연과학의 특정분야에만 한하지 않고, 인문과학, 사회과학 등의 분야에서도 확률론을 활용하는 추세이다. 확률론에서 가장 중요시하는 부분은 학과에 따라서 다르겠으나, 확률론의 활용을 위하여 기초적인 부분은 거의 같으며, 이 부분을 철저히 학습해 두는 것은 필요하다.

본서는 저자가 수년간 강의한 내용을 중심으로 확률론의 입문서로서 기술한 것이다. 본서의 내용은 여러 대학에서 실행하고 있는 강의내용이 100% 포함되게 엮은 것이다.

본서의 제1장부터 제3장까지는 확률론의 기본적인 부분을 요약한 것으로 통계학을 이해하는 데 기초가 될 것이다.

본 확률론에서는 확률과정을 대단히 쉽게 기술하였으므로, 확률론의 진미를 여기서 느낄 수 있고, 또 흥미를 갖게 될 것이다. 전반적으로 수학적 표현에 중심을 두었으며, 쉽게 이해가 되도록 설명하였다. 또 많은 실생활 예제와 문제를 통하여 이해를 돕도록 하였으며, 이의 해답을 거의 완벽하게 해 두었다.

본서는 대학교양수학의 지식으로 충분히 이해될 수 있게 쉽게 엮기 위해 노력하였으며, 본서를 교과서로 채택하는 경우 주당 3시간 1학기의 강의교재로서 적당할 것이다.

끝으로 본서가 확률론의 입문서로서 독자 여러분의 연구에 도움을 주기를 바라는 바이며, 또 이 책의 출판을 쾌히 승낙해 주신 한티미디어 김준호 사장님에게 깊은 감사의 마음을 적는 바이다.

2020. 2

저자

CONTENTS

CHAPTER 3 여러 가지 확률분포

CHAPTER 4 적률생성함수와 중심극한정리

CHAPTER 5 확률결합분포의 응용과 최소제곱법

CHAPTER 6 연속확률결합분포의 응용과 자코비안

APPENDIX 확률응용을 위한 미분적분기초

CHAPTER 01

확률

우리 주위의 세상에서는 예상하지 못한 일들이 가끔 일어난다. 다양한 일들의 크고 작은 원인 때문에 정확한 결과를 예측하는 것은 비현실적이고, 불가능하다. 하지만, 우리는 정확한 결과를 예측할 수는 없지만, 특정 사건이 일어날 비슷한 상황을 암시하는 확률이라는 것을 정할 수 있다. 이 장에서는 조합분석과 확률의 개념을 소개하고 확률의 해석과 성질에 대하여 알아보고 관심 있는 사건들의 확률을 계산해 본다.

1.1 조합분석

어떤 일이 일어날 수 있는 경우의 수를 계산하는 효과적인 방법이 있다면 유용할 것이다. 사실, 많은 확률론 문제들은 어떤 사건이 발생할 수 있는 서로 다른 경우의 수를 계산하여 간단히 해결할 수 있다. 계산의 수학적 이론을 조합분석이라 한다.

1.1.1 경우의 수

어떤 사건이 일어날 수 있는 방법 하나하나를 경우라 하고 그 개수를 경우의 수라 한다. 유한집합 A에 속하는 원소의 개수를 $n(A)$로 나타내며 경우의 수 계산은 원소의 개수를 세는 것과 동일하다. 경우의 수를 계산 할 때에는 중복하지 않고, 빠짐없이, 가능한 모든 경우를 세는 것이 중요하다.

(1) 합사건

사건 A와 B가 일어나는 경우의 수를 각각 m, n, 두 사건 A와 B가 동시에 일어나는 경우의 수가 l가지이면 사건 A또는 사건 B가 일어나는 경우의 수는

$$n(A \cup B) = n(A) + n(B) - n(A \cap B) = m + n - l$$

합의 법칙은 3개 이상의 사건에 대해서도 성립한다.

$$n(A\cup B\cup C)=n(A)+n(B)+n(C)-n(A\cap B)-n(A\cap C)-n(B\cap C)+n(A\cap B\cap C)$$

예제 1.1

갑, 을 두 개의 주사위를 동시에 던질 때, 나오는 눈의 수의 합이 3 또는 8이 되는 경우의 수를 구하여라.

풀이

눈의 합이 3인 경우의 집합을 A라 하고 눈의 합이 8인 경우의 집합을 B라고 하면

$A=\{(1,\ 2),\ (2,\ 1)\}$, $B=\{(2,\ 6),\ (3,\ 5),\ (4,\ 4),\ (5,\ 3),\ (6,\ 2)\}$

여기서 A, B가 동시에 일어날 수 없으므로 구하는 경우의 수는

$n(A)+n(B)=2+5=7$

예제 1.2

50명의 대학생을 대상으로 하여 a, b 두 과목에 대한 선택여부를 조사했더니 a과목을 선택한 학생이 30명, b 과목을 선택한 학생이 25명, a, b의 어느 과목도 선택하지 않은 학생이 8명이었다. 다음 각 물음에 답하여라.

(1) a, b 두 과목 중 적어도 어느 한 과목을 선택한 학생은 몇 명인가?

(2) a, b 두 과목을 모두 선택한 학생은 몇 명인가?

(3) a 과목만을 선택한 학생은 몇 명인가?

풀이

50명의 학생 전체의 집합을 U라 하고, a를 선택한 학생의 집합을 A, b를 선택한 학생의 집합을 B라고 하면

$n(U)=50,\ n(A)=30,\ n(B)=25,\ n(A^c\cap B^c)=8$

(1) 적어도 한 과목을 선택한 학생 수 $n(A\cup B)$는

$n(U)-n(A^c\cap B^c)=50-8=42$

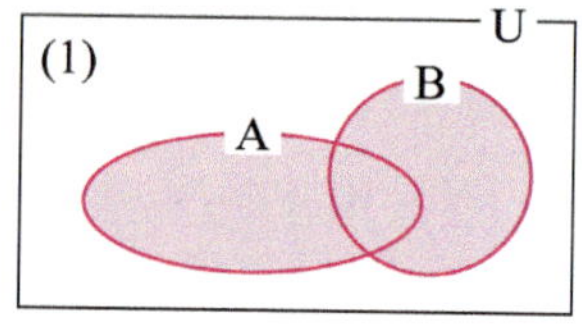

[그림 1.1]

(2) a, b를 모두 선택한 학생 수 $n(A\cap B)$는

$n(A\cup B)=n(A)+n(B)-n(A\cap B)$ 에서

$n(A\cup B)=42, n(A)=30, n(B)=25$이므로

$42=30+25-(A\cap B)$

$\therefore\ n(A\cap B)=13$

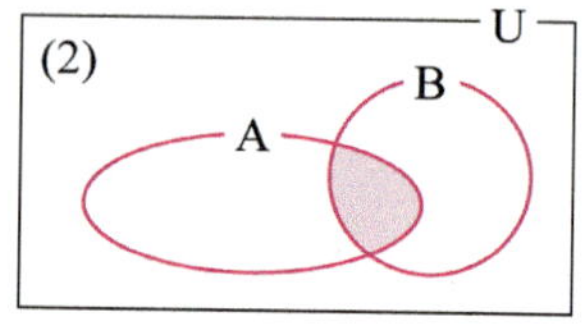

[그림 1.2]

(3) a만을 선택한 학생 수 $n(A\cap B^c)$은

$$\begin{aligned}n(A\cap B^c)&=n(A)-n(A\cap B)\\&=30-13=17\end{aligned}$$

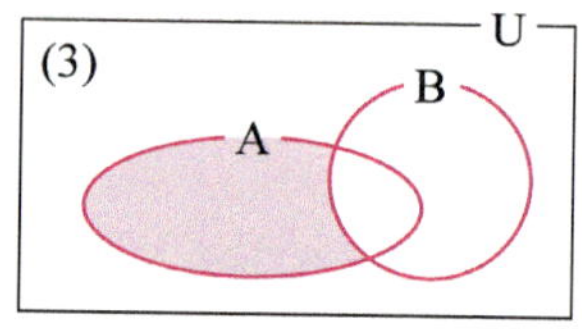

[그림 1.3]

문제 1.1

주사위 한 개를 던질 때, 다음 물음에 답하여라.

(1) 홀수 또는 4의 배수의 눈이 나오는 경우의 수를 구하여라.

(2) 홀수 또는 3의 배수의 눈이 나오는 경우의 수를 구하여라.

문제 1.2

진돗개 3마리, 삽살개 4마리, 세퍼드 2마리 중에서 한 마리를 분양받는 경우의 수를 구하여라.

문제 1.3

K 대학교 100명의 학생에게 a, b, c 세 종류의 책 중에서 어떤 것을 읽었는가를 조사하였더니 다음과 같았다.

a를 읽은 학생 : 28명,
b를 읽은 학생 : 30명,
c를 읽은 학생 : 42명,
a와 b를 읽은 학생 : 8명.
b와 c를 읽은 학생 : 5명,
a와 c를 읽은 학생 : 10명,
a, b, c를 읽은 학생 : 3명

(1) a, b, c중 어느 것도 읽지 않은 학생은 몇 명인가?

(2) a만 읽은 학생은 몇 명인가?

(3) b, c 두 가지만 읽은 학생은 몇 명인가?

(2) 곱사건

두 개의 사건 A, B에 있어서 A는 m가지이고 A의 각각에 대하여 B가 n가지로 일어날 수 있다고 할 때, A가 일어나는 동시에 B가 일어나는 경우의 수는 mn이다. 두 사건 A, B가 일어나는 경우의 수를 각각 m, n이라 할 때,

A와 B가 동시에 일어나는 경우의 수는 $m \times n$

예제 1.3

새로운 지역의 개발자가 주택구매자에게 4가지 종류의 주택디자인, 3가지의 난방시스템, 차고 또는 간이차고, 옥외테라스 또는 스크린이 설치된 현관 등의 선택사항을 제시했다. 이 구매자가 선택할 수 있는 서로 다른 계획이 얼마나 되겠는가?

풀이

$4 \times 3 \times 2 \times 2 = 48$

예제 1.4

경제적 연료연구에서, 3대의 경주용 자동차가 각기 다른 장소에 위치하고 있는 7군데 시험장에서 5가지 다른 상표의 가솔린을 사용해서 시험이 이루어진다. 2명의 운전자가 각기 다른 결합조건하에서 주행시험이 이루어진다면 몇 번의 주행시험이 필요한가?

풀이

$3 \times 5 \times 7 \times 2 = 210$

문제 1.4

진우가 다니고 있는 학교에서는 과학 4과목, 사회 5과목, 제 2 외국어 3과목을 가르친다. 다음 경우의 수를 구하여라.

(1) 과학 과목과 사회 과목 중 한 과목씩 택하여 공부하는 경우의 수

(2) 과학, 사회, 제 2 외국어 과목 중 한 과목씩 택하여 공부하는 경우의 수

문제 1.5

A, B, C, D 네 지점 사이에 아래 그림과 같은 도로망이 있다. A에서 D까지 가는 경로는 모두 몇 가지 인가? 단, 같은 지점은 많아야 한 번 지난다.

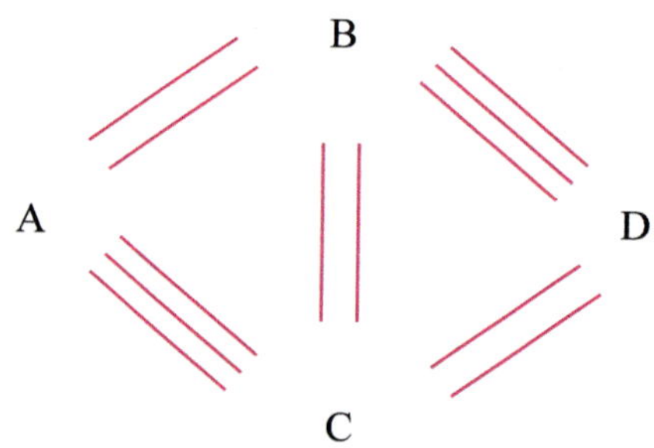

[그림 1.4]

1.1.2 순열

서로 다른 n개의 물건 중에서 서로 다른 r개를 택하여 한 줄로 늘어놓는 것을 n개에서 r개를 택한 순열(Permutation)이라 하고, 이 순열의 수를 ${}_nP_r$로 나타낸다.

$${}_nP_r = n(n-1)(n-2)\cdots(n-r+1) \qquad (\text{단, } n \geq r)$$

이다.

예제 1.5

다음 문제를 구하여라.

(1) 네 개의 숫자 1, 2, 3, 4에서 서로 다른 숫자로 만들 수 있는 세 자리의 자연수의 개수는?

(2) 43명으로 구성된 학급에서 실장 1명, 부실장 1명, 총무 1명을 선출 하는 방법의 수?

(3) 어떤 농구팀에서 어떠한 수비위치라도 맡을 수 있는 8명의 선수들 중 5명이 경기시작에 배치될 수 있는 가짓수는 얼마인가?

(4) 한 명의 교사가 심리학개론강좌를 한 번만 담당할 수 있을 때, 6명의 교사가 4개의 강좌에 배정될 수 있는 가짓수를 찾아라.

풀이

(1) ${}_4P_3 = 24$

(2) ${}_{43}P_3 = 43 \times 42 \times 41 = 74046$

(3) ${}_8P_5$

(4) ${}_6P_4$

예제 1.6

다음 문제를 구하여라.

(1) 30개의 역이 있는 철도회사에서 출발역과 도착역을 명기한 차표를 준비하려고 한다. 1, 2, 3 등의 구분은 없고 왕복표를 포함한다고 할 때, 발행할 차표의 종류의 수는?

(2) A, B, C, D, E 다섯 사람 중에서 위원장, 부위원장, 서기를 각각 1명씩 뽑을 때, 위원장은 반드시 A가 뽑히는 경우는 몇 가지인가?

풀이

(1) ${}_{30}P_2 \times 2 = 1740$

(2) 위원장은 이미 A, 나머지 4명에서 두 명 ${}_4P_2 = 12$

문제 1.6

다음을 계산하여라.

(1) ${}_3P_2$ (2) ${}_4P_4$

(3) ${}_5P_4$ (4) ${}_6P_3$

문제 1.7

10명의 학생이 있다.

(1) 이 10명을 일렬로 세우는 경우의 수를 구하여라.

(2) 이 10명중 3명을 뽑아 일렬로 세우는 경우의 수를 구하여라.

(3) 이 10명 중 n명을 뽑아 일렬로 세우는 경우의 수가 90일 때, n의 값을 구하여라.

1.1.3 중복순열

서로 다른 n개의 물건에서 중복을 허락하여 r개를 뽑아 일렬로 나열해 놓은 것을 서로 다른 n개에서 r개를 취하는 중복순열(Repeated Permutation)이라 하고 이 순열의 수를 나타낸다.

$${}_n\Pi_r = n^r$$

이다.

■ 중복순열의 대표적인 예

① 보통 자릿수 : 1, 2, 3을 사용하여 만들 수 있는 두 자리수; ${}_3\Pi_2$(개)

② 모르스 부호 : ·(돈) 과 −(쓰)에서 3개를 뽑아 만들 수 있는 전신부호의 개수; ${}_2\Pi_3$(개)

③ 기명투표 : 두 후보자에게 5명의 유권자가 기명 투표하는 방법의 수; ${}_2\Pi_5$(개)

④ 우체통에 편지 넣기 : 5통의 편지를 3개의 우체통에 넣는 방법; ${}_3\Pi_5$(개)

⑤ 함수의 개수 : $A=\{1, 2\}$, $B=\{a, b, c\}$에서 A에서 B로의 함수의 개수: ${}_3\Pi_2$(개)

예제 1.7

다음 문제를 구하여라.

(1) 후보자가 세 사람, 선거인이 10사람이 있다. 기명투표로 한 사람이 한 표씩 투표를 할 때 그 결과 나타나는 방법의 수는? (단, 후보자는 투표하지 않고 무효표는 없다.)

(2) 기호 • (돈) 과 – (쓰)를 배열하여 전신 부호를 만들 때, 세 개를 택하여 만들 수 있는 부호의 개수는 몇 개인가?

(3) 세 통의 편지를 다섯 개의 우체통에 넣는 방법의 수는? (단, 한통의 편지도 넣지 않는 우체통이 있어도 된다고 한다.)

풀이

(1) ${}_3\Pi_{10}=3^{10}$

(2) ${}_2\Pi_3=2^3=8$

(3) ${}_5\Pi_3=5^3=125$

예제 1.8

다음 문제를 구하여라.

(1) 5명의 학생을 A, B, C 세 모임에 가입시키는 방법은 몇 가지인가?

(2) 9개의 질문으로 되어 있는 진위(T, F) 테스트에서 서로 다른 응답방법은 얼마나 되겠는가?

풀이

(1) ${}_3\Pi_5=3^5=243$

(2) ${}_2\Pi_9=2^9=512$

문제 1.8

다음 문제를 구하여라.

(1) 배낭여행을 하는 네 친구 A, B, C, D가 어떤 숙소에서 3개의 방 301호, 302호, 303호에 투숙하는 방법의 수는 ? (단, 빈 방이 있을 수도 있다.)

(2) 5명의 유권자가 2명의 후보 중에서 한 명의 후보에게 각각 투표하는 방법의 수를 구하여라. (단, 투표 용지에는 유권자의 이름이 공개되고, 무효표는 없는 것으로 한다.)

(3) 3명의 학생이 특별활동 시간에 합창반, 독서반, 미술반, 영화 감상반 중에 서 어느 한 반에 들어가는 방법의 수는?

1.1.4 같은 것을 포함하는 순열(복수순열)

같은 것을 포함하고 있는 것을 한 줄로 늘어놓는 방법의 수 n개의 물건 중에서 같은 것이 각각 $p, q, \cdots, s$개가 있을 때, 이들 n개 모두를 일렬로 늘어놓는 방법의 수

$$\frac{n!}{p!q!\cdots s!} \quad (\text{단}, p+q+\cdots+s=n)$$

이다.

예제 1.9

다섯 개의 숫자 1,1,1,2,2로 만들 수 있는 네 자리의 정수의 개수를 구하여라.

풀이

(1) 1,1,1,2를 택할 때, 이 네 숫자로 만들 수 있는 정수의 개수는 $\frac{4!}{3!}=4$

(2) 1,1,2,2,를 택할 때, 이 네 숫자로 만들 수 있는 정수의 개수는 $\frac{4!}{2!2!}=6$

따라서, (1), (2)에서 구하는 정수의 개수는 $4+6=10$

예제 1.10

(1) infinity라는 단어를 구성하는 글자들로 만들어질 수 있는 서로 다른 순열의 수는 얼마인가?

(2) 같은 종류의 나무는 구별하지 않을 때 3그루의 오크나무, 4그루의 소나무, 그리고 2그루의 단풍나무가 경계선을 따라 식수될 수 있는 가짓수는 얼마인가?

풀이

(1) $\dfrac{8!}{3!2!}$ (2) $\dfrac{9!}{3!4!2!}$

문제 1.9

어떤 대학의 축구팀이 시즌 중에 12번의 축구경기를 한다. 이 팀이 7번을 이기고, 3번을 지고, 그리고 2번을 비기면서 시즌을 마칠 수 있는 가짓수는 얼마인가?

문제 1.10

success의 7개의 문자를 모두 일렬로 배열한다.

(1) 양 끝에 s가 오도록 배열하는 방법의 수는 몇 가지인가?

(2) 세 개의 s가 모두 인접하도록 배열하는 방법의 수는 몇 가지인가?

1.1.5 원순열

서로 다른 n개의 물건을 원형으로 나열하는 것을 원순열(Circular permutation)이라 한다. 서로 다른 n개를 원형으로 늘어놓는 방법의 수

$$(n-1)!$$

이다.

예제 1.11

정오각뿔의 옆면을 5가지 색으로 칠하는 방법은 모두 몇 가지인가?

풀이

$(5-1)!=24$

예제 1.12

부모를 포함한 6명의 가족이 원형의 식탁에 다음과 같이 둘러앉는 방법의 수를 구하여라.

(1) 부모가 이웃하게 앉는다.

(2) 부모가 마주보고 앉는다.

풀이

(1) 부모를 한 사람으로 생각하여 모두 5명이 식탁에 둘러앉는 방법의 수는 $(5-1)!=24$이고, 그 각각에 대하여 부모가 서로 바꿔 앉는 방법의 수는 2가지이다. 따라서 $24\times 2=48$

(2) 부모가 마주보고 앉으면 다른 4자리의 위치는 확정된다. 따라서 구하는 방법의 수는 $4!=24$

문제 1.11

다음을 문제를 푸시오.

(1) 남학생 3명과 여학생 3명이 원형의 탁자에 둘러앉을 때, 남녀가 교대로 앉는 방법의 수를 구하여라.

(2) 다섯 가지 서로 다른 나무들이 원형으로 식수될 수 있는 가짓수는 얼마인가?

(3) 애리조나로부터 온 8개의 포장마차들로 이루어진 무리가 원형으로 마차를 배열할 수 있는 가짓수는 얼마인가?

문제 1.12

세 쌍의 부부가 원탁에 둘러앉을 때 남편 세 사람 모두 자기 부인과 이웃하여 앉는 방법의 수는?

1.1.6 조합

서로 다른 n개의 물건(원소) 중에서 순서를 생각하지 않고 r개를 뽑을 때 이 r개로 이루어진 각각의 집합을 n개에서 r개를 취하는 조합(Combination)이라 하고 이 조합의 수를 ${}_nC_r$ 또는 $\binom{n}{r}$로 표시한다.

$$ {}_nC_r = \frac{{}_nP_r}{r!} = \frac{n!}{r!(n-r)!} $$

이다.

예제 1.13

어떤 학급의 학생 수 45명에서 학급 대표 2명을 뽑는 방법의 수는?

풀이

$$ {}_{45}C_2 = \frac{45!}{2!(45-2)!} = 45 \times 22 = 990 $$

예제 1.14

어떤 회합에서 각 회원이 나머지 회원들과 꼭 한 번씩의 악수를 교환할 때, 그 회수가 435회였다. 회원 수를 구하여라.

풀이

$$ {}_nC_2 = \frac{n(n-1)}{2} = 435, \quad n(n-1) = 30 \cdot 29, \quad n = 30 $$

문제 1.13

야구선수 9명, 농구선수 5명이 있다. 물음에 답하여라.

(1) 이 중에서 3명의 야구선수와 2명의 농구선수를 뽑는 방법은 몇 가지인가?

(2) 5명을 뽑을 때, 야구 대표 1명, 농구 대표 1명이 포함되는 경우의 수?

(3) 3명을 뽑을 때, 적어도 농구선수 1명이 포함되는 경우의 수?

(4) 3명을 뽑을 때, 야구, 농구선수가 적어도 각각 1명의 선수가 포함되는 경우의 수?

보기

${}_{9}C_{6}$, ${}_{12}C_{10}$을 계산하여라.

연구

$${}_{9}C_{6} = {}_{9}C_{9-6} = {}_{9}C_{3} = \frac{{}_{9}P_{3}}{3!} = \frac{9 \times 8 \times 7}{3 \times 2 \times 1} = 84$$

$${}_{12}C_{10} = {}_{12}C_{12-10} = {}_{12}C_{2} = \frac{{}_{12}P_{2}}{2!} = \frac{12 \times 11}{2 \times 1} = 66$$

1.1.7 중복조합

서로 다른 n개의 원소 중에서 중복을 허락하여 r개를 택하는 조합을 중복조합이라고 하고, 이 중복조합의 수를 ${}_{n}H_{r}$로 나타내며

$${}_{n}H_{r} = {}_{n+r-1}C_{r}$$

로 계산한다.

보기

${}_{2}H_{3}$, ${}_{3}H_{4}$을 계산하여라.

연구

$${}_{2}H_{3} = {}_{2+3-1}C_{3} = {}_{4}C_{3} = {}_{4}C_{4-3} = {}_{4}C_{1} = 4$$

$${}_{3}H_{4} = {}_{3+4-1}C_{4} = {}_{6}C_{4} = {}_{6}C_{6-4} = {}_{6}C_{2} = 15$$

예제 1.15

방정식 $x+y+z=7$을 만족시키는 x, y, z에 대하여 다음을 구하여라.

(1) 음이 아닌 정수인 해 (x, y, z)의 개수

(2) 자연수인 해 (x, y, z)의 개수

풀이

(1) x, y, z의 3개의 문자 중 중복을 허락하여 7개를 뽑는 조합의 수와 같으므로

$${}_3H_7 = {}_{3+7-1}C_7 = {}_9C_7 = {}_9C_2 = 36$$

(2) $x-1=z$, $y-1=b$, $z-1=c$로 놓으면 $x+y+z=7$에서

$$(a+1)+(b+1)+(c+1)=7$$

$$\therefore a+b+c=4$$

즉, 구하는 해의 개수는 방정식 $a+b+c=4$에서 음이 아닌 정수인 해 (a, b, c)의 개수와 같으므로

$${}_3H_4 = {}_{3+4-1}C_4 = {}_6C_4 = {}_6C_2 = 15$$

예제 1.16

4명의 학생들에게 같은 종류의 음료수 10개를 나누어 주려고 한다. 다음을 구하여라.

(1) 음료수 10개를 나누어 주는 방법의 수

(2) 음료수 10개를 한 학생에게 적어도 한 개씩 나누어 주는 방법의 수

풀이

(1) 구하는 방법의 수는 방정식 $a+b+c+d=10$에서 음이 아닌 정수인 해 (a, b, c, d)의 개수와 같으므로

$${}_4H_{10} = {}_{4+10-1}C_{10} = {}_{13}C_{10} = {}_{13}C_3 = 286$$

(2) 구하는 방법의 수는 방정식 $a+b+c+d=10$에서 자연수인 해 (a, b, c, d)의 개수와 같으므로

$${}_4H_6 = {}_{4+(10-4)-1}C_{10-4} = {}_9C_6 = {}_9C_3 = 84$$

문제 1.14

사과, 배, 귤, 토마토 중에서 중복을 허용하여 3개를 구입하는 방법의 수는?

문제 1.15

4명의 학생들에게 같은 종류의 음료수 10개를 나누어 주려고 할 때, 다음을 구하여라.

(1) 음료수 10개를 나누어 주는 방법의 수

(2) 음료수 10개를 각 학생에게 적어도 한 개씩 나누어 주는 방법의 수

1.2 이항정리

1.2.1 이항정리

조합을 이용한 $(a+b)^n$의 정리이다. n이 양의 정수 일 때,

$$\begin{aligned}(a+b)^n &= {}_nC_0\,a^n + {}_nC_1\,a^{n-1}b^1 + {}_nC_2\,a^{n-2}b^2 + \cdots + {}_nC_r\,a^{n-r}b^r + \cdots + {}_nC_n\,b^n \\ &= \sum_{r=0}^{n} {}_nC_r\,a^{n-r}b^r\end{aligned}$$

이것을 이항정리(Binomial Theorem)라 하고

(1) **일반항 :** ${}_nC_r\,a^{n-r}b^r$

(2) **이항계수 :** ${}_nC_0,\ {}_nC_1,\ {}_nC_2,\ \cdots,\ {}_nC_r,\ \cdots,\ {}_nC_n$

$$(a+b)^n = (a+b)(a+b)\cdots(a+b)$$

n개의 인수 $(a+b)$의 각각에서 a 또는 b를 하나씩 뽑아서 곱한 단항식의 곱이다. 이 때,n개의 인수 중에서 r개의 b를 뽑고 나머지 $n-r$개는 a를 뽑아서 곱한 것이 $a^{n-r}b^r$이고 이것은 n개에서 r개를 뽑는 조합의 수만큼 나타난다. 따라서 $(a+b)^n$의

전개식에서 $a^{n-r}b^r$의 계수는 ${}_nC_r$이다.

$$\begin{aligned}(a+b)^n &= (a+b_1)(a+b_2)(a+b_3)\cdots(a+b_n)\\ &= a^n + a^{n-1}B_1 + a^{n-2}B_2 + \cdots + aB_{n-1} + B_n\end{aligned}$$

이라면

$B_1 = b_1 + b_2 + \cdots b_n$: $b_1, b_2, \cdots, b_n$에서 하나씩 　　항수 : ${}_nC_1$

$B_2 = b_1b_2 + b_1b_3 + \cdots + b_{n-1}b_n$: $b_1, b_2, \cdots, b_n$에서 두 개씩 　　항수 : ${}_nC_2$

$\vdots$

$B_n = b_1b_2\cdots b_n$: $b_1, b_2, \cdots, b_n$에서 n개 　　항수 : ${}_nC_n$

이를 정리하면

$$\begin{aligned}(a+b)^n &= {}_nC_0\,a^n + {}_nC_1\,a^{n-1}b^1 + {}_nC_2\,a^{n-2}b^2 + \cdots + {}_nC_r\,a^{n-r}b^r + \cdots + {}_nC_n\,b^n\\ &= \sum_{r=0}^{n} {}_nC_r\,a^{n-r}b^r\end{aligned}$$

예제 1.17

$(a+b)^3$의 전개식에서 a^2b와 ab^2의 계수는 얼마인가?

풀이

$(a+b)^3 = a^3 + 3a^2b + 3ab^2 + b^3$이므로, a^2b와 ab^2의 계수는 3

예제 1.18

$\left(2x^2 - \dfrac{1}{x}\right)^6$의 전개식에서 x^3의 계수는?

풀이

전개식에서 일반항은 ${}_6C_r(2x^2)^{6-r}\left(-\frac{1}{x}\right)^r = (-1)^r{}_6C_r 2^{6-r}x^{12-3r}$

$12-3r=3$에서 $r=3$

x^3의 계수는 $(-1)^3{}_6C_3(2)^3 =-160$

문제 1.16

$\left(ax^3+\frac{2y}{x^2}\right)^4$의 전개식에서 x^2y^2의 계수가 6일 때, a의 값을 구하여라.

예제 1.19

$(1+x)+(1+x)^2+ \cdots +(1+x)^n$의 전개식에서 x^2의 계수는?

풀이

$(1+x)^k$에서 x^2에 계수는 ${}_kC_2$, 전체의 x^2의 계수는 각 항의 x^2의 계수의 합과 같으므로

$$\begin{aligned}{}_2C_2+{}_3C_2+{}_4C_2+\cdots+{}_nC_2 &= \frac{2\times1}{2\times1}+\frac{3\times2}{2\times1}+\frac{4\times3}{2\times1}+\cdots+\frac{n(n-1)}{2\times1}\\ &=\sum_{k=2}^{n}\frac{k(k-1)}{2}=\frac{1}{2}\sum_{k=2}^{n}(k^2-k)=\frac{1}{2}\left\{\frac{n(n+1)(2n+1)}{6}-\frac{3n(n+1)}{6}\right\}\\ &=\frac{n(n+1)(n-1)}{6}\end{aligned}$$

문제 1.17

$(1+x^2)+(1+x^2)^2+ \cdots +(1+x^2)^{20}$의 전개식에서 x^4의 계수는?

예제 1.20

$p+q=1,\ p\geq 0,\ q\geq 0$일 때, 다음을 증명하여라.

(1) $\displaystyle\sum_{r=0}^{n} {}_nC_r p^r q^{n-r}=1$

(2) $\displaystyle\sum_{r=0}^{n} r\,{}_nC_r p^r q^{n-r}=np$

풀이

(1) $\displaystyle\sum_{r=0}^{n} {}_nC_r p^r q^{n-r}=(p+q)^n=1$

(2) $r=0$이면 준식은 0

$$\begin{aligned}\sum_{r=0}^{n} r\,{}_nC_r p^r q^{n-r} &= \sum_{r=1}^{n} n\,{}_{n-1}C_{r-1} p^r q^{n-r} \qquad \Rightarrow\ r\,{}_nC_r=n\,{}_{n-1}C_{r-1} \\ &= np\sum_{r=1}^{n} {}_{n-1}C_{r-1} p^{r-1} q^{(n-1)-(r-1)} \\ &= np\sum_{rr=0}^{n-1} {}_{n-1}C_{rr} p^{rr} q^{(n-1)-(rr)} \\ &= np(p+q)^{n-1}=np\end{aligned}$$

문제 1.18

다음 값을 구하여라.

(1) $\displaystyle\sum_{k=0}^{n} {}_n\mathrm{C}_\mathrm{k} 4^\mathrm{k}$

(2) $\displaystyle\sum_{k=1}^{n} 2^k\,{}_nC_k p^k q^{n-k}$

(3) $\displaystyle\sum_{r=1}^{n} {}_n\mathrm{C}_\mathrm{r}\, 3^{\mathrm{n}-\mathrm{r}} 8^\mathrm{r}$

1.2.2 이항계수의 성질

(1) ${}_nC_0 + {}_nC_1 + {}_nC_2 + {}_nC_3 + \cdots + {}_nC_n = 2^n$

$(1+x)^n = {}_nC_0\,x^0 + {}_nC_1\,x^1 + {}_nC_2\,x^2 + \cdots + {}_nC_nx^n$에서 $x=1$대입

${}_nC_0 + {}_nC_1 + {}_nC_2 + {}_nC_3 + \cdots + {}_nC_n = 2^n$

(2) ${}_nC_0 - {}_nC_1 + {}_nC_2 - {}_nC_3 + \cdots + (-1)^n\,{}_nC_n = 0$

$(1+x)^n = {}_nC_0\,x^0 + {}_nC_1\,x^1 + {}_nC_2\,x^2 + \cdots + {}_nC_nx^n$에서 $x=-1$대입

${}_nC_0 - {}_nC_1 + {}_nC_2 - \cdots + (-1)^n\,{}_nC_n = 0$

(3) ${}_nC_0 + {}_nC_2 + {}_nC_4 + \cdots = {}_nC_1 + {}_nC_3 + {}_nC_5 + \cdots = 2^{n-1}$

(1)+(2) : 홀수 번째 항의 계수의 합

(1)−(2) : 짝수 번째 항의 계수의 합

(4) $1\,{}_nC_1 + 2\,{}_nC_2 + 3\,{}_nC_3 + \cdots + n\,{}_nC_n = n\,2^{n-1}$

$(1+x)^n = {}_nC_0\,x^0 + {}_nC_1\,x^1 + {}_nC_2\,x^2 + \cdots + {}_nC_nx^n$에서

$(1+x)^n$의 전개식의 양변을 미분한 식에 $x=1$ 대입

$1\,{}_nC_1 + 2\,{}_nC_2 + 3\,{}_nC_3 + \cdots + n\,{}_nC_n = n\,2^{n-1}$

(5) ${}_nC_0 + \frac{{}_nC_1}{2} + \cdots + \frac{{}_nC_n}{n+1} = \frac{1}{n+1}(2^{n+1}-1)$

$(1+x)^n = {}_nC_0\,x^0 + {}_nC_1\,x^1 + {}_nC_2\,x^2 + \cdots + {}_nC_nx^n$에서

$(1+x)^n$의 전개식의 양변을 적분

$$\frac{1}{n+1}(x+1)^{n+1} + C = {}_nC_0\,x + \frac{1}{2}\,{}_nC_1\,x^2 + \frac{1}{3}\,{}_nC_2\,x^3 + \cdots + \frac{1}{n+1}\,{}_nC_n\,x^{n+1}$$

적분상수 C를 구하기 위하여 양변에 $x=0$를 대입

$\frac{1}{n+1} + C = 0 \qquad C = -\frac{1}{n+1}$

따라서 ${}_nC_0\,x + \frac{1}{2}\,{}_nC_1\,x^2 + \frac{1}{3}\,{}_nC_2\,x^3 + \cdots + \frac{1}{n+1}\,{}_nC_n\,x^{n+1}$

$$= \frac{1}{n+1}(x+1)^{n+1} - \frac{1}{n+1} = \frac{1}{n+1}\left((x+1)^{n+1} - 1\right)$$

이 식에 $x=1$ 대입하면

$${}_nC_0 + \frac{1}{2}{}_nC_1 + \frac{1}{3}{}_nC_2 + \cdots + \frac{1}{n+1}{}_nC_n = \frac{1}{n+1}\left(2^{n+1} - 1\right)$$

예제 1.21

${}_nC_0 + {}_nC_1 + {}_nC_2 + {}_nC_3 + \cdots + {}_nC_n = 64$인 n은?

풀이

$2^n = 64$에서 $n = 6$

문제 1.19

${}_{10}C_0 + {}_{10}C_1 + {}_{10}C_2 + \cdots + {}_{10}C_{10}$의 값을 구하여라.

예제 1.22

부등식 $500 < {}_nC_1 + {}_nC_2 + \cdots + {}_nC_n < 1000$을 만족하는 자연수 n의 값은?

풀이

${}_nC_0 + {}_nC_1 + {}_nC_2 + \cdots + {}_nC_n = 2^n$

$500 < 2^n - 1 < 1000$, $2^8 = 256$, $2^{10} = 1024$이므로 $n = 9$

문제 1.20

다음 관계식을 만족시키는 양의 정수 n의 값을 구하여라.

(1) ${}_nC_1 + {}_nC_2 + {}_nC_3 + \cdots + {}_nC_n = 31$

(2) $2000 < {}_nC_1 + {}_nC_2 + \cdots + {}_nC_n < 3000$

예제 1.23

11^{10}의 일의 자리, 십의 자리, 백의 자리 숫자를 각각 a, b, c라 할 때, $a+b+c$의 값은?

풀이

$11^{10}=(10+1)^{10}$이므로

${}_{10}C_0+{}_{10}C_1 10^1+{}_{10}C_2 10^2+\cdots+{}_{10}C_{10} 10^{10}$

$=1+10\times10+45\times10^2+10^3({}_{10}C_1+{}_{10}C_3 10+\cdots+{}_{10}C_{10}10^7)$

$=1+10\times10+45\times10^2+10^3\times(\text{자연수})=4601+10^3\times(\text{자연수})$

$a+b+c=6+0+1=7$

문제 1.21

이항정리를 이용하여 101^3의 값을 구하여라.

1.2.3 다항정리

조합을 이용한 $(p_1+p_2+\cdots+p_k)^n$의 정리이다.

일반적으로 $\{(a+b)+c\}^n$을 전개하면 c^r의 항은 ${}_nC_r(a+b)^{n-r}c^r$

또, $(a+b)^{n-r}$의 전개식에서 b^q의 항은

$${}_{n-r}C_q\, a^{n-r-q}b^q={}_{n-r}C_q\, a^p\, b^q \qquad (p+q+r=n)$$

따라서 $(a+b+c)^n$의 전개식에서의 $a^pb^qc^r$의 계수는

$${}_nC_r\,{}_{n-r}C_q=\frac{n!}{r!(n-r)!}\times\frac{(n-r)!}{q!(n-r-q)!}=\frac{n!}{p!q!r!}$$

따라서

$$(a+b+c)^n = \sum \frac{n!}{p!\,q!\,r!} a^p b^q c^r$$

(단, $p \geq 0,\ q \geq 0,\ r \geq 0$이고 $p+q+r=n$)이다.

이항을 k개로 확장하면 다음과 같다.

$$(p_1+p_2+\ \cdots + p_k)^n = \sum \frac{n!}{x_1!\,x_2!\,\cdots\,x_k!} p_1^{x_1} \cdots p_k^{x_k} \tag{1}$$

(단, $x_1 \geq 0,\ x_2 \geq 0,\ x_3 \geq 0,\ \cdots\cdots$ 이고 $x_1+x_2+x_3 \cdots\cdots + x_k = n$)

식 (1)으로부터 $p_1^{x_1}\, p_2^{x_2} \cdots p_k^{x_k}$을 얻을 수 있는 방법의 수는

$$\frac{n!}{x_1!\,x_2!\,\cdots\,x_k!} \tag{2}$$

위의 수 (2)를 다항계수(Multinomial Coefficient)라 하며, 이항계수는 다항계수에서 $k=2$인 특수한 경우이다. 따라서 $k=2$라 하면 다항정리(Multinomial Theorem)는 이항정리가 된다.

예제 1.24

다음 물음에 답하여라.

(1) $(a+b+c)^9$ 의 전개식에서 $a^2b^3c^4$ 의 계수를 구하여라.

(2) $(a+b+c)^5$ 의 전개식에서 계수가 5인 항은 몇 개인가?

풀이

(1) 전개식의 일반항은 $\frac{9!}{p!\,q!\,r!} a^p b^q c^r$ (단, $p+q+r=9$) 이므로,

$a^2b^3c^4$항은 $p=2, q=3, r=4$일 때이다.

따라서 $a^2b^3c^4$의 계수는 $\frac{9!}{2!\,3!\,4!} = 1260$

(2) $a^p b^q c^r$의 계수가 5라 하면 $\frac{5!}{p!\,q!\,r!} = 5$ (단, $p+q+r=5$).

곧 $p!\,q!\,r! = 4!,\ p+q+r=5$

이 두 식을 동시에 만족시키는 p, q, r의 쌍의 수는 $4, 1, 0$의 순열의 수와 같으므로 $3! = 6$개

예제 1.25

$\left(x^2 + \frac{1}{x} + 1\right)^6$ 의 전개식에서 x^3 의 계수를 구하여라.

풀이

전개식의 일반항은 $\frac{6!}{p!q!r!}(x^2)^p\left(\frac{1}{x}\right)^q 1^r = \frac{6!}{p!q!r!}x^{2p-q}$ (단, $p+q+r=6$)

$2p-q=3,\ p+q+r=6$

p, q, r은 음이 아닌 정수이므로 $(p,\ q,\ r)=(2,\ 1,\ 3),\ (3,\ 3,\ 0)$

따라서 x^3의 계수는 $\frac{6!}{2!1!3!}+\frac{6!}{3!3!0!}= 80$

예제 1.26

다음 문제에서 경우의 수를 구하여라.

(1) 대학 축구선수 10명을 일렬로 세우려고 한다. 이들 10명을 학년으로 구분했을 때 1학년이 1명, 2학년이 2명, 3학년이 4명, 4학년이 3명이라면, 이들을 학년만을 구분하여 일렬로 세울 수 있는 방법은 몇 가지나 되겠는가?

(2) 어느 생물학 실험의 대상이 될 10명의 그룹이 있다. 이 중 3명의 혈액형이 O형, 4명은 A형이고 나머지 3명은 B형일 경우의 수는 얼마인가?

(3) 7명의 과학자를 3인용 객실 하나와 2인용 객실 둘에 투숙시키는 방법은 몇 가지가 있겠는가?

풀이

(1) $\frac{10!}{1!2!4!3!} = 12{,}600$

(2) $\frac{10!}{3!4!3!}$

(3) $\binom{7}{3,2,2} = \frac{7!}{3!2!2!} = 210$

문제 1.22

$(x^2+x+1)^6$ 의 전개식에서 x^3 의 계수를 구하여라.

문제 1.23

다음 경우의 수를 구하여라.

(1) 한 줄에 이어진 9개의 소켓에 3개의 빨간등, 4개의 노란등 2개의 파란등을 끼워서 크리스마스 트리를 장식하려고 한다. 이 표본 공간의 표본점의 개수는?

(2) 세 대의 버스 A, B, C의 좌석이 각각 3석, 2석, 5석이 비어있다. 10명의 승객을 이 세대에 분승시키는 방법은 모두 몇 가지인가?

문제 1.24

다음의 확률을 구하라.

(1) 어느 공장에서 생산된 제품을 조사하니 1급품이 50%, 2급품이 30%, 3급품이 20%였다. 10개의 제품을 임의로 추출했을 때, 1급품이 4개, 2급품이 3개, 3급품이 3개일 확률을 구하여라.

(2) 회의에 참가하는 대표단이 비행기, 버스, 자동차, 기차로 도착할 확률은 각각 0.4, 0.2, 0.3, 0.1이다. 대표단에서 무작위로 추출된 9명 중 3명은 비행기, 3명은 버스, 1명은 자동차, 2명은 기차로 도착했을 확률은?

1.3 확률

1.3.1 시행과 사건

확률에 대해 설명함에 있어서, 이 확률들이 어떤 상황에서 어떻게 계산 될 수 있는지를 보여준다. 준비단계로 확률실험의 표본공간과 사건의 개념이 필요하다. 이를위해 사용되는 용어들을 소개하면 다음과 같다.

(1) 시행

동일한 조건하에서 반복할 수 있고 그 결과가 우연에 의하여 지배되는 가능한 모든 결과의 집합을 알 수 있는 실험이나 관찰 등의 행위를 시행이라 하고 그 결과로 일어나는 사실을 그 시행의 사건이라고 한다. 예를 들어, 한 개의 주사위를 던지는 것은 시행이고 '짝수의 눈이 나온다' 등은 이 시행의 사건이다.

(2) 표본공간과 사건

어떤 시행에서 일어날 수 있는 모든 가능한 결과의 집합을 표본공간이라 하고 표본공간의 부분집합을 사건이라 한다. 표본공간은 전체집합으로 표시된다. 하나의 시행에서 가능한 결과가 $e_1, e_2, e_3, \ldots, e_n$뿐이라 할 때, 전체집합 $S = \{e_1, e_2, e_3, \ldots, e_n\}$을 시행의 표본공간 또는 표본집단이라 한다. 또, 표본공간 S의 부분집합을 사건이라 한다. 특히 전체집합인 표본공간 S를 전사건(반드시 일어나는 사건), S의 단 하나의 원소로 된 부분집합 $\{e_1\}, \{e_2\}, \ldots$를 근원사건, S의 부분집합인 공집합 $\varnothing$을 공사건(결코 일어나지 않는 사건)이라 한다.

(3) 합사건, 곱사건, 여사건

표본공간 S의 부분집합을 사건 A, B라 할 때, $A \cup B$를 사건 A, B의 합사건, $A \cap B$를 사건 A, B의 곱사건, A^c를 사건 A의 여사건 이라 한다.

(4) 배반사건

두 사건 A, B가 동시에는 일어나지 않을 때, 곧 $A \cap B = \varnothing$일 때 A와 B는 서로 배반한다고 하고, 이 두 사건을 배반사건이라고 한다. 또, 세 개 이상의 사건에 대해서 어떠한 두 사건도 서로 배반하면 이들 사건은 서로 배반한다고 말한다.

예제 1.27

하나의 주사위를 한 번 던지는 시행에서 i의 눈이 나오는 것을 e_i로 나타내기로 할 때, 다음에 답하여라. 또한 3 이하의 눈이 나오는 사건 E, 짝수의 눈이 나오는 사건 F, 5의 눈이 나오는 사건 G라 하자.

(1) 표본공간 S를 만들어라.

(2) 다음 사건 E, F, G를 나타내어라.

(3) E와 F의 합 사건은 G의 여사건과 같음을 보여라.

(4) E와 F는 서로 배반하지 않음을 보여라.

(5) E와 서로 배반하는 사건은 몇 가지 인가?

풀이

(1) $S=\{e_1, e_2, e_3, e_4, e_5, e_6\}$

(2) $E=\{e_1, e_2, e_3\}, F=\{e_2, e_4, e_6\}, G=\{e_5\}$

(3) $E\cup F=\{e_1, e_2, e_3, e_4, e_6\}$, $G^c=\{e_1, e_2, e_3, e_4, e_6\}$ 이므로, $E\cup F=G^c$

(4) $E\cap F=\{e_2\}\neq \varnothing$

(5) $\{e_4, e_5, e_6\}$의 부분집합의 개수와 같으므로 $2^3=8$가지

예제 1.28

25명의 산업공학, 10명의 기계공학, 10명의 전기공학, 8명의 토목공학 학생들로 구성된 통계학 수업이 있다. 이중 한명의 학생을 임의로 뽑을 때 그 학생이 (1) 산업공학학생, (2) 토목공학이나 전기공학 학생일 확률을 각각 구하여라.

풀이

총 53명의 학생들 중 산업, 기계, 전기, 토목공학 학생을 각각 A, B, C, D로 나타내기로 하자.

(1) 53명 중 산업공학 학생은 25명 이므로 $P(A)=\dfrac{25}{53}$

(2) 53명중 토목공학이나 전기공학 학생은 모두 18명 이므로 $P(C\cup D)=\dfrac{18}{53}$

문제 1.25

동전을 2 번 던진다. $A_1=\{HH\}$, $A_2=\{HT\}$, $A_3=\{TH\}$, $A_4=\{TT\}$ (H는 앞면, T는 뒷면)이라 할 때 다음 사건 $E_1=A_1\cup A_2\cup A_3$, $E_2=A_3\cup A_4$의 확률 $P(E_1)$ 및 $P(E_2)$를 구하여라.

단, $P(A_1)=.36$, $P(A_2)=P(A_3)=.24$, $P(A_4)=.16$

문제 1.26

동전을 3개 던져서 H, T를 알아보는 실험을 할 때,

(1) 표본공간을 구하여라.

(2) 2회째가 앞면이라는 사상을 E, 꼭 2회만 앞면 나온다는 사상을 F라 할 때, E와 F를 나타내어라.

(3) (2)에서 정한 사상 E, F에 대하여, $E\cup F$, $E\cap F$, E^c, F^c, $(E\cap F)^c$, $E^c\cap F$를 구하여라.

1.3.2 확률의 정의

확률이란 임의성과 불확실성에 의해 일어날 수 있는 여러 결과중의 대한 연구 분야이다.

(1) 수학적 확률

어떤 시행에서 표본공간의 원소의 개수를 $n(S)$라 하고, 개개의 근원사건이 일어나는 것이 같은 정도로 확실할 때, 사건 A의 원소의 개수가 $n(A)$라 하면 사건 A가 일어날 수학적 확률은 다음과 같다.

$$P(A)=\frac{(A\text{에 속하는 근원사건의 개수})}{(\text{근원사건의 총 개수})}=\frac{n(A)}{n(S)}$$

(2) 통계적 확률

상대도수 $\frac{a}{N}$에 있어서 $\lim_{N\to\infty}\frac{a}{N}=p$일 때, 이 p의 값을 사건 A가 일어날 통계적 확률 또는 경험적 확률이라 한다. 그런데 실제로 N을 무한히 크게 할 수 없으므로 N이 어느 정도 클 때의 $\frac{a}{N}$를 통계적 확률로 보는 것이 보통이다.

(3) 확률의 기본성질

임의의 사건 A, 전사건 S, 공사건 $\varnothing$에 대하여 $0 \le P(A) \le 1,\ P(S)=1,\ P(\varnothing)=0$

예제 1.29

하나의 주사위를 던질 때, (1) 짝수의 눈이 나올 확률을 구하여라. (2) 3 이상의 눈이 나올 확률을 구하여라. (3)소수의 눈이 나올 확률을 구하여라.

풀이

하나의 주사위를 던질 때, 표본공간을 S, 짝수의 눈이 나오는 사건을 A, 3 이상의 눈이 나오는 사건을 B, 소수의 눈이 나오는 사건을 C라 하면 $S=\{1,2,3,4,5,6\}$, $A=\{2,4,6\}$, $B=\{3,4,5,6\}$, $C=\{2,3,5\}$ 이므로

(1) $P(A)=\frac{n(A)}{n(S)}=\frac{3}{6}=\frac{1}{2}$

(2) $P(B)=\frac{n(B)}{n(S)}=\frac{4}{6}=\frac{2}{3}$

(3) $P(C)=\frac{n(C)}{n(S)}=\frac{3}{6}=\frac{1}{2}$

예제 1.30

5권의 소설, 3권의 시집, 그리고 한 권의 사전이 있는 서재로부터 임의로 3권의 책이 선택될 때 다음 확률은 얼마인가?

(1) 사전이 선택될 확률

(2) 소설 2권과 시집 1권이 선택될 확률

풀이

(1) $\frac{{}_1C_1\,{}_8C_2}{{}_9C_3}$ (2) $\frac{{}_5C_2\,{}_3C_1}{{}_9C_3}$

문제 1.27

다음 확률을 구하여라.

(1) 흰 공 3개와 검은 공 4개가 들어 있는 주머니에서 2개의 공을 꺼낼 때, 같은 색 공이 나올 확률은?

(2) 20개의 제비 속에 3개의 당첨제비가 들어있다. 3개의 제비를 뽑을 때, 그 중에서 2개가 당첨 제비가 될 확률은?

(3) 흰 공 5개, 검은 공 3개가 들어 있는 주머니에서 한 번에 1개씩 차례로 2개의 공을 꺼낼 때(꺼낸 공을 다시 넣지 않음) 2개 모두 검은 공이 나올 확률?

문제 1.28

어떤 통계의 결과 출생아 1000명 중에서 출생 후 1년까지 산 아이가 950명이라면 어떤 출생아가 1년 후 까지 살 확률은 얼마인가?

1.3.3 확률의 가법정리

이 절에서는 사건들의 기본 연산인 여사건, 합사건 등과 확률계산에 유용한 확률법칙에 대하여 알고자 한다.

(1) 일반적인 덧셈정리

두 사건 A, B중 적어도 어느 한 쪽이 일어나는 사건을 A와 B의 합사건 $A \cup B$이라 하고 A와 B가 동시에 일어나는 사건을 A와 B의 곱사건 $A \cap B$라 한다.

$$P(A \cup B) = P(A) + P(B) - P(A \cap B)$$

(2) 배반사건의 덧셈정리

일반적으로 어떤 시행에서 두 사건 A, B중 어느 한 쪽이 일어나면 다른 쪽은 일어나지 않을 때, A와 B는 서로 배반이라 하고 A, B를 배반사건이라 한다. 이것은 $A \cap B = \varnothing$ 인 경우이다.

$$P(A \cup B) = P(A) + P(B)$$

(3) 여사건의 확률

사건 A의 확률과 여사건 A^c의 확률사이의 관계

$$P(A) + P(A^c) = 1,\ P(A) = 1 - P(A^c)$$

예제 1.31

한 개의 주사위를 던질 때, 짝수의 눈 또는 3 이상의 눈이 나올 확률은?

풀이

$$P(A \cup B) = P(A) + P(B) - P(A \cap B) = \frac{3}{6} + \frac{4}{6} - \frac{2}{6} = \frac{5}{6}$$

예제 1.32

흰 공 5개, 검은 공 3개, 빨간 공 2개가 들어 있는 주머니에서 4개의 공을 꺼낼 때, 적어도 2개가 흰 공이 나올 확률을 구하면?

풀이

전체 : ${}_{10}C_4$, 흰 공이 1개 : ${}_5C_1\,{}_5C_3 = 50$

흰 공이 없을 때 : ${}_5C_4 = {}_5C_1 = 5$

$$1 - \frac{55}{{}_{10}C_4} = \frac{31}{42}$$

예제 1.33

새 자동차를 사려고 하는 어느 고객이 녹색, 백색, 적색 혹은 청색의 자동차를 구입할 확률이 각각 0.09, 0.15, 0.21, 0.23이라고 할 때, 그 고객이 네 가지 색 중 어느 한 가지의 색의 차를 구입할 확률은 얼마인가?

풀이

녹색, 백색, 적색, 청색의 차를 구입할 사건을 각각 G, W, R, B라 하면, 이 네 사상은 서로 배반이므로 $P(G\cup W\cup R\cup B)=P(G)+P(W)+P(R)+P(B)=0.09+0.15+0.21+0.23=0.68$이 된다.

예제 1.34

어느 자동차 업체가 리콜을 고려하고 있다. 리콜을 할 경우 브레이크 결함, 변속기 결함, 연료계통 결함, 기타결함일 확률이 각각 0.25, 0.18, 0.17, 0.40이라고 한다.

(1) 브레이크와 연료계통이 동시에 결함일 확률이 0.15라고 할 때, 리콜된 차가 브레이크나 연료계통의 결함이 있을 확률은 얼마인가?

(2) 브레이크나 연료계통에 결함이 없을 확률은 얼마인가?

풀이

(1) $P(A)+P(B)-P(A\cap B)=0.25+0.17-0.15=0.27$

(2) $1-P(A\cup B)=1-0.27=0.73$

문제 1.29

1에서 200까지의 정수 안에서 임의로 취한 정수가 6 또는 8의 배수가 될 확률을 구하여라. 단 어느 정수도 같은 정도로 취해진다고 하자.

문제 1.30

1에서 n까지의 번호가 붙은 n개의 구가 주머니 안에 있다. 다음 확률을 구하여라.

(1) 2개의 구를 꺼낼 때, 구의 번호가 1, 2 일 확률

(2) 3개의 구를 꺼낼 때, 3개구에 번호 1이 포함 안 될 확률

(3) 5개의 구를 꺼낼 때, 그 안에 번호 1, 2, 3의 어느 하나만이 들어 있을 확률

문제 1.31

전구 1000개 안에 5%의 불량품이 들어 있다. 이들 전구에서 5개를 임의로 취할 때

(1) 그 전부가 양품일 확률을 구하여라.

(2) 적어도 1개의 불량품이 들어 있을 확률을 구하여라.

문제 1.32

두 사건 A, B에 대해 $P(A)=0.3$, $P(B)=0.5$, $P(A^c \cap B^c)=0.4$일 때, $P(A \cap B)$의 값은?

1.3.4 확률의 곱셈정리

표본공간을 S라 하고 임의의 사건 E를 $P(E)>0$인 사건이라 하자. 사건 E가 일어났을 때 어떤 사건 A가 일어날 확률을 생각하여 보자.

(1) 조건부 확률

실험결과에 관한 어떤 일부분의 정보를 알고 있을 때 확률들을 계산하고자 하는 경우가 종종 있다. 이러한 경우에 구하는 확률이 조건부 확률이다.

확률이 0이 아닌 두 사건 A, B에 대하여 A가 일어났다는 조건하에서 B가 일어날 확률을 사건 A가 일어났을 때의 사건 B의 조건부 확률이라 하고, $P(B|A)$ 또는

$P_A(B)$로 나타낸다. 사건 A가 일어났을 때의 사건 B의 조건부 확률은 위의 정의에 의해

$$P(B|A)=\frac{P(A\cap B)}{P(A)},\ \text{단},\ P(A)>0$$

가 성립하며 이로부터 곱셈정리 $P(A)>0$, $P(B)>0$일 때,

$$P(A\cap B)=P(A)P(B|A)=P(B)P(A|B)$$

이다.

예제 1.35

아래의 테이블은 1200명의 대학생들의 음주와 흡연 습관을 조사한 결과를 나타낸다.

	음주	불음주	합계
흡연	315	165	480
비흡연자	585	135	720
합계	900	300	1200

(1) 이 그룹에서 흡연을 하는 사람의 확률은 얼마인가?

(2) 음주를 하는 학생 중 흡연자의 확률은 얼마인가?

(3) 음주자의 확률은 얼마인가?

(4) 흡연자 중 음주를 하는 학생의 확률은 얼마인가?

풀이

(1) $P(\text{흡연})=\frac{480}{1200}=0.4$

(2) $P(\text{흡연}|\text{음주})=\frac{315}{900}=0.35$

(3) $P(\text{음주})=\frac{900}{1200}=0.75$

(4) $P(\text{음주}|\text{흡연})=\frac{315}{480}=0.65625$

예제 1.36

A시에서 환경보호 운동에 참여하고 있는 주민은 전체 주민의 20%이며, 이 중에서 여성의 비율은 60%이다. 환경보호 운동에 참여하고 있는 A시 주민 중에서 한 명을 뽑을 때, 그 사람이 남자일 확률은?

풀이

환경운동에 참여하는 사람을 E, 남자를 M라 할 때,

$$P(M|E)=\frac{P(M\cap E)}{P(E)}=\frac{0.2\times 0.4}{0.2}=\frac{2}{5}$$

예제 1.37

전구 15개 중에 불량품이 3개 섞여 있다. 지금 전구 한 개 한 개씩을 검사하여 이 3개의 불량품을 다 찾아내려고 할 때 제7회검사시에서 제3번째의 불량품을 발견될 확률을 구하라.

풀이

처음 6회까지의 검사에서 두 개의 불량품을 찾을 사상을 B, 제7회의 검사에서 제3번째의 불량품을 찾을 사상을 A로 나타내자. 그러면

$$P(B)=\frac{{}_{3}C_{2}\cdot{}_{12}C_{4}}{{}_{15}C_{6}}$$

이고, $P(A|B)$는 B가 나타낸 연후에 제7검사에서 제3번째의 불량품을 얻을 확률이다. 만일 A가 일어났다면, 잔여전구는 9개이고, 그 중 불량품이 한 개 섞여 있으므로 제7회검사에 남은 한 개의 불량품을 추출할 확률 $P(A|B)$는

$$P(A|B)=\frac{1}{9}$$

이므로, 구하는 확률은

$$P(A\cap B)=P(B)P(A|B)=\frac{{}_{3}C_{2}\cdot{}_{12}C_{4}}{{}_{15}C_{6}}\cdot\frac{1}{9}=\frac{3}{91}$$

문제 1.33

어떤 비행기의 승객 중 60%가 한국인, 승객 중 42%가 한국인 남자다. 한국인 중 임의의 한 명을 뽑을 때, 그 사람이 남자일 확률은?

문제 1.34

오른손잡이와 왼손잡이의 IQ점수에 관심이 있던 심리학자는 간단히 2000명의 고등학교 학생들의 무작위 표본을 대상으로 다음과 같은 자료를 수집하였다.

	오른손 잡이	왼손 잡이	합계
높은 IQ	190	10	200
낮은 IQ	1710	90	1800
합계	1900	100	2000

(1) 이 그룹의 학생이 높은 IQ를 가질 확률은 얼마인가?

(2) 왼손잡이인 학생들이 높은 IQ를 가질 확률은 얼마인가?

문제 1.35

어떤 지방에서는 과거의 경험으로 보아 나이가 40세보다 많은 성인이 암을 가지고 있을 확률이 0.05라고 알려져 있다. 의사가 암환자를 옳게 진단할 확률이 0.78이고 암환자가 아닌 사람을 환자로 오진할 확률이 0.06이다.

(1) 어떤 사람이 암환자로 진단될 확률은 얼마인가?

(2) 암환자라고 진단받은 사람이 실제로 병에 걸렸을 확률은?

(2) 독립사건과 종속사건

① 두 사건 A, B에 대하여 사건 A가 일어날 경우와 사건 A가 일어나지 않을 경우에 따라 사건 B가 일어날 확률이 달라질 때 곧,

$$P(B|A) \neq P(B|A^c)$$

일 때, 사건 A와 B는 종속이라고 하고, 종속인 두 사건을 종속사건이라 한다.

② 두 사건 A, B에 대하여 사건 A가 일어날 경우와 사건 A가 일어나지 않을 경우에 따라 사건 B가 일어날 확률이 달라지지 않을 때, 곧

$$P(B|A) = P(B|A^c) = P(B)$$

일 때, A와 B는 독립이라고 하고, 독립인 두 사건을 독립사건이라 한다.

③ 특히 사건 A와 사건 B가 서로 독립일 때는 다음 곱셈정리가 성립한다.

$$\text{사건 } A, B\text{가 독립} \Leftrightarrow P(A \cap B) = P(A)P(B)$$

예제 1.38

한 개의 주사위를 던질 때, 짝수의 눈이 나오는 사건을 A, 4 이상의 눈이 나오는 사건을 B, 1 또는 6의 눈이 나오는 사건을 C라 할 때, A와 B는 종속이고, B와 C는 독립임을 보여라.

풀이

$$P(B|A) = \frac{P(B \cap A)}{P(A)} = \frac{2/6}{3/6} = \frac{2}{3},\ P(B) = \frac{3}{6},\ P(B|A) \neq P(B)$$

$$P(B|C) = \frac{P(B \cap C)}{P(C)} = \frac{1/6}{2/6} = \frac{1}{2},\ P(B) = \frac{3}{6},\ P(B|C) = P(B)$$

예제 1.39

한 개의 주사위와 한 개의 동전을 동시에 던질 때, 주사위의 짝수의 눈과 동전의 앞면이 나올 확률을 구하여라.

풀이

주사위의 짝수의 눈이 나올 사건을 A, 동전의 앞면이 나올 사건을 B라 하면 사건 A, B는 서로 독립이므로

$$P(A \cap B) = P(A)P(B) = \frac{3}{6} \times \frac{1}{2} = \frac{1}{4}$$

문제 1.36

한 도시에 독립적으로 운행되는 두 대의 소방차가 있다. 소방차가 필요할 때 특정한 한 대 의 소방차를 이용할 수 있는 확률은 0.96이다.

(1) 소방차가 필요할 때 어느 소방차도 이용할 수 없을 확률은?

(2) 소방차 필요할 때 어느 한 대의 소방차를 이용할 수 있을 확률은?

문제 1.37

다음 그림과 같은 세 개의 스위치를 가진 회로에서 각 순간에 각 스위치가 닫혀 있을 확률은 오른쪽 표와 같다.

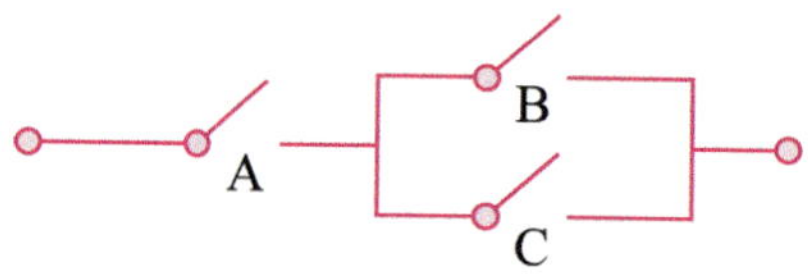

[그림 1.5]

스위치	A	B	C
확률	0.4	0.3	0.2

이때, 어느 순간에 다음 각 사건이 일어나서 회로에 전류가 흐를 확률을 구하여라. 단, 각 스위치가 열려 있는 사건은 서로 독립이다.

(1) A, B는 닫혀 있고 C는 열려 있다.

(2) A, C는 닫혀 있고 B는 열려 있다.

(3) A, B, C가 모두 닫혀 있다.

(3) 베이즈 정리

사상 $A_1, A_2, \cdots A_n$이 표본공간 S의 분할을 이룬다 하자. 즉, 사상A_i는 서로 배반이고, 그들의 합사상은 S이다. 지금 B를 다른 사상이라 할 때,

$$B = S \cap B = (A_1 \cup A_2 \cup \cdots \cup A_n) \cap B$$
$$= (A_1 \cap B) \cup (A_2 \cap B) \cup \cdots\cdots \cup (A_n \cap B)$$

여기서 $A_i \cap B$는 모두 서로 배반사상이다. 따라서

$$P(B) = P(A_1 \cap B) + P(A_2 \cap B) + \cdots + P(A_n \cap B)$$

한편 확률의 곱셈 정리에 의하여

$$P(B) = P(A_1)P(B \mid A_1) + P(A_2)P(B \mid A_2) + \cdots\cdots + P(A_n)P(B \mid A_n)$$

이를 전확률의 공식(total probability)이라 한다.

또한 임의의 i에 대하여 조건부확률의 곱셈정리에 의하여

$$P(B) = \sum_{i=1}^{n} P(A_i)P(B \mid A_i)$$

및

$$P(A_i \cap B) = P(A_i)P(B \mid A_i)$$

을 사용하면

$$P(A_i \mid B) = \frac{P(A_i)P(B \mid A_i)}{P(A_1)P(B \mid A_1) + P(A_2)P(B \mid A_2) + \cdots\cdots + P(A_n)P(B \mid A_n)}$$

이다.

이 정리를 베이즈(Bayes)의 정리라 한다.

예제 1.40

3 개의 기계 A, B, C가 각각 이 공장의 생산품 전체의 50%, 30%, 20%를 생산한다. 이들 기계가 불량품을 생산할 비율은 3%, 4%, 5%이다. 한 제품이 임의로 선정된다 할 때, 그제품이 불량품일 확률을 구하라.

풀이

X를 제품이 불량인 사상이라 하자. 그러면 베이즈(Bayes)의 정리에 의하여

$$\begin{aligned} P(X) &= P(A)P(X \mid A) + P(B)P(X \mid B) + P(C)P(X \mid C) \\ &= P(A \cap X) + P(B \cap X) + P(C \cap X) \\ &= (0.50)(0.03) + (0.30)(0.04) + (0.20)(0.05) = 0.037 \end{aligned}$$

예제 1.41

앞 예제에서 제품이 임의로 선정된다 하고, 그것이 불량품이라 하자. 이 경우 그것이 A 기계에 의하여 생산된 것일 확률 $P(A \mid X)$을 구하라.

풀이

베이즈(Bayes)의 정리에 의하여

$$
\begin{aligned}
P(A|X) &= \frac{P(A\cap X)}{P(X)} \\
&= \frac{P(A)P(X|A)}{P(A)\,P(X|A)+P(B)P(X|B)+P(C)P(X|C)} \\
&= \frac{(0.50)(0.03)}{(0.50)(0.03)+(0.30)(0.04)+(0.20)(0.05)} = \frac{15}{37}
\end{aligned}
$$

예제 1.42

볼트를 만드는 어느 공장에서 세 대의 기계 A, B, C가 각각 전체의 25%, 35%, 40%를 만들며, 또 각각의 제품의 5%, 4%, 2%가 불량품이라 한다. 제품 가운데 임의로 꺼낸 하나의 볼트가 불량품이었다고 할 때, 그것이 기계 A에서 만들어졌을 확률을 구하여라.

풀이

제품이 불량일 사건을 E라 하면,

$$
\begin{aligned}
P(E) &= P(A\cap E)+P(B\cap E)+P(C\cap E) \\
&= P(A)P(E|A)+P(B)P(E|B)+P(C)P(E|C) \\
&= 0.25\times 0.05+0.35\times 0.04+0.4\times 0.02 = 0.0345
\end{aligned}
$$

$$P(A|E) = \frac{P(A\cap E)}{P(E)} = \frac{0.0125}{0.0345} = \frac{25}{69}$$

문제 1.38

은행의 세 부서에 하루에 각각 120, 180, 100명의 손님들이 온다고 가정해보자. 손님이 방문했을 때 $100가 넘는 액수를 거래할 확률은 각각 0.5, 0.6, 0.7이라고 가정해보자. 손님을 무작위로 선택하였다. 그 손님이 $100가 넘는 액수를 거래할 때, 첫 번째 부서에 방문할 확률은 얼마인가?

문제 1.39

3개의 기계 A, B, C가 각각 이 공장의 생산품 전체의 50%, 30%, 20%를 생산한다. 이들 기계가 불량품을 생산할 비율은 3%, 4%, 5%이다. 한 제품이 임의로 선정된다고 하고 그 제품이 불량일 때 그것이 A 기계에서 생산될 확률을 구하여라.

문제 1.40

어느 제조업체에서는 제품개발 시 세 가지 분석법을 적용하고 있는 데, 비용의 문제로 분석법 1, 2, 3을 제품의 30%, 20%, 50%에 각각 적용하고 있다. 세 가지 방법에 따라 불량률은 다음과 같이 각각 다른 것으로 알려졌다.

$P(D|P_1)=0.01,\ P(D|P_2)=0.03,\ P(D|P_3)=0.02$ 여기에서 $P(D|P_j)$는 분석법 j였을 때 불량품일 확률을 나타낸다. 한 제품을 임의로 선택한 수 검사한 결과 불량이었다면, 어느 분석법을 사용했을 가능성이 가장 많은가?

CHAPTER 02

확률변수와 확률분포

표본공간(S)에서 어떤 사건의 확률은 구하는 것이 매우 복잡하거나 어려울 때가 있다. 때때로 실험결과를 수치로 나타내는 것이 아주 중요한 의미를 가지게 된다. 예를 들어, 3개의 동전을 던졌을 때 출현가능한 모든 결과들을 자세하게 보여 주는 표본공간은 다음과 같다.

$$S = \{HHH, HHT, HTH, HTT, THH, THT, TTH, TTT\}$$

H는 앞면을 의미하고, T는 뒷면을 의미한다. 당연히 앞면의 수에 관심을 가지게 될 것이다. 따라서, 각 표본점에 0, 1, 2, 3의 숫자들을 대응시킬 수 있다. 이 값들은 3개의 동전을 던졌을 때 앞면의 수를 의미하는 확률변수(random variable) X라고 생각할 수 있다.

그러므로 확률변수는 표본공간 내에 있는 각 원소에 하나의 실수값을 대응시키는 함수로 정의된다. 표본공간이 유한개 혹은 셀 수 있는 무한개의 원소로 이루어졌을 때 이산표본공간(discrete sample space)이라 한다. 어떤 통계적 실험에서는 출현 가능한 결과들이 유한하지도 않고 셀 수 없는 경우가 있다. 예를 들어, 어떤 자동차가 5리터의 휘발유로 규정된 시험코스를 주행한 거리를 측정하는 것은 그런 경우에 해당된다. 주행거리를 어느 정도의 정확성을 가지고 측정되는 변수라고 생각한다면 표본공간 내의 가능한 거리들은 무한개가 된다. 표본공간이 실선의 어떤 구간 내의 모든 수를 포함할 때 연속표본공간(continuous sample space)이라 한다.

2.1 이산형 확률분포

이산확률변수 X에 대하여 확률

$$P(x) = P\{X = x\}$$

를 X의 확률함수(probability function)이라 하고, X가 취할 수 있는 값을 $a_1, a_2, \cdots$ 이라 하여

$$f(a_j) = P\{X = a_j\} \quad (j = 1, 2, \cdots)$$

이라 놓고, $\{f(a_j)\}$를 X의 확률분포(probability distribution)이라 한다.

그리고

$$F(x) = P\{X \leq x\} = P\{w \in S : X(w) \leq x\}$$

를 확률변수 X의 분포함수이라 한다.

X가 이산형이면

$$P\{X = x_n\} = p_n, \ n = 1, 2, \cdots, \ p_n > 0, \ \sum p_n = 1$$

이고, $F(x) = P\{X \leq x\}$는 $x = x_n$에서 점프(jump) 한다.

이산형인 경우, 확률함수가 주어지면, 분포함수가 구해지고, 역으로 분포함수가 주어지면 확률함수가 구해진다.

이산형인 경우, 분포함수 $F(x)$는 분포함수이며

$$F(x) = \sum_{\{n \mid a_n \leq x\}} p_n, \ p_n = P\{X = a_n\}$$

이다(x가 취하는 값이 $a_1, a_2, \cdots a_n, \cdots$이다).

예제 2.1

공평한 동전을 3번 던지는 시행을 한다. 이 경우 앞면이 나오는 횟수를 X로 나타낼 때 X의 분포함수를 구하여라.

풀이

앞면을 H, 뒷면을 T라면

$$S = \{(HHH), (HHT), (HTH), (HTT), (THH), (THT), (TTH), (TTT)\}$$

이고,

$$X(HHH)=3,\ X(HHT)=2,\ \cdots, X(TTT)=0$$

$x<0$일 때 $\{X\le x\}=\phi$, $0\le x<1$ 일 때 $\{X\le x\}=\{(TTT)\}$, $1\le x<2$일 때 $\{X\le x\}=\{(TTT),(HTT),(THT),(TTH)\}$, $2\le x<3$일 때 $\{X\le x\}=\{(HHT),(HTH),(THH),(HTT),(THT),(TTH),(TTT)\}$, $x\ge 3$때 $\{X\le x\}=S$이므로, X의 분포함수는

$$F(x)=\begin{cases} 0\ , & (x<0) \\ 1/8, & (0\le x<1) \\ 1/2, & (1\le x<2) \\ 7/8, & (2\le x<3) \\ 1\ , & (3\le x) \end{cases}$$

예제 2.2

앞면이 나올 확률이 0.6인 동전을 독립적으로 2회 던질 때, 앞면의 수를 X이라 하자. X의 확률분포 및 분포함수를 구하고, 또 이들을 그래프로 나타내어라.

풀이

$S=\{HH, HT, TH, TT\}$이고, X의 확률분포는 이항분포

$$p_k=P\{X=k\}=\binom{2}{k}(0.6)^k(0.4)^{2-k}\qquad (k=0,\ 1,\ 2)$$

$$P\{X=0\}=0.16,\ P\{X=1\}=0.48,\ P\{X=2\}=0.36$$

를 하며, 분포함수 $F(x)$는 실수에 대하여 $F(x)=P\{X\le x\}$이므로

$$F(x)=\begin{cases} 0 & (x<0) \\ P\{X=0\}=0.16, & (0\le x<1) \\ P\{X=0\}+P\{X=1\}=0.64, & (1\le x<2) \\ P\{X=0\}+P\{X=1\}+P\{X=2\}=1, & (x\ge 2) \end{cases}$$

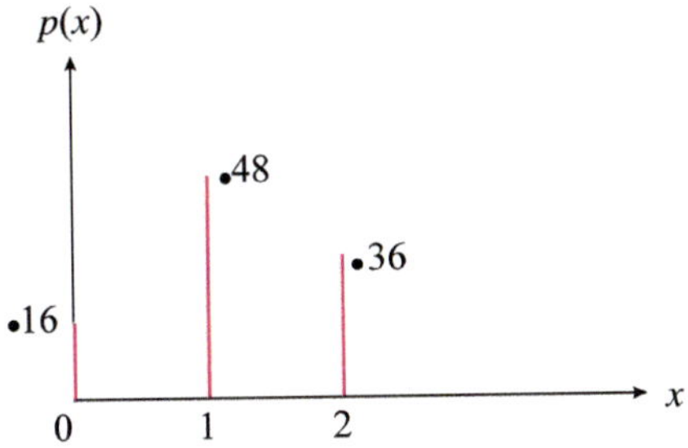

[그림 2.1]

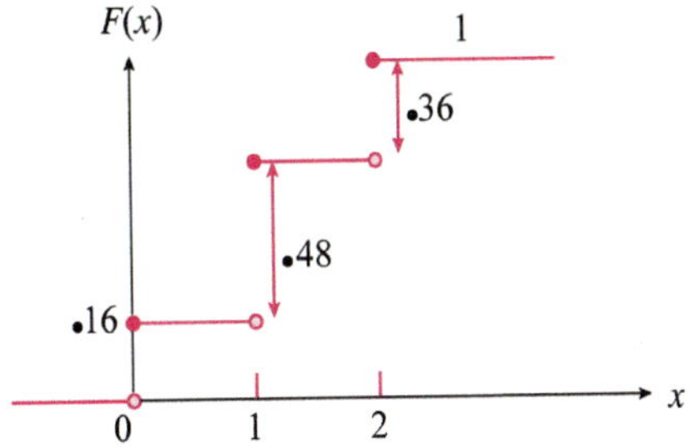

[그림 2.2]

문제 2.1

다음 함수들이 이산형 확률변수 X의 확률분포가 될 수 있도록 c를 구하라.

(1) $f(x) = c(x^2 + 4),\ x = 0, 1, 2, 3$

(2) $f(x) = c\binom{2}{x}\binom{3}{3-x},\ x = 0, 1, 2$

문제 2.2

선정되는 7대의 TV중 2대가 결함이 있다고 한다. 한 호텔에서 이들 중 3대를 임의로 구입하기로 했다. 만약 X를 호텔에서 구입한 결함이 있는 TV의 수라 했을 때 확률변수 X의 확률분포를 구하라. 또 그 결과를 확률 히스토그램으로 나타내어라.

문제 2.3

문제 2.2에서 결함의 수를 나타내는 확률변수 X의 누적분포를 구하라. 또 $F(x)$를 이용하여 다음을 구하라.

(1) $P(X = 1)$

(2) $P(0 < X \le 2)$

2.2 연속형 확률분포

연속확률변수 X가 있을 때, R의 임의 구간 A에 대하여

$$P\{X \in A\} = \int_A f(x)dx$$

되는 음이 아닌 함수 $f(x)$가 존재할 때, 이 $f(x)$를 X의 확률밀도함수(probability density function,또는 p.d.f) 또는 단지 밀도함수이라 한다.

따라서 X 연속확률변수일 때, X의 분포함수 $F(x)$는

$$F(x) = P\{-\infty < X \le x\} = \int_{-\infty}^{x} f(y)dy$$

로 나타내진다. 또한

$$f(x) = \frac{d}{dx}F(x)$$

이다.

분포함수 $F(x)$는 다음 성질을 지니고 있다. $F(x)$를 임의의 확률변수의 분포함수라 할 때, 다음이 성립한다.

(1) $F(x)$는 비감소함수이다. 즉 $a < b$이면 $F(a) \le F(b)$이다.

(2) (i) $\lim_{x \to +\infty} F(x) = 1$ (ii) $\lim_{x \to -\infty} F(x) = 0$

(3) $F(x)$는 오른쪽에서 연속(우측연속)인 함수이다.

예제 2.3

확률변수 X의 누적분포함수가 다음과 같다. 확률밀도함수를 구하여라.

$$F(x)=\begin{cases}0, & x<0\\ x/2, & 0\le x<2\\ 1, & x\ge 2\end{cases}$$

풀이

$$f(x)=\begin{cases}0, & x<0 \text{ 또는 } x\ge 2\\ 1/2, & 0\le x<2\end{cases}$$

예제 2.4

확률변수 X의 누적분포함수가 다음과 같다.

$$F(x)=\begin{cases}0, & x<0\\ a+be^{-x}, & 0\le x<\infty\end{cases}$$

(1) 상수 a, b를 구하여라.

(2) $P(2\le X\le 4)$를 구하여라.

(3) 확률밀도함수 $f(x)$를 구하여라.

풀이

(1) $F(x)$가 누적분포함수이므로 $\lim_{x\to+\infty}F(x)=1$이고 $\lim_{x\to-\infty}F(x)=0$이어야 한다.

즉, $F(0)=0$이다.

$\lim_{x\to\infty}F(x)=\lim_{x\to\infty}(a+be^{-x})=a=1$, $F(0)=a+b=0$ 이므로

$a=1, b=-1$이다.

(2) $P(2\le X\le 4)=F(4)-F(2)=\dfrac{e^2-1}{e^4}$

(3) $0\le x<\infty$에서 $f(x)=\dfrac{d}{dx}F(x)=\dfrac{d}{dx}(1-e^{-x})=e^{-x}$이고, $x<0$일 때, $f(x)=0$이다.

문제 2.4

다음 누적분포함수를 갖는 확률변수 X에 대하여 확률밀도함수 $f(x)$와 확률 $P(1 \le X \le 2)$을 구하여라.

$$F(x) = \begin{cases} 0, & x < 0 \\ 1 - e^{-\lambda x}, & x \ge 0 \end{cases}$$

문제 2.5

누적분포함수가 다음과 같을 때, 확률밀도함수 $f(x)$를 구하여라.

(1) $F(x) = \begin{cases} 0, & x \le 0 \\ x, & 0 < x < 1 \\ 1, & x \ge 1 \end{cases}$

(2) $F(x) = \begin{cases} 0, & x \le 1 \\ 1 - \dfrac{1}{x}, & x > 1 \end{cases}$

(3) $F(x) = \begin{cases} 0, & x \le 0 \\ 1 - e^{-x}, & x > 0 \end{cases}$

(4) $F(x) = \dfrac{1}{\pi} \tan^{-1} x, \quad -\infty < x < +\infty$

예제 2.5

다음 주어진 함수 $M_X(t)$에 대하여 $M_X{}'(0)$, $M_X{}''(0)$, $M_X{}''(0) - (M_X{}'(0))^2$을 구하여라.

(1) $M_X(t) = (1 - \beta t)^{-k}, \ \left(t < \dfrac{1}{\beta}\right)$

(2) $M_X(t) = \exp\left[\mu t + \dfrac{\sigma^2}{2} t^2\right] \left(\begin{array}{l} -\infty < \mu < +\infty, \sigma^2 > 0 \\ -\infty < t < +\infty \end{array}\right)$

풀이

(1) $M_X{}'(0) = k\beta, \ M_X{}''(0) = k(k+1)\beta^2,$

$M_X{}''(0) - [M_X{}'(0)]^2 = k\beta^2$

(2) $M_X{}'(0) = \mu, \ M_X{}''(0) = \mu^2 + \sigma^2,$

$M_X{}''(0) - [M_X{}'(0)]^2 = \sigma^2$

문제 2.6

다음 주어진 함수 $M_X(t)$에 대하여 $M_X{}'(0)$, $M_X{}''(0)$, $M_X{}''(0)-(M_X{}'(0))^2$을 구하여라.

(1) $M_X(t)=(1-p+pe^t)^n$
$(0<p<1,\ -\infty<t<+\infty)$

(2) $M_X(t)=\exp[\lambda(e^t-1)]$
$(\lambda>0,\ -\infty<t<+\infty)$

$P\{a<X\le b\}=\int_a^b f(x)dx\ (a<b)$이며, $\{X\le b\}$은 배반인 사상 $\{X\le a\}$와 $\{a<X\le b\}$의 합사상이므로

$$P\{X\le b\}=P\{X\le a\}+P\{a<X\le b\}$$

따라서

$$\begin{aligned}P\{a<X\le b\}&=F(b)-F(a)\\&=\int_{-\infty}^b f(x)dx-\int_{-\infty}^a f(t)dt\end{aligned}$$

일 때, 절대연속이라 한다. 여기서 $f(x)$는 X의 밀도함수이고, $F(x)$는 $x\to\infty$ 일 때 1에 수렴하므로, $\int_{-\infty}^{\infty} f(x)dx=1$이 된다.

만일 X가 절대연속이면

$$P\{X=c\}=P\{c\le X<c\}=\int_c^c f(x)dx=0$$

이다. 즉 사상 $\{X=c\}$의 확률은 0이다. 따라서 이 사실의 결과로서 다음이 성립한다.

$$
\begin{aligned}
P\{a \le X \le b\} &= P\{a < X \le b\} = P\{a \le X < b\} \\
&= P\{a < X < b\} \\
&= \int_a^b f(x)dx \\
&= F(b) - F(a)
\end{aligned}
$$

예제 2.6

지수분포의 밀도함수는

$$
f(x) = \begin{cases} \lambda e^{-\lambda x}, & x \ge 0 \\ 0, & x < 0 \end{cases}
$$

이다.

(1) 분포함수를 구하고, $P\{1 \le X \le 2\}$를 구하여라.

(2) $P\{(X-1)(X-2) \ge 0\}$를 구하여라.

풀이

(1) $F(x) = \int_{-\infty}^{x} f(t)dt$ 이며, $x < 0$일 때, $F(x) = 0$

이고, $x \ge 0$일 때,

$$
F(x) = \int_{-\infty}^{0} f(t)dt + \int_0^x f(t)dt = \int_0^x \lambda e^{-\lambda t}dt = 1 - e^{-\lambda x}
$$

$$
P\{1 \le X \le 2\} = \int_1^2 \lambda e^{-2x}dx = e^{-\lambda} - e^{-2\lambda} = F(2) - F(1)
$$

(2) $P\{(X-1)(X-2) \ge 0\} = P\{X \le 1 \text{ 또는 } X \ge 2\} = P\{X \le 1\} + P\{X \ge 2\}$

$$
= \int_0^1 \lambda e^{-\lambda x}dx + \int_2^{\infty} \lambda e^{-\lambda x}dx = 1 - e^{-\lambda} + e^{-2\lambda}
$$

예제 2.7

밀도함수 $f(x)$가

$$f(x)=\begin{cases} Ax^2(x-2)^2 & (0 \le x \le 2) \\ 0 & (\text{그밖에서}) \end{cases}$$

일 때,

(1) $F(x)$를 구하여라.

(2) $P\left\{X<\dfrac{3}{4}\right\}$ 및 $P\left\{X>\dfrac{1}{4}\right\}$을 구하여라.

풀이

(1) $\displaystyle\int_{-\infty}^{\infty} f(x)dx = \int_0^2 Ax^2(x-2)^2dx = \frac{16}{15}A$에서 $A=\dfrac{15}{16}$

$$F(x)=\begin{cases} 0 & (x<0) \\ \displaystyle\int_0^x \frac{15}{16}x^2(x-2)^2dx = \frac{1}{16}x^3(3x^2-15x+20) & (0 \le x < 2) \\ 1 & (x \ge 2) \end{cases}$$

(2) $P\left\{X<\dfrac{3}{4}\right\}=F\left(\dfrac{3}{4}\right)=0.28,\quad P\left\{X>\dfrac{1}{4}\right\}=1-F\left(\dfrac{1}{4}\right)=1-0.02=0.98$

문제 2.7

어떤 통신판매를 이용하는 고객의 비율은 다음과 같은 밀도함수를 가지는 연속형 확률변수라고 한다.

$$f(x)=\begin{cases} \dfrac{2(x+2)}{5}, & 0<x<1 \\ 0, & \text{기타} \end{cases}$$

(1) $P(0<x<1)=1$이 됨을 보여라.

(2) 고객들 중 1/4 이상에서 1/2 이하가 이 통신판매를 이용할 확률을 구하라.

문제 2.8

DVD 플레이어의 어느 중요한 부품의 수명은 다음의 밀도함수를 따른다고 한다.

$$f(x) = \begin{cases} \frac{1}{2000} exp(\frac{-x}{2000}), & x \geq 0 \\ 0, & x < 0 \end{cases}$$

(1) $F(x)$를 구하라.

(2) 부품의 수명이 1000시간 이상일 확률을 구하라.

(3) 부품의 2000시간 이전에 고장 날 확률을 구하라.

문제 2.9

$x = 2$에서 $x = 5$ 사이의 값을 가지게 되는 연속형 확률변수 X의 확률밀도 함수가 $f(x) = 2(1+x)/27$이라 할 때 다음을 구하라.

(1) $P(X < 4)$

(2) $P(3 \leq X < 4)$

(3) $F(x)$를 구하라.

2.3 확률변수의 변환

$u(x)$를 실변수 x의 실수값함수라 하자. $y = u(x)$를 x에 관해 풀어서 유일하게 $x = w(y)$를 얻으면 그 변환은 1대 1이라 한다. 여기에서는 이산형 확률변수인 경우와 연속형 확률변수인 경우, 그리고 함수가 1대 1인 경우와 1대 1이 아닌 경우에 함수의 확률함수를 풀라는 문제에 관하여 공부하기로 한다. 먼저 1대 1변환인 경우에 대하여 알아보자.

■ 이산형 확률변수인 경우

X는 확률함수 $f(x)$를 갖는 이산형 확률변수이고, $Y=u(X)$는 1대 1 변환을 이룬다고 하자. 방정식 $y=u(x)$를 x에 관하여 풀어서 유일하게 $x=w(y)$가 얻어진다고 하면, $B=\{y|g(y)>0\}$이라 할 때 Y의 확률함수는

$$g(y)=f[w(y)],\ \ y\in B$$

가 된다.

증명

$g(y)=P(Y=y)=P[u(X)=y]=P[X=w(y)]=f[w(y)].$

예제 2.8

X는 이항분포 $B(3,\ 1/4)$ 즉, $f(x)={}_3C_x\left(\frac{1}{4}\right)^x\left(\frac{3}{4}\right)^{3-x},\ \ x=0,1,2,3$인 확률함수를 가진다고 한다. $Y=X^2$의 확률함수를 구하여라.

풀이

$$g(y)={}_3C_{\sqrt{y}}\left(\frac{1}{4}\right)^{\sqrt{y}}\left(\frac{3}{4}\right)^{3-\sqrt{y}},\ \ y=0,1,4,9$$

예제 2.9

이산확률변수 X의 확률함수가 다음과 같다.

x	−1	0	1
$f_X(x)$	0.3	0.4	0.3

새로운 확률변수 $Y=X^2-1$의 확률함수를 구하여라.

풀이

새로운 확률변수 Y를 $Y = X^2 - 1$로 정의하면 $X = -1, 0, 1$일 때 $Y = 0, -1, 0$이다. 따라서 Y는 0 또는 -1의 두 값 가운데 한 값을 갖는다. 각각의 확률을 구하면 다음과 같다.

$$P[Y=0] = P[(X=-1) \cup (X=1)] = P[X=-1] + P[X=1] = 0.3 + 0.3 = 0.6$$

$$P[Y=-1] = P[X=0] = 0.4$$

따라서 Y의 확률함수 $g(y)$는 다음과 같다.

y	0	−1
$g(y)$	0.6	0.4

문제 2.10

이산형 확률변수 X의 확률함수가 다음과 같다.

x	-1	0	1
$f_X(x)$	0.3	0.4	0.3

(1) $Y = -X$의 확률함수를 구하여라.

(2) $Y = X^2$의 확률함수를 구하여라.

(3) $Y = |X|$의 확률함수를 구하여라.

(4) $Y = 2X + 1$의 확률함수를 구하여라.

문제 2.11

확률변수 X가 평균 λ인 포아송분포를 따른다고 한다. $Y = 4X$의 확률함수를 구하여라.

■ 연속형 확률변수인 경우

X는 확률함수 $f(x)$를 갖는 연속형 확률변수이고, $Y = u(x)$는 역변환 $x = w(y)$에 의하여 $A = \{x \mid f(x) \geq 0\}$에서 $B = \{y \mid g(y) \geq 0\}$로 1대 1 변환을 정의한다고 하자.

도함수 $\frac{d}{dy}w(y)$가 B에서 연속이고 0이 아니면 Y의 확률함수는

$$g(y) = f[w(y)] \left| \frac{d}{dy}w(y) \right|, \quad y \in B$$

이다.

증명

$y = u(x)$는 1대 1이고 단조증가 또는 단조감소 한다고 하자. 먼저 단조증가인 경우에는 $Y \leq y$일 때, 그 때에 한하여 $X \leq w(y)$이다. 따라서

$$G(y) = P(Y \leq y) = P[u(X) \leq y] = P[X \leq w(y)] = F[w(y)],$$

$$g(y) = G'(y) = \frac{d}{dy}F[w(y)] = f[w(y)] \left| \frac{d}{dy}w(y) \right|$$

이다. 또한, 단조감소인 경우에는 u, w는 둘 다 단조감소하기 때문에 $\frac{d}{dy}w(y)$는 음의 값이 되며, 그 절대값을 취함으로 증명된다. 여기서 $w(y)$의 도함수를 변환의 자코비안(Jacobian)이라고 부르며

$$J = \frac{d}{dy}w(y) = \frac{dx}{dy}$$

로 나타낸다.

예제 2.10

$f_X(x) = \lambda e^{-\lambda x}(x > 0);\ = 0 \quad (x \le 0)$일 때, $Y = g(X) = \sqrt{X}$, $X > 0$의 확률함수 $f_Y(y)$를 구하여라.

풀이

$$x = g^{-1}(y) = y^2, \quad \frac{d}{dy}g^{-1}(y) = 2y$$

$$\because f_Y(y) = \begin{cases} 2\lambda y\, e^{-\lambda y^2} & (y > 0), \\ 0 & (y \le 0) \end{cases}$$

예제 2.11

확률변수 X의 확률밀도함수가 $f_X(x) = 2x,\ 0 < x < 1$일 때, 확률변수 $Y = 8X^3$의 확률밀도함수를 구하여라.

풀이

$$y = 8x^3,\ x = \frac{y^{1/3}}{2},\ 0 < y < 8,\ |J| = \frac{y^{-2/3}}{6}$$

그러므로 $f_Y(y) = f\left(\frac{y^{1/3}}{2}\right)|J| = 2\left(\frac{y^{1/3}}{2}\right)\left(\frac{y^{-2/3}}{6}\right) = \frac{1}{6}y^{-1/3},\ 0 < y < 8$

문제 2.12

X의 밀도함수가 다음과 같이 주어졌다.

$$f_X(x) = 2(1-x),\ 0 \le x \le 1$$

(1) $Y = 2X - 1$의 밀도함수를 구하여라.

(2) $Y = 1 - 2X$의 밀도함수를 구하여라.

(3) $Y = X^2$의 밀도함수를 구하여라.

문제 2.13

$f_X(x) = e^{-x},\ x \geq 0$일 때, $Y = \ln X$의 밀도함수를 구하여라.

문제 2.14

다음에 주어진 확률밀도함수에 대하여 $Y = e^X$의 확률밀도함수를 구하여라.

$$f_X(x) = 2e^{-2x}\,(0 < x < \infty)$$

이제 1대 1 변환이 아닌 경우에 대하여 생각해 보자. 함수 $u(x)$가 $A = \{x \mid f(x) > 0\}$ 상에서 1대 1이 아니라 하자. 비록 방정식 $y = u(x)$를 x에 관하여 풀었을 때 유일한 해가 존재하지 않더라도 $u(x)$가 각 A_j상에서 1대 1이 되도록 A를 중복이 안 되는 부분집합 $A_1,\ A_2,\ \cdots$로 분할할 수 있다. 이때 방정식 $y = u(x)$는 집합 A_j상에서 유일한 해 $x_j = w_j(y)$를 갖는다고 하면, 이산형 변수인 경우에 Y의 확률함수는

$$g(y) = \sum_j f[w_j(y)]$$

가 되고, 연속형 변수인 경우에는

$$g(y) = \sum_j f[w_j(y)] \left| \frac{d}{dy} w_j(y) \right|$$

가 된다.

예제 2.12

연속확률변수 X의 확률함수가 $f(x)$일 때, $Y = X^2$의 확률함수 $f_Y(y)$를 구하여라.

풀이

$y = x^2$이라면,

$$x = \pm\sqrt{y} = g^{-1}(y)$$

따라서 각각의 단조함수로 2분하여

$$g_1^{-1}(y) = -\sqrt{y},\ g_2^{-1}(y) = \sqrt{y}$$

이라면

$$|dg_j^{-1}(y)/dy| = 1/(2\sqrt{y})\ \ (j=1,2)$$

이므로

$$f_Y(y) = \begin{cases} \dfrac{1}{2\sqrt{y}}\{f(-\sqrt{y}) + f(\sqrt{y})\} & (y > 0), \\ 0 \quad (y \le 0) \end{cases}$$

예제 2.13

X는 다음과 같은 확률분포를 따르는 확률변수이다.

$$f_X(x) = \begin{cases} \dfrac{1+x}{2}, & -1 < x < 1 \\ 0, & \text{기타} \end{cases}$$

확률변수 $Y = X^2$의 확률분포를 구하여라.

풀이

$y = x^2,\ x_1 = \sqrt{y},\ x_2 = -\sqrt{y},\ J_1 = 1/2\sqrt{y},\ J_2 = 1/2\sqrt{y},$

$$f_Y(y) = f(\sqrt{y})|J_1| + f(-\sqrt{y})|J_2| = \frac{1+\sqrt{y}}{2}\frac{1}{2\sqrt{y}} + \frac{1-\sqrt{y}}{2}\frac{1}{2\sqrt{y}} = 1/2\sqrt{y},\ 0 < y < 1$$

문제 2.15

X가 균일분포 $f(x) = 1/2,\ -1 < x < 1$를 따를 때, $Y = X^2$의 확률함수를 구하여라.

문제 2.16

$f_X(x) = \dfrac{1}{\pi}\dfrac{1}{1+x^2},\ -\infty < x < \infty$에 대하여 $Y = X^2$의 확률밀도함수를 구하여라.

2.4 평균

X가 확률분포 $f(x)$를 가지는 확률변수라고 할 때 X가 이산형인 경우에 X의 평균 혹은 기댓값은

$$\mu = E(X) = \sum_x x f(x)$$

가 되고, X가 연속형인 경우에는

$$\mu = E(X) = \int_{-\infty}^{\infty} x f(x) dx$$

예제 2.14

품질검사원이 7개의 부품으로 구성되어 있는 불량품을 검사하려고 한다. 만일 이 부품에 4개의 양호한 부품과 3개의 결함이 있는 부품이 들어 있다고 하면, 검사원이 3개의 부품을 추출하였을 때 나타나는 양호한 부품의 평균개수를 구하라.

풀이

X를 양호한 부품의 수라고 하자. 그러면 X의 확률분포는

$$f(x) = \frac{\binom{4}{x}\binom{3}{3-x}}{\binom{7}{3}}, x = 0, 1, 2, 3$$

으로 주어진다. 따라서 $f(0)=1/35$, $f(1)=12/35$, $f(2)=18/35$, $f(3)=4/35$이다. 그러므로

$\mu = E(X) = (0)\left(\frac{1}{35}\right) + (1)\left(\frac{12}{35}\right) + (2)\left(\frac{18}{35}\right) + (3)\left(\frac{4}{35}\right) = \frac{12}{7} = 1.7$이다.

예제 2.15

X가 0과 1인 값을 취하는 확률변수이고,

$$f(0)=\frac{1}{2}=f(1)$$

이다. X의 기댓값을 구하여라.

풀이

$$E[X]=0\left(\frac{1}{2}\right)+1\left(\frac{1}{2}\right)=\frac{1}{2}$$

문제 2.17

동전을 던질 때, 표면이 나오면 1, 이면이 나오면 0인 값을 취하는 확률변수를 X이라 할 때, 확률변수 $Y=X(1-X)$의 기댓값 $E[Y]$를 구하여라.

문제 2.18

이산확률변수 X의 확률함수 $f(x)$가

$$f(x)=\left(\frac{1}{2}\right)^x\ (x=1,\ 2,\ \cdots)$$

일 때, X의 기댓값 $E(X)$를 구하여라.

문제 2.19

공정한 동전을 3번 던질 때, 표면이 나오는 회수를 X이라 할 때

(1) $E[X]$를 구하여라.

(2) $E[X-E(X)]$를 구하여라.

예제 2.16

어떤 종류의 기계부품의 수명(단위 : 시간)을 확률변수 X라고 하자.

확률밀도함수가

$$f(x)=\begin{cases}\dfrac{20000}{x^3}, & x>100\\ 0, & \text{기타}\end{cases}$$

로 주어졌을 때 이 기계부품의 기대수명을 구하라.

풀이

$$E(X)=\int_{100}^{\infty}x\,\frac{20000}{x^3}dx=200$$

그러므로, 이 기계 부품의 수명은 평균적으로 200시간이라고 할 수 있다.

예제 2.17

X의 확률밀도함수 $f(x)$가

$$f(x)=\begin{cases}\dfrac{x}{2}, & (0<x<2)\\ 0, & (\text{그 밖에서})\end{cases}$$

일 때, 다음을 구하여라.

(1) $E(X)$ (2) $E(3X^2-2X)$

풀이

(1) $E[X]=\int_0^2 x\cdot\frac{x}{2}dx=\frac{4}{3}$

(2) $E[3X^2-2X]=\int_0^2(3x^2-2x)\cdot\frac{x}{2}dx=\frac{10}{3}$

예제 2.18

어떤 규격화된 관의 직경 X의 밀도함수가 다음과 같이 주어졌을 때 X의 기댓값을 구하라.

$$f(x)=\begin{cases}\dfrac{4}{\pi(1+x^2)}, & 0<x<1\\ 0, & \text{기타}\end{cases}$$

풀이

$$E(X)=\frac{4}{\pi}\int_0^1\frac{x}{1+x^2}dx=\frac{2}{\pi}\int_0^1\frac{2x}{1+x^2}dx$$
$$=\frac{2}{\pi}[\ln(1+x^2)]_0^1=\frac{2\ln 2}{\pi}$$

문제 2.20

다음 밀도함수를 갖는 확률변수 X의 기댓값을 구하여라.

$$f(x)=\begin{cases}2e^{-2x}, & (x>0)\\ 0, & (x\le 0)\end{cases}$$

문제 2.21

어느 우편주문판매에 응하는 비율 X의 확률밀도함수가 다음과 같을 때 X의 기댓값을 구하라.

$$f(x)=\begin{cases}\dfrac{2(x+2)}{5}, & 0<x<1\\ 0, & \text{기타}\end{cases}$$

문제 2.22

한 가정에서 연간 진공청소기를 사용하는 시간(단위 : 100시간) X는 다음과 같은 확률밀도함수를 가진다고 한다. 진공청소기의 연간 평균사용시간을 구하라.

$$f(x)=\begin{cases}x, & 0<x<1\\ 2-x, & 1\le x<2\\ 0, & \text{기타}\end{cases}$$

X가 확률분포 $f(x)$를 가지는 확률변수라고 할 때 X가 이산형인 경우에 $g(X)$의 평균 혹은 기댓값은

$$\mu = E(g(X)) = \sum_x g(x)f(x)$$

가 되고, X가 연속형인 경우에는 $g(X)$의 평균 혹은 기댓값은

$$\mu = E(g(X)) = \int_{-\infty}^{\infty} g(x)f(x)dx$$

가 된다.

예제 2.19

월요일 오후 3시에서 4시 사이에 세차장에서 서비스를 받는 차의 수를 X라고 할 때 X의 확률분포가 다음과 같다고 하자.

x	3	4	5	6	7	8
$P(X=x)$	1/12	1/12	1/4	1/4	1/6	1/6

[그림 2.3]

$g(X)=3X-2$를 종업원이 받는 수당(단위 : 달러)이라고 할 때, 이 시간대의 종업원의 기대수익을 구하라.

풀이

종업원의 기대수익은 다음과 같이 표시된다.

$$E[g(X)] = E(3X-2) = \sum_{x=3}^{8}(3x-2)f(x) = \frac{31}{2}$$

예제 2.20

확률변수 X의 확률밀도함수가

$$f(x)=\begin{cases}\dfrac{x^2}{3}, & -1<x<2\\ 0, & \text{기타}\end{cases}$$

일 때 $g(X)=5X+4$의 기댓값을 구하라.

풀이

$$E(5X+4)=\int_{-1}^{2}\frac{(5x+4)x^2}{3}dx=\frac{1}{3}\int_{-1}^{2}(5x^3+4x^2)dx=\frac{41}{4}$$

문제 2.23

X의 확률함수가

$$f(x)=\begin{cases}\dfrac{x}{2}, & 0\le x\le 2\\ 0, & \text{그 밖에서}\end{cases}$$

로 주어질 때, $E(3X^2-2X)$를 구하여라.

문제 2.24

X의 확률함수가

$$f(x)=\begin{cases}e^{-x}, & x\ge 0\\ 0, & \text{그 밖에서}\end{cases}$$

일 때 다음을 구하여라.

(1) $E[3X-2]$

(2) $E[X^2]$

(3) $E[(X-1)^2]$

2.5 분산

확률변수 X의 평균 혹은 기댓값은 확률분포의 중심위치를 설명해 주는 값으로 통계학에서 매우 중요하다. 그러나 평균값만으로 분포의 형태를 설명할 수는 없다. 즉, 확률분포의 퍼진 정도를 나타내는 수치로는 표준편차를 고려해야 할 필요가 있다.

X를 확률분포 $f(x)$와 평균 μ를 가지는 확률변수라고 할 때 X의 분산은 X가 이산형일 때에는

$$\sigma^2 = E[(X-\mu)^2] = \sum_x (x-\mu)^2 f(x)$$

가 되고, X가 연속형일 때는

$$\sigma^2 = E[(X-\mu)^2] = \int_{-\infty}^{\infty} (x-\mu)^2 f(x)\, dx$$

가 된다. 분산의 양의 제곱근 σ를 X의 표준편차(standard deviation)라고 한다.

예제 2.21

A, B 두 트랙터 회사에서 어느 날 농사목적으로 사용된 트랙터의 수를 확률변수 X라고 하자. A회사에 대한 확률분포([그림 2.4(a)])와 B회사에 대한 확률분포([그림 2.4(b)])가 각각 다음과 같다.

x	1	2	3
$f(x)$	0.3	0.4	0.3

(a) A회사 확률분포

x	0	1	2	3	4
$f(x)$	0.2	0.1	0.3	0.3	0.1

(b) B회사 확률분포

[그림 2.4]

B회사의 분산과 A회사의 분산을 구하고 비교하여라.

풀이

A회사에 대하여는

$$\mu_A = E(X) = 1(0.3) + 2(0.4) + 3(0.3) = 2.0$$
$$\sigma_A^2 = \sum_{x=1}^{3}(x-2)^2 = 0.6$$

B회사에 대하여는

$$\mu_B = E(X) = 0(0.2) + 1(0.1) + 2(0.3) + 3(0.3) + 4(0.1) = 2.0$$
$$\sigma_B^2 = \sum_{x=0}^{4}(x-2)^2 = 1.6$$

따라서, 농사목적으로 사용하는 트랙터 수의 분산은 B회사의 경우가 A회사의 경우보다 더 크다.

확률변수 X의 분산은 다음과 같이 표현할 수 있다.

$$\sigma^2 = E(X^2) - \mu^2$$

왜냐하면

$$\begin{aligned}\sigma^2 = \sum_x (x-\mu)^2 f(x) = \sum_x (x^2 - 2\mu x + \mu^2) f(x) &= \sum_x x^2 f(x) - 2\mu \sum_x x f(x) + \mu^2 \sum_x f(x) \\ &= \sum_x x^2 f(x) - 2\mu \cdot \mu - \mu^2 = \sum_x x^2 f(x) - \mu^2 \\ &= E(X^2) - [E(X)]^2\end{aligned}$$

이 된다.

예제 2.22

3개의 볼트를 생산라인으로부터 추출하여 검사하였을 때 결함이 있는 부품의 수를 확률변수 X라고 하자. X의 확률분포가 다음과 같을 때, σ^2을 계산하라.

x	0	1	2	3
$f(x)$	0.51	0.38	0.10	0.01

[그림 2.5]

풀이

$E(X)=0(0.51)+1(0.38)+2(0.1)+3(0.01)=0.61$

그리고

$E(X^2)=0(0.51)+1(0.38)+2^2(0.1)+3^2(0.01)=0.87$ 이다.

따라서, $\sigma^2=0.87-(0.61)^2=0.4979$

예제 2.23

어느 편의점의 주당 콜라의 수요(단위 : 1000리터)가 다음과 같은 확률분포를 가지는 확률변수 X라고 할 때, X의 평균과 분산을 구하라.

$$f(x)=\begin{cases}\frac{1}{2}(x-1), & 1<x<3\\ 0, & \text{기타}\end{cases}$$

풀이

$\mu=E(X)=\frac{1}{2}\int_1^3 x(x-1)dx=\frac{7}{3}$ 이고,

$E(X^2)=\frac{1}{2}\int_1^3 x^2(x-1)dx=\frac{17}{3}$ 이다.

따라서, $\sigma^2=\frac{17}{3}-\frac{49}{9}=\frac{2}{9}$

분산 혹은 표준편차는 측정단위가 같은 두 개 또는 그 이상의 분포를 비교할 때에만 그 의미를 가지게 된다. 따라서, 어느 두 회사로부터 생산되는 병에 담긴 오렌지쥬스량(단위 : 리터)의 분포의 분산을 비교할 때 분산이 더 크다는 것은 그 회사에서 생산된 각 병마다의 쥬스량이 더 변동적이라는 사실을 나타낸다.

예제 2.24

확률변수 X의 확률밀도함수가 다음과 같을 때, $g(X)=2X+5$의 기댓값과 분산을 구하여라.

$$f(x)=\begin{cases}2x, & 0<x<1 \\ 0, & \text{기타}\end{cases}$$

풀이

$$E(X)=\int_0^1 x\cdot 2x\,dx=\left[\frac{2}{3}x^3\right]_0^1=\frac{2}{3},$$

$$V(X)=\int_0^1 x^2\cdot 2x\,dx-\left(\frac{2}{3}\right)^2=\frac{1}{18}$$

$$E(2X+5)=2E(X)+5=\frac{19}{3}$$

$$V(2X+5)=4V(X)=\frac{2}{9}$$

문제 2.25

확률변수 X의 확률분포가 다음과 같다. $g(X)=3X+2$의 기댓값과 분산을 구하여라.

x	1	2	3	4	합계
$f(x)$	0.2	0.3	0.4	0.1	1.0

[그림 2.6]

문제 2.26

주사위 던져서 나오는 눈의 회수를 X이라 할 때, X의 분산을 구하여라.

문제 2.27

확률밀도함수 X가 $f(x)=\begin{cases}\dfrac{x^2}{3}, & -1<x<2\\ 0, & \text{기타}\end{cases}$ 를 가지는 확률변수라고 할 때, 확률변수 $g(X)$ $=4X+5$의 분산을 구하라.

문제 2.28

X의 확률함수가

$$f(x)=\begin{cases} e^{-x}, & x\geq 0\\ 0, & \text{그 밖에서}\end{cases}$$

일 때, 분산 $V(X)$을 구하여라.

CHAPTER 03

여러 가지 확률분포

통계적 실험 또는 조사의 결과는 양적일 수도 있고 질적일 수도 있다. 예를 들어 대학생의 체중이나 키를 측정할 때에는 그 결과가 양적이고, 혈액형을 조사할 때는 그 결과가 O, A, B, AB와 같이 질적이다. 실험의 결과가 양적이든 질적이든 통계분석 방법은 자료의 수리적인 측면에 초점을 맞춘다. 확률변수는 실험결과를 수리적 함수에 대응시켜 통계분석을 가능하게 하는 도구이다. 이산확률분포와 연속확률분포의 두 가지 다른 확률분포가 있다.

3.1 이산형 확률분포

3.1.1 이산형 균등분포

모든 이산형 확률분포 중에서 가장 간단한 것은 확률변수가 취할 수 있는 각 값들이 모두 같은 확률을 가지는 경우이다. 이러한 확률분포를 이산형 균등분포(discrete uniform distribution)이라 한다. 확률변수 X가 $x_1, \ldots x_n$의 각 값을 취할 확률이 동일하다면, 이산형 균등분포는

$$f(x) = \frac{1}{n},\ x = x_1, \cdots,\ x_n$$

로 주어진다.

히스토그램으로 균등분포를 나타내면 같은 높이를 가지는 직사각형들의 집합이 된다.

이산형 균등분포의 평균과 분산은

$$\mu = E(X) = \frac{1}{n}\sum_{x=1}^{n} x = \frac{1}{n}\frac{n(n+1)}{2} = \frac{n+1}{2}$$

$$E(X^2) = \frac{1}{n}\sum_{x=1}^{n} x^2 = \frac{1}{n}\frac{n(n+1)(2n+1)}{6} = \frac{(n+1)(2n+1)}{6}$$

$$\sigma^2 = V(X) = E(X^2) - (E(X))^2 = \frac{(n+1)(2n+1)}{6} - \left(\frac{n+1}{2}\right)^2 = \frac{n^2-1}{12}$$

이 된다.

예제 3.1

하나의 주사위를 던지는 실험에서 표본공간 $S=\{1, 2, 3, 4, 5, 6\}$ 의 각원소의 발생확률은 1/6로 같다. 나오는 '눈의 수'를 랜덤변수 X라 했을 때, X의 확률분포를 구하여라.

풀이

$f(x)=\frac{1}{6}, x=\{1,2,3,4,5,6\}$ 인 균등분포이다.

예제 3.2

예제 3.1에서 X의 평균과 분산을 구하여라.

풀이

$\mu=\frac{1+2+3+4+5+6}{6}=3.5$ 이고 $\sigma^2=\frac{1}{6}[(1-3.5)^2+\cdots+(6-3.5)^2]=2.92$ 임을 알 수 있다.

문제 3.1

40와트, 60와트, 75와트, 100와트, 120와트의 전구가 들어 있는 상자에서 임의로 하나의 전구를 꺼낼 때, 표본공간 $S=\{40, 60, 75, 100, 120\}$ 의 각 원소는 1/5의 발생확률을 가진다. 따라서, X의 확률분포를 구하여라.

문제 3.2

문제 3.1에서 X의 평균과 분산을 구하여라.

3.1.2 이항 분포

n회의 반복시행 독립적인 것을 Beroulli 시행렬이라 한다. 이 시행에서 서로 배반 사상 S, F의 하나가 각 시행 결과로서 일어나므로, 표본공간 Ω는 S 또는 F로 되는 n개의 문자의 집합 $\Omega=\{\omega|\omega=\omega_1, \omega_2, \cdots, \omega_n,\ j=1, 2, \cdots, n$에 대하여 $\omega_j=S$ 또는 $F\}$이다.

확률변수 X를 n회의 시행에서 S가 일어나는 회수이라면, n회의 시행에서 S가 x회 일어나는 경우의 수는 $\binom{n}{x}$가지이므로, $P(S)=p$, $P(F)=1-p$라 할 때

$$P\{X=x\}=\binom{n}{x}p^x(1-p)^{n-x},\ x=0,\ 1,\ 2,\ \cdots,\ n$$

이다. 이것을 2항 분포(Binomial distribution)이라 하고, $B(n,\ p)$로 나타낸다.

$$\sum_{x=0}^{n}\binom{n}{x}p^x(1-p)^{n-x}=\{p+(1-p)\}^n=1$$

이므로, 분명히 확률분포가 된다. X의 분포함수 $F(x)$는

$$F(x)=P\{X\le x\}=\sum_{k=0}^{[x]}\binom{n}{k}p^k(1-p)^{n-k}$$

여기서 $[x]$는 x를 넘지 않는 최대 점수를 나타낸다.

예제 3.3

1개의 동전을 4회던져서 표면이 나오는 회수를 확률변수 X로 나타낼 때, X의 확률분포 및 분포함수를 구하여라.

풀이

$$P\{X=x\}=\binom{4}{x}\left(\frac{1}{2}\right)^x\left(\frac{1}{2}\right)^{4-x}=\binom{4}{x}\left(\frac{1}{2}\right)^4$$

이므로

$$P\{X=0\}=(1/2)^4=1/16,\ P\{X=1\}=4(1/2)^3(1/2)=1/4,$$
$$P\{X=2\}=6(1/2)^2(1/2)^2=3/8,\ P\{X=3\}=4(1/2)(1/2)^3=1/4,\ P\{X=4\}=(1/2)^4=1/16,$$

분포함수 $F(x)=\sum_{k=0}^{[x]}P\{X=k\}$를 구체적으로 나타내면

분포함수

$$F(x)=\begin{cases} 0 & (x<0) \\ \dfrac{1}{16} & (0\le x<1) \\ \dfrac{5}{16} & (1\le x<2) \\ \dfrac{11}{16} & (2\le x<3) \\ \dfrac{15}{16} & (3\le x<4) \\ 1 & (4\le x) \end{cases}$$

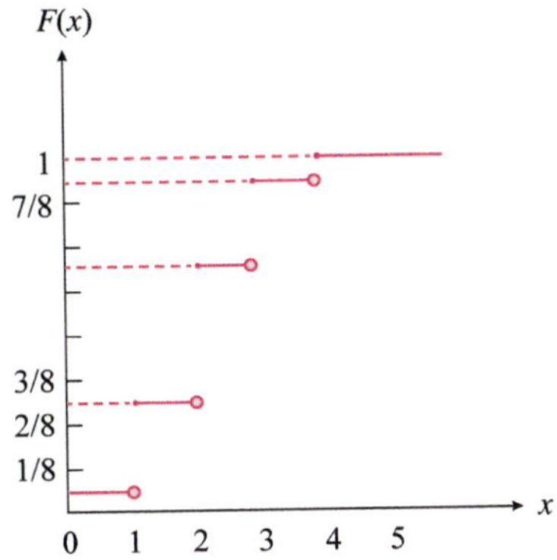

[그림 3.1]

예제 3.4

어느 대형 백화점이 전자장비를 제조업자로부터 납품받으려고 한다. 제조업자는 이 장비의 불량률이 2%라고 밝히고 있다.

(1) 납품된 제품 중 20개를 임의로 선택했을 때, 이 20개 중 적어도 한 대의 불량품이 있을 확률은 얼마인가?

(2) 한 달에 10번의 납품을 받고, 납품시 마다 20개의 장비를 검사한다고 하자. 적어도 한 대의 불량품이 포함된 납품이 2번 있을 확률은 얼마인가?

풀이

(1) $P(X\ge 1)=1-P(X=0)=1-0.02^0(1-0.02)^{20-0}=0.3324$

(2) $P(X=2)=\binom{10}{2}(0.3324)^2(1-0.3324)^8=0.1963$

예제 3.5

10건의 교통사고 중 6건이 속도위반에 의해 일어난다고 한다. 8건의 교통사고 중에서 6건이 속도위반일 확률을 이항분포의 공식을 이용하여 구하라.

풀이

$n=8,\ p=0.60$

(1) $P(X=6)=\binom{8}{6}(0.6)^6(0.4)^2=0.2090$

(2) $P(X=6)=P(X\le 6)-P(X\le 5)=0.8936-0.6846=0.2090$

문제 3.3

동전 5개를 동시에 던질 때, 표면이 나오는 횟수를 X이라 할 때, $P\{X=i\},\ i=0,1,\ \cdots,\ 5$를 구하여라.

문제 3.4

A사에서 제작되는 나사는 0.01의 확률로서 불량품이 나오고, 10개씩이 한 상자에 포장된다. 어느 한 상자를 취할 때, 나사의 불량품이 적어도 2개 있을 확률을 구하여라.

문제 3.5

화학공학학술지에 의하면 화학공장에서 발생하는 파이프 작업사고의 30%가 작업자 실수로 일어난다고 한다.

(1) 추후 발생하는 20번의 파이프 작업사고 중 최소한 10번이 작업자 실수에 의해 발생할 확률은 얼마인가?

(2) 20번의 사고 중 4번 이하가 작업자 실수에 의해 발생할 확률은 얼마인가?

(3) 어떤 공장의 경우 20번의 사고 중 5번만이 작업자 실수로 발생할 확률은?

이항분포 $B(n,p)$의 평균과 분산은 다음과 같다.

$$\mu=np,\sigma^2=npq$$

증명

$$E(X) = \sum_{k=0}^{n} kP(X=k) = \sum_{k=0}^{n} k\binom{n}{k}p^k(1-p)^{n-k}$$

$$= np\sum_{k=1}^{n}\binom{n-1}{k-1}p^{k-1}(1-p)^{n-k} = np\sum_{j=0}^{n-1}\binom{n-1}{j}p^j(1-p)^{n-1-j}$$

$$= np\{p+(1-p)\}^{n-1} = np$$

$$E[X^2] = \sum_{k=0}^{n} k^2\binom{n}{k}p^k(1-p)^{n-k}$$

$k^2 = k(k-1)+k$임을 이용하여 $E(X^2)$을

$$E(X^2) = E[X(X-1)+X] = E[X(X-1)] + E(X)$$

$$E[X(X-1)] = \sum_{k=0}^{n} k(k-1)P\{X=k\} = \sum_{k=0}^{n} k(k-1)\binom{n}{k}p^k(1-p)^{n-k}$$

$$= n(n-1)p^2\sum_{k=2}^{n}\binom{n-2}{k-2}p^{k-2}(1-p)^{n-k}$$

$$= n(n-1)p^2\sum_{j=0}^{n-2}\binom{n-2}{j}p^j(1-p)^{n-2-j}$$

$$= n(n-1)p^2\{p+(1-p)\}^{n-2} = n(n-1)p^2$$

평균 $E(x) = np$이므로

$$\mathrm{Var}(X) = n(n-1)p^2 + np - n^2p^2$$

$$= np(1-p)$$

예제 3.6

새 자동차를 사는 사람들의 70%가 자동 변속 장치를 선택한다. 새 자동차를 사는 열 명이 있는 그룹에서, 자동변속 장치를 선택하는 사람의 수의 평균값과 표준편차를 구하여라.

풀이

$\mu = np = 10(0.7) = 7$, $\sigma = \sqrt{np(1-p)} = \sqrt{10(0.7)(0.3)} = \sqrt{2.1}$

예제 3.7

이항 분포 $B(n,\ p)$에서 평균값과 표준 편차가 모두 0.95일 때 n 및 p의 값은 얼마인가?

풀이

$E(X) = np = 0.95, \quad \sigma^2(X) = npq = 0.95^2$

$q = 0.95 \qquad p = 1 - q = 0.05$

$n = 19$

문제 3.6

다음 이항분포의 평균과 표준편차를 구하라.

(1) $n = 16,\ p = 0.5$

(2) $n = 25,\ p = 0.1$

(3) $n = 25,\ p = 0.9$

문제 3.7

미국보사부에 따르면 의사 중 7.85%가 가정의로 활동한다고 한다. 545명의 의사를 임의로 선택하였을 때, 가정의 수의 평균과 표준편차를 구하라.

3.1.3 다항분포

각 실험의 실현치가 k개 범주 중의 하나이며, 각 범주가 나타날 확률이 $p_1, p_2, \cdots, p_k$인 확률실험에서 실험을 n번 반복했을 때 각 범주의 관측치를 확률변수 $X_1, X_2, \cdots, X_k$로 표현하며, $X_1 = x_1, X_2 = x_2, \cdots, X_k = x_k$가 관측될 확률을 측정하는 분포를 다항분포라고하며 확률은

$$P(X_1 = x_1, X_2 = x_2, \cdots, X_k = x_k) = \frac{n!}{x_1!\,x_2! \cdots x_k!} \cdot p_1^{x_1} \cdot p_2^{x_2} \cdots \cdot p_k^{x_k}$$

이다. 여기에서 $n = \sum_{i=1}^{k} x_i$ 이며, $p_1 + p_2 + \cdots + p_k = 1$이다.

예제 3.8

한 실험의 결과는 1, 2, 3, 4,로 표현되는 4가지 속성 중 하나로 나타나며 각각의 속성이 나타날 확률이 순서대로 $\frac{1}{10}, \frac{2}{10}, \frac{3}{10}, \frac{4}{10}$이라고 한다. 이 실험에서 관측한 20개의 값에 있어서 각 속성의 관측치가 1, 4, 7, 8일 확률을 구하여라.

풀이

X_1, X_2, X_3, X_4를 각각의 속성이 관측된 수를 의미하는 확률변수라고 할 때, 각각의 속성이 나타날 확률이 $\frac{1}{10}, \frac{2}{10}, \frac{3}{10}, \frac{4}{10}$이므로,

$$P(X_1 = 1, X_2 = 4, X_3 = 7, X_4 = 8) = \frac{20!}{1!4!7!8!}\left(\frac{1}{10}\right)^1\left(\frac{2}{10}\right)^4\left(\frac{3}{10}\right)^7\left(\frac{4}{10}\right)^8$$

예제 3.9

주사위를 6회 던져서 1 또는 2의 눈이 1회, 6의 눈이 2회, 3,4 또는 5의 눈이 3회 나올 확률을 구하여라.

풀이

$$\frac{6!}{1!2!3!}\left(\frac{1}{6}\right)^1\left(\frac{1}{6}\right)^2\left(\frac{3}{6}\right)^3 = 0.069$$

예제 3.10

어느 공항의 항공기 이착륙 상황에 대한 이상적인 조건을 알아보기 위해 컴퓨터 시뮬레이션이 수행되었다. 3개의 활주로가 있는 이 공항에서 각 활주로가 사용될 확률은 다음과 같이 알려져 있다.

활주로 1 ; p_1=2/9, 활주로 2 ; p_2=1/6, 활주로 3 ; p_3=11/18

임의로 도착하는 6대의 비행기가 다음과 같이 활주로에 도착할 확률은 얼마인가?

활주로 1 : 3대, 활주로 2 : 1대, 활주로 3 : 2대

풀이

$$f(3,1,2) = \left(\frac{6!}{3!\,1!\,2!}\right)\left(\frac{2}{9}\right)^3\left(\frac{1}{6}\right)^1\left(\frac{11}{18}\right)^2 \approx 0.041$$

문제 3.8

어떤 과일은 상, 중, 하, 불합격의 4종류로 분류된다. 상은 25%, 중은 40%, 하는 25%, 불합격은 10%의 비율이라 할 때 , 임의로 20개를 취하는 경우, 상, 중, 하 불합격이 각각 5, 8, 4, 3개 포함된 확률을 구하여라.

문제 3.9

어떤 급품은 1급품이 40%, 2급품이 40%, 3급품이 20%라고 한다. 여기서 임의로 4개를 취할 때, 4개가 모두 1급품이거나, 2급품이거나, 3급품일 확률을 구하여라.

3.1.4 기하분포

확률변수 X가 취하는 값이 $0,1,2,\cdots$ 이고,

$$P\{X=x\}=q^x p,\ x=0,1,2,\cdots,\ 0<p=1-q<1 \tag{1}$$

일 때, X는 기하분포(Geometric distribution)를 한다고 한다.

이것은 Bernoulli 시행의 무한열에서 X는 F(실패)가 계속적으로 일어나는 시행회수를 나타내는 것이다.

$$|q|<1\text{이면 } \sum_{x=0}^{\infty} q^x = \frac{1}{1-q}$$

을 사용하면

$$\sum_{k=0}^{\infty} P\{X=k\}=p\sum_{k=0}^{\infty} q^k = \frac{p}{1-q}=1$$ 임으로써 $P\{X=k\}$는 분명이 확률분포이다.

만일 성공할 확률이 p이라하고, 성공할때까지의 시행횟수를 확률변수로 나타내면

$$P\{X=x\}=q^{x-1}p,\ x=1,2,\cdots,\ 0<p=1-q<1 \tag{2}$$

이고

$$\sum_{k=0}^{\infty} P\{X=k\} = p\sum_{k=1}^{\infty} q^{k-1} = \frac{p}{1-q} = 1$$

이므로 (2)는 확률함수이다. 이 경우도 X는 기하분포를 한다고 한다.

예제 3.11

주머니 안에 백구가 r개, 흑구가 s개 들어 있다. 흑구가 나올 때 까지 복원추출로 1개씩 추출할 때

(1) n번째에 흑구가 나올 확률을 구하여라.

(2) 적어도 k회 추출해야 흑구가 나올 확률을 구하여라.

풀이

(1) $P\{X=n\} = \left(\dfrac{r}{r+s}\right)^{n-1}\dfrac{s}{r+s} = \dfrac{r^{n-1}s}{(r+s)^n}$

(2) $P\{X \geq k\} = \dfrac{s}{r+s}\sum_{n=k}^{\infty}\left(\dfrac{r}{r+s}\right)^{n-1} = \dfrac{s}{r+s}\left(\dfrac{r}{r+s}\right)^{k-1} \Big/ \left[1-\dfrac{r}{r+s}\right] = \left(\dfrac{r}{r+s}\right)^{k-1}$

예제 3.12

X, Y가 독립이고, 같은 기하분포에 따를 때, 다음 확률을 구하여라.

$$P\{X=Y\}$$

풀이

$$P\{X=Y\} = \sum_{k=0}^{\infty} P\{X=k,\ Y=k\} = \sum_{k=0}^{\infty} P\{X=k\}P\{Y=k\} \ (\because X, Y\text{은 독립})$$

$$= \sum_{k=0}^{\infty} q^k p \cdot q^k p = p^2\sum_{k=0}^{\infty} q^{2k} = p^2 \cdot \frac{1}{1-q^2} = \frac{p}{1+q}$$

예제 3.13

어떤 제조공정에서 100개의 제품마다 평균적으로 한 개의 불량품이 들어 있다고 알려져 있다. 제품을 하나씩 검사할 때 첫 번째 불량품이 일곱 번째 검사에서 발견될 확률은?

풀이

$f(X=7)=(0.01)(0.99)^6=0.0094$

문제 3.10

주사위를 계속 던진다. 1의 눈이 $x+1$ 번째 비로서 나올 확률을 구하여라.

문제 3.11

전화통화가 폭주하는 시간대에 한 번의 시도로 상대방과 통화할 수 있는 가능성은 $p=0.05$ 라고 할 때, 네 번째 시도에서 상대방과 통화할 수 있는 확률을 구하라.

문제 3.12

조종사 후보생이 면허시험에 통과할 확률이 0.7이라고 할 때, 다음과 같은 경우의 확률을 계산하라.

(1) 세 번째 시도에서 시험에 통과할 확률

(2) 네 번째 미만의 시도에서 시험에 통과할 확률

기하분포의 활용시 중요한 의미를 가지는 기하분포의 평균과 분산 증명 결과만을 보기로 한다. 기하분포를 따르는 확률변수의 평균과 분산은 각각 다음과 같다.

$$\mu=\frac{1}{p},\quad \sigma^2=\frac{1-p}{p^2}$$

증명

$$E[X] = \sum_{x=1}^{\infty} xp(x) = \sum_{x=1} x \cdot q^{x-1}p$$

$$= p(1+2q+3q^2+4q^3+\cdots) = p \cdot \frac{1}{(1-q)^2} = \frac{1}{p}$$

$$(\because \sum_{x=1}^{\infty} q^x = \frac{q}{1-q} \text{ 에서 양변을 미분하면 } \sum_{x=1}^{\infty} xq^{x-1} = \frac{1}{(1-q)^2})$$

이므로

$$Var(X) = E[X^2] - (E[X])^2$$

$$= \sum_{x=1}^{\infty} x^2 p(x) - \left(\frac{1}{p}\right)^2 = \sum_{x=1}^{\infty} x^2 q^{x-1} p - \left(\frac{1}{p}\right)^2$$

$$= \sum x(x-1)q^{x-1}p + \sum x \cdot q^{x-1}p - \left(\frac{1}{p}\right)^2$$

$$= pq(2 \cdot 1 + 3 \cdot 2q + 4 \cdot 3q^2 + \cdots) + \frac{1}{p} - \left(\frac{1}{p}\right)^2$$

그런데 $1+2q+3q^2+4q^3+\cdots = \frac{1}{(1-q)^2}$ 은 미분하여

$2 \cdot 1 + 3 \cdot 2q + 4 \cdot 3q^2 + 5 \cdot 4q^3 + \cdots = \frac{2}{(1-q)^3}$ 이므로

$$V(X) = pq\frac{2}{(1-q)^3} + \frac{1}{p} - \left(\frac{1}{p}\right)^2 = \frac{2q}{p^2} + \frac{p}{P^2} - \frac{1}{p^2} = \frac{p+q+q-1}{p^2} = \frac{q}{p^2}$$

이다.

3.1.5 음이항분포

성공할 확률이 p인 독립시행에서 r회 성공할 때까지 시행을 반복할 때, X를 시행이 요구되는 회수라면

$$P\{X=n\} = \binom{n-1}{r-1} p^r (1-p)^{n-r}, \quad n = r, r+1, \cdots \tag{1}$$

(1)식은 $n-1$회까지 $r-1$회의 성공을 하고, n번째에는 성공할 확률로서

$$P\{X=n\}=\binom{n-1}{r-1}p^{r-1}(1-p)^{n-r}p$$

에서 얻어진 것이다. 또 간략하게 $X \sim NB(r, p)$라 할 때

이것이 확률분포가 되는지는

$$\sum_{n=r}^{\infty} P\{X=n\}=\sum_{n=r}^{\infty}\binom{n-1}{r-1}p^{r}(1-p)^{n-r}=1$$

에서 분명하다.

(1)식으로 주어지는 확률분포를 음이항분포(negative binomial distribution)이라 한다. (1)식은 $(q-p)^{-n}$의 이항전개식 일반항이다. X가 음의 이항분포에 따르를 때, $n\to\infty$에 대하여 $np\to\lambda$되는 p를 작게 취하면, X의 극한분포는 다음에 나오는 평균이 λ인 Poisson 분포가 된다.

예제 3.14

성공할 확률이 p인 독립시행을 행한다. r번 성공하는 데 필요한 시행 회수 기댓값과 분산을 구하라.

풀이

X를 r번 성공하는 데 필요한 시행 회수를 나타낸다면, X는 음이항분포를 하므로, X의 확률분포는

$$P\{X=n\}=\binom{n-1}{r-1}p^{r}(1-p)^{n-r},\quad n=r, r+1, \cdots$$

따라서

$$E[X]=\sum_{n=r}^{\infty} n\binom{n-1}{r-1}p^{r}(1-p)^{n-r}$$

그런데 X_1을 처음 성공하는데 요구된 시행 회수, X_2를 처음 성공 이후 두 번째 성공할 때까지의 반복되는 시행 회수, X_3을 3 번째 성공하는 데 추가되는 시행 회수, $\cdots$, X_r를 $(r-1)$번째

성공하고 r번 성공하는 데 추가되는 시행 회수라 할 때

$$X = X_1 + X_2 + \cdots + X_r$$

이고, X_i는 모수(Parameter) p인 기하분포를 하고,

$$E(X_i) = 1/p,\ \ \mathrm{var}(X_i) = \frac{q}{p^2}(i = 1, 2, \cdots, r)$$

이므로

$$E[X] = E[X_1] + \cdots + E[X_r] = \frac{r}{p}$$

$$\mathrm{var}(X) = \mathrm{var}(X_1) + \cdots + \mathrm{v}(X_r) = \frac{rq}{p^2}$$

예제 3.15

어떤 사람이 H이 나올 확률이 $\frac{1}{4}$인 동전 5개를 던지는데 두 번째 H가 5번째에 나올 확률을 구하여라.

풀이

음이항분포를 이용하면 $x = 5, k = 2$ 그리고 $p = 1/4$이다. 따라서

$$f(X=2) = \binom{4}{1}\left(\frac{1}{4}\right)^1\left(\frac{3}{4}\right)^3\left(\frac{1}{4}\right) = \binom{4}{1}\left(\frac{1}{4}\right)^2\left(\frac{3}{4}\right)^3 = \frac{4!}{1!3!}\ \frac{3^3}{4^5} = \frac{27}{256}$$ 이다.

예제 3.16

NBA 결승전은 7선4선승제로 벌어진다. 결승전에서 만난 두 팀 A와 B의 한 경기에서 A 팀이 B 팀을 이길 확률이 0.55라고 하자.

(1) A 팀이 6게임 째에서 우승할 확률은 얼마인가?

(2) A 팀이 우승할 확률은 얼마인가?

(3) 이 두 팀이 5전3선승제인 플레이오프에서 만났다면 A 팀이 플레이오프에서 우승할 확률은 얼마인가?

풀이

(1) $f(X=4)=\binom{5}{3}(0.55)^3(1-0.55)^{5-3}\cdot 0.55=\binom{5}{3}(0.55)^4(1-0.55)^2=0.1853$

(2) $P(A\text{팀이 } NBA \text{ 우승})=f(X=4)+f(X=5)+f(X=6)+f(X=7)$

$$={}_4C_4 0.55^4+{}_4C_3 0.55^3 0.45^1\cdot 0.55+{}_5C_3 0.55^3 0.45^2\cdot 0.55$$
$$+{}_6C_3 0.55^3 0.45^3\cdot 0.55$$
$$=0.0915+0.1647+0.1853+0.1668=0.6083$$

(3) $P(A\text{팀이 플레이오프로 우승})=f(X=3)+f(X=4)+f(X=5)=0.593$

문제 3.13

$X \sim NB(4,\ 0.6)$에 대하여 다음 확률을 구하여라.

(1) $P(X=6)$

(2) $P(6 \le X \le 8)$

문제 3.14

신용카드 한 장을 판매할 확률이 0.1인 카드 외판원이 하루 동안 3장의 카드를 판매할 때까지 예상 구매자를 방문한다고 하자. 이때 외판원이 만난 예상 구매자 수를 확률변수 X라 하고, 다음을 구하여라.

(1) 확률변수 X의 확률질량함수를 구하여라.

(2) 확률변수 X의 기댓값과 분산을 구하여라.

(3) 3번째에서 처음으로 구매자를 만날 확률을 구하여라.

(4) 10번째에서 3장의 카드를 모두 판매할 확률을 구하여라.

(5) 8번째부터 10번째에 걸쳐 3장의 카드를 모두 판매할 확률을 구하여라.

문제 3.15

컴퓨터 시뮬레이션을 통하여 0에서 9까지의 숫자를 무작위하게 선정하며, 각 숫자가 선정될 가능성은 동일하다고 한다.

(1) 처음으로 숫자 0이 나올 때까지 시뮬레이션을 반복한 횟수에 관한 확률분포를 구하여라.

(2) (1)의 확률분포에 대한 평균 μ와 분산 σ^2을 구하여라.

(3) 시뮬레이션을 10번 실시해서야 비로소 4번째 0이 나올 확률을 구하여라.

(4) 4번째 0을 얻기 위하여 평균적으로 몇 번의 시뮬레이션을 반복해야 하는가?

3.1.6 초기하분포

모집단의 크기가 N이고, 이 안에 불량품이 k개 들어 있다 하자. 여기서 크기 n인 표본을 추출한다 하자.

이 표본에 포함되는 불량품의 개수를 확률변수 X로 나타낼 때 표본내의 불량품의 개수가 x개의 확률은

$$P\{X=x\}=\binom{k}{x}\binom{N-k}{n-x}\Big/\binom{N}{n},\ \ x=0,1,2,\ \cdots,\min(k,\ n)\text{이다.}$$

이것을 초기하분포(hypergeometric distribution)이라 하고, 기호 $H(N,k,n)$으로 나타낸다.

우선 위에서 정의한 분포가 $\sum P\{X=x\}=1$임을 밝혀 본다.

$$\sum\binom{k}{x}\binom{N-k}{n-x}\text{는}$$

$(1+t)^k(1+t)^{N-k}=(1+t)^N$ 에서 $t^x t^{n-x}=t^n$의 계수와 같으므로

$$\sum\binom{k}{x}\binom{N-k}{n-x}=\binom{N}{n}$$

따라서

$$\sum P\{X=x\}=1$$

이다.

예제 3.17

초기하분포 $P\{X=x\}=\dfrac{\binom{k}{x}\binom{N-k}{n-x}}{\binom{N}{n}}$ 의 기댓값 $E(X)$와 $\text{var}(X)$는

$$E(X)=\frac{nk}{N} \qquad \text{var}\,(X)=\frac{nk}{N}(1-\frac{k}{N})\frac{N-n}{N-1}$$

임을 밝혀라.

풀이

$$E(X)=\sum xP(X=x)=\frac{\sum x\binom{k}{x}\binom{N-k}{n-x}}{\binom{N}{n}}=\frac{k}{\binom{N}{n}}\sum\binom{k-1}{x-1}\binom{N-k}{n-x}$$

$\sum\binom{k-1}{x-1}\binom{N-k}{n-x}$는

$$(1+t)^{k-1}(1+t)^{N-k}=(1+t)^{N-1}$$

에서 $t^{x-1}t^{n-x}=t^{n-1}$의 계수 $\binom{N-1}{n-1}$과 같으므로

$$E(X)=\sum xP\{X=x\}=\frac{k\binom{N-1}{n-1}}{\binom{N}{n}}=\frac{nk}{N}$$

$$E[X^2]=\sum x^2P\{X=x\}=\frac{\sum x\binom{k}{x}\binom{N-k}{n-x}}{\binom{N}{n}}$$

$$=\frac{1}{\binom{N}{n}}\left[\sum x(x-1)\binom{k}{x}\binom{N-k}{n-x}+\sum x\binom{k}{x}\binom{N-k}{n-x}\right]$$

$$= \frac{1}{\binom{N}{n}}\left[k(k-1)\sum\binom{k-2}{x-2}\binom{N-2-(k-2)}{n-2-(x-2)}+k\binom{N-1}{n-1}\right]$$

$$= \frac{1}{\binom{N}{n}}\left[k(k-1)\binom{N-2}{n-2}+k\binom{N-1}{n-1}\right]$$

$$= \frac{nk}{N}\left[(k-1)\frac{n-1}{N-1}+1\right]$$

그런데

$$E[X] = \frac{nk}{N}$$

이므로

$$\text{Var}(X) = \sum x^2 p(X=x) - \left(\frac{nk}{N}\right)^2$$

$$= \frac{nk}{N}\left[(k-1)\frac{n-1}{N-1}+1\right]-\left(\frac{nk}{N}\right)^2$$

$$= \frac{nk}{N}\left[1+(k-1)\frac{n-1}{N-1}-\frac{nM}{N}\right]=\frac{nk}{N}\left(1-\frac{k}{N}\right)\frac{N-n}{N-1}$$

이다.

예제 3.18

주머니에 청색공 6개와 적색공 4개가 들어 있다. 1개씩 꺼내서 색을 보고 다시 넣지 않는 시행을 5회 행할 때, 청색공이 3개 나올 확률을 구하여라.

풀이

$$f(3) = \frac{\binom{6}{3}\binom{4}{2}}{\binom{10}{5}} = \frac{10}{21}$$

예제 3.19

만약 세 명의 관리자와 여섯 명의 고용자들로 구성된 그룹에서 두 명의 위원회를 무작위로 뽑는다면, 그 위원회가 정확히 한 명의 관리자와 한 명의 고용자로 이루어질 확률은 얼마인가?

풀이

실제 확률은 $f(1)=\dfrac{\binom{3}{1}\binom{6}{1}}{\binom{9}{2}}=\dfrac{18}{36}=.5$

예제 3.20

4명의 의사와 2명의 간호사 중에서 랜덤하게 3명을 뽑아 위원회를 구성하였다. 위원들 중에서 의사의 수를 나타내는 확률변수 X의 확률분포를 구하라. $P(2 \le X \le 3)$을 계산하라.

풀이

$$f(x)=\frac{\binom{4}{x}\binom{2}{3-x}}{\binom{6}{3}}, \quad x=1,2,3$$

$$P(2 \le X \le 3)=f(2)+f(3)\ =\frac{4}{5}$$

문제 3.16

상자 안에 30개의 전구가 들어 있고 그 안에 불량품이 4개 들어 있다. 이 상자 안에서 임의로 5개를 꺼낼 때, 여기에 불량품이 꼭 2개 있을 확률을 구하여라.

문제 3.17

어느 기업에서 컴프레서를 구입할 때 15개의 제품 중 5개를 임의로 골라 검사하는 방법을 사용하고 있다. 15개 제품 중 2개가 불량이라고 한다.

(1) 표본에 1개의 불량품이 들어 있을 확률은?

(2) 표본에 2개의 불량품이 모두 들어 있을 확률은 얼마인가?

문제 3.18

정부에서는 어떤 기업들이 공해관리규정을 위반하고 있는 것으로 의심하고 있다.

20개의 기업이 의심대상에 올라 있으나 모두 조사할 수는 없다고 한다. 의심대상기업 중 실제로 3개의 기업이 규정을 위반하고 있다고 가정하자.

(1) 5개 기업을 조사했을 때 모두 규정위반기업이 아닐 확률을 구하라.

(2) 5개 기업을 조사했을 때 2개의 위반기업이 포함될 확률을 구하라.

예제 3.21

50개의 마이크로 칩이 들어 있는 상자 안에 4개의 불량품이 섞여 있다고 한다. 이 상자에서 임의로 칩 5개를 선정할 때

(1) 5개 안에 포함될 불량품의 수에 대한 확률분포를 구하여라.

(2) 불량품이 한 개 또는 두 개 나올 확률을 구하여라.

(3) 불량품에 대한 평균과 분산을 구하여라.

풀이

(1) 5개 안에 포함된 불량품의 수를 X라 하면, 확률질량함수는 다음과 같다.

$$f(x) = \frac{\binom{4}{x}\binom{46}{5-x}}{\binom{50}{5}},\ x = 0, 1, 2, 3, 4$$

X	0	1	2	3	4
$P(X=x)$	0.64696	0.30808	0.04299	0.00195	0.00002

(2) 불량품이 한 개 또는 두 개 나올 확률은

$$P(X=1\ \text{또는}\ X=2) = f(1) + f(2) = 0.30808 + 0.04299 = 0.35107$$

(3) $N=50,\ k=4,\ n=5$이므로 평균과 분산은 각각 다음과 같다.

$$E(X) = 5 \cdot \frac{4}{50} = 0.4$$

$$\mathrm{Var}(X) = 5 \cdot \frac{4}{50}\left(1 - \frac{4}{50}\right)\left(\frac{45}{49}\right) = \frac{414}{1225} = 0.33796$$

문제 3.19

비복원추출에 의하여 52장의 카드가 들어 있는 주머니에서 임의로 세 장의 카드를 꺼낼 때, 세 장의 카드 안에 포함된 하트카드의 수를 확률변수 X라 한다.

(1) X의 확률질량함수를 구하여라.

(2) 평균과 표준편차를 구하여라.

문제 3.20

40개의 공 가운데 흰 공이 3개 들어 있다. 이 안에서 임의로 5개를 꺼낸다. 나온 흰 공의 수를 X라 할 때 X의 평균과 분산을 구하여라.

3.1.7 포아송 분포

확률 변수 X의 확률 분포가

$$P(X=x)=\frac{e^{-\lambda}\lambda^{x}}{x!},\ (x=0,1,2\cdots)$$

일 때 X는 포아송 분포를 한다고 한다. 단, λ은 평균이다.

포아송 분포는 이항 분포에서 p가 충분히 작은 경우 시행 회수 n을 한 없이 크게 할 때의 극한 분포로서 공학 분야의 여러 현상을 설명하는 매우 중요한 사상이며, 많은 조사 대상에서 몇 개가 발생할 확률을 구하는 경우에 이항 분포에 의한 계산이 복잡하므로 이런 경우에 포아송 분포를 적용시킨다.

예제 3.22

포아송 분포 $P\{X=x\}=\dfrac{e^{-\lambda}\lambda^x}{x!}$ 의 기댓값 $E(X)=\lambda$과 분산 $V(X)=\lambda$임을 밝혀라.

풀이

$$E(X)=\sum_{x=0}^{\infty} xe^{-\lambda}\frac{\lambda^x}{x!}=\lambda e^{-\lambda}\sum_{x=1}^{\infty}\frac{\lambda^{x-1}}{(x-1)!}=\lambda$$

여기서

$$\sum_{x=1}^{\infty}\frac{\lambda^{x-1}}{(x-1)!}=\sum_{k=0}^{\infty}\frac{\lambda^k}{k!}=e^{\lambda}$$

을 사용하였다.

$$E[X^2]=\sum_{x=0}^{\infty} x^2e^{-\lambda}\frac{\lambda^x}{x!}=e^{-\lambda}\left\{\sum_{x=1}^{\infty} x(x-1)\frac{\lambda^x}{x!}+\sum_{x=1}^{\infty} x\cdot\frac{\lambda^x}{x!}\right\}$$

$$=e^{-\lambda}\left\{\lambda^2\sum_{x=2}^{\infty}\frac{\lambda^{x-2}}{(x-2)!}+\lambda\sum_{x=1}^{\infty}\frac{\lambda^{x-1}}{(x-1)!}\right\}=\lambda^2+\lambda$$

$E[X]=\lambda$이므로

$$\text{Var(X)}=E[X^2]-(E[X])^2=\lambda^2+\lambda-\lambda^2=\lambda$$

예제 3.23

어떤 은행에서는 오전 11시부터 12시 사이에 평균 60명의 손님이 방문하고 있다. 따라서 1분간 평균 1명씩 도착한다고 볼 수 있다. 그러므로 $\lambda=1$이다.

(1) 오전 11시부터 12시 사이의 어느 1분 동안 두 손님이 도착할 확률은 얼마인가?

(2) 어느 1분 동안에 3명 이하의 손님이 도착할 확률을 계산하여라.

풀이

(1) $P(X=2)=\dfrac{e^{-1}(1)^2}{2!}=\dfrac{1}{2e}\approx 0.184$

(2) $P(X \leq 3) = P(X=0) + P(X=1) + P(X=2) + P(X=3)$

$$= \frac{e^{-1}(1)^0}{0!} + \frac{e^{-1}(1)^1}{1!} + \frac{e^{-1}(1)^2}{2!} + \frac{e^{-1}(1)^3}{3!}$$

$$= 0.3679 + 0.3679 + 0.1829 + 0.0613$$

$$= 0.98$$

이 된다.

예제 3.24

어느 회사에 오전 9시부터 11시 사이에 1분당 평균 0.4회의 전화가 걸려온다고 하며, 전화가 걸려오는 횟수가 포아송분포의 특성을 갖는다고 하면, 1분에 2회의 전화가 걸려올 확률은 얼마인가?

풀이

$$P(X=2) = \frac{e^{-0.4}(0.4)^2}{2!} = 0.0536$$

즉, 약 5%의 확률을 갖는다.

문제 3.21

새벽 1시와 3시 사이 서울 강남구에서 일어나는 범죄는 1시간당 평균 0.2건이다. 범죄발생수의 분포가 포아송분포를 따른다면, 오늘 새벽 1시와 2시 사이에 범죄발생이 전혀 없을 확률은 얼마인가?

문제 3.22

어느 건설현장에서는 사고가 종종 발생하는데, 어느 날 사고가 일어날 확률은 0.005이고, 사고들은 서로 독립적이라고 알려져 있다.

(1) 400일 동안 사고가 한 건 발생할 확률을 구하라.

(2) 사고일이 많아야 3일일 확률을 구하라.

문제 3.23

어떤 교차로에서는 매달 평균 3건의 교통사고가 일어난다. 이 교차로에서 한 달 동안 일어난 교통사고에 대해서 다음 확률을 구하여라.

(1) 정확히 5건이 일어날 확률

(2) 3건 미만이 일어날 확률

3.2 연속형확률분포

3.2.1 연속형균등분포

구간 $[a, b]$에서 정의되는 연속형 균등확률변수 X의 확률밀도함수는 다음과 같다.

$$f(x) = \begin{cases} \dfrac{1}{b-a}, & a \le x \le b \\ 0, & \text{기타} \end{cases}$$

확률밀도함수의 모습을 보면 밑변이 $b-a$이고, 높이는 $1/(b-a)$로 일정한 직사각형이다. 그래서 균등분포를 직사각형 분포(rectangular distribution)라고도 한다. [그림 3.2]은 구간 [2, 4]에서 정의되는 연속형 균등분포를 나타낸다.

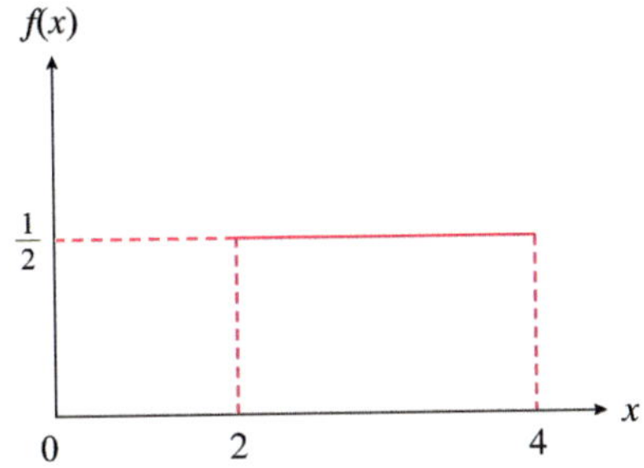

[그림 3.2]

예제 3.25

어느 회사의 대형회의실은 4시간을 초과하여 사용할 수 없다. 그런데 회의실에서는 긴 회의와 짧은 회의가 열리며, 회의시간 X는 구간 [0, 4]에서 정의되는 균등분포로 가정할 수 있다.

(1) 확률밀도함수를 구하여라.

(2) 어떤 회의가 최소한 3시간 이상 계속될 확률은 얼마인가?

풀이

(1) 확률밀도함수는 다음과 같이 주어진다.

$$f(x) = \begin{cases} \frac{1}{4}, 0 \le x \le 4 \\ 0, \text{ 기타} \end{cases}$$

(2) $P[X \ge 3] = \int_3^4 \frac{1}{4} dx = \frac{1}{4}$

균등분포의 평균과 분산은 다음과 같다.

$$\mu = E(X) = \int_a^b x f(x) dx = \int_a^b x \frac{1}{b-a} dx = \frac{1}{b-a} \left[\frac{x^2}{2} \right] \Big|_a^b = \frac{a+b}{2}$$

$$E(X^2) = \int_a^b x^2 f(x) dx = \int_a^b \frac{x^2}{b-a} dx = \frac{1}{b-a} \left[\frac{x^3}{3} \right] \Big|_a^b = \frac{a^2+ab+b^2}{3}$$

$$\sigma^2 = Var(X) = E(X^2) - (E(X))^2 = \frac{a^2+ab+b^2}{3} - \left(\frac{a+b}{2} \right)^2 = \frac{(b-a)^2}{12}$$

예제 3.26

X가 구간(0, 10)에서 균등분포를 하는 확률변수일 때, 다음 확률을 구하여라.

(1) $P\{X < 3\}$

(2) $P\{X > 6\}$

(3) $P\{3 < X < 8\}$

풀이

(1) $P\{X<3\}=\int_0^3 \frac{1}{10}dx=\frac{3}{10}$ (2) $P\{X>6\}=\int_6^{10} \frac{1}{10}dx=\frac{4}{10}$

(3) $P\{3<X<8\}=\int_3^8 \frac{1}{10}dx=\frac{1}{2}$

문제 3.24

다음을 구하여라.

(1) X가 $-2 \le x \le 2$에서 균등분포를 할 때, 다음을 구하여라.

(1) $P\{X<1\}$ (2) $P\left\{|X-1| \ge \frac{1}{2}\right\}$

(2) X, Y가 균등분포이고, 구간 $(0,1)$에서 균등분포를 이룰 때,

$$P\left\{|X-Y| \ge \frac{1}{2}\right\}$$

문제 3.25

버스정류장에 10분 간격으로 버스가 도착한다. 승객이 버스를 기다리는 시간은 연속형 균등분포를 따른다고 한다.

(1) 승객이 7분 이상 기다릴 확률은 얼마인가?

(2) 승객의 대기시간이 2분에서 7분 사이일 확률은 얼마인가?

(3) 평균과 분산은 얼마인가?

문제 3.26

어느 건전지 제조회사에서 만들어진 1.5볼트 건전지는 실제 1.45볼트에서 1.65볼트 사이에서 균등분포를 이룬다고 한다.

(1) 기대되는 전압과 표준편차는 얼마인가?

(2) 건전지 전압의 분포함수를 구하여라.

(3) 건전지 전압이 1.5볼트보다 작을 확률을 구하여라.

(4) 20개의 건전지가 들어 있는 상자 안에 1.5볼트보다 전압이 낮은 건전지 수의 평균과 분산 을 구하여라.

(5) (4)에서 1.5볼트보다 낮은 전압을 가진 건전지가 10개 이상 들어 있을 확률을 구하여라.

3.2.2 지수분포

지수분포(exponential distribution)는 $x \geq 0$의 상태공간을 가지며, 종종 고장이나 대기시간 혹은 도착간 시간(inter-arrival time)을 모형화하기 위하여 사용된다. 그 확률밀도함수는

$$f(x) = \lambda e^{-\lambda x}, \quad x \geq 0$$

이며, $x < 0$에 대하여 $f(x) = 0$이 된다. 확률밀도함수는 모수 $\lambda > 0$에 의해 결정되며, 누적분포함수는 $x \geq 0$에 대하여

$$F(x) = \int_0^x \lambda e^{-\lambda y} dy = 1 - e^{-\lambda x}$$

모수 λ를 가지는 지수분포의 기댓값은

$$E(X) = \int_0^\infty x \lambda e^{-\lambda x} dx = \frac{1}{\lambda}$$

이며,

$$E(X^2) = \int_0^\infty x^2 \lambda e^{-\lambda x} dx = \frac{2}{\lambda^2}$$

이므로

$$\mathrm{Var}(X) = E(X^2) - E(X)^2 = \frac{2}{\lambda^2} - \frac{1}{\lambda^2} = \frac{1}{\lambda^2}$$

이 된다. 지수분포의 표준편차는 $\sigma_X = \sqrt{1/\lambda^2} = 1/\lambda$, 즉 기댓값과 같다.

[그림 3.3]은 $\lambda=1$, $\lambda=1/2$일 때 지수분포의 확률밀도함수를 보여주고 있다.

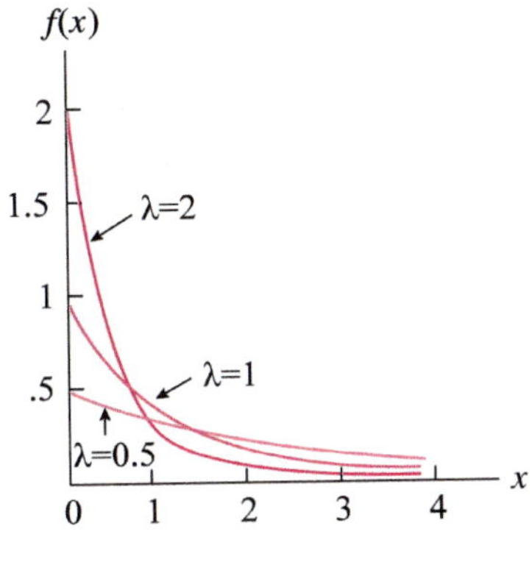

[그림 3.3]

예제 3.27

어느 가정에서 구입한 A 회사의 냉장고는 평균 10년 동안 고장이 없다고 한다. 이 냉장고의 대기시간이 지수분포를 따를 때, 이 냉장고가 20년 이상 고장이 없을 확률을 구하여라. 또 3년 이내에 고장날 확률을 구하여라.

풀이

$$P(X \geq 20) = \int_{20}^{\infty} \frac{1}{10} e^{-\frac{1}{10}x} dx = e^{-2}, \quad P(X \leq 3) = \int_{0}^{3} \frac{1}{10} e^{-\frac{1}{10}x} dx = 1 - e^{-0.3}$$

예제 3.28

확률변수 X를 인터넷에 연결된 컴퓨터 단말기의 반응시간이라 하면 X는 평균반응시간이 3초인 지수분포를 한다고 한다. 반응시간이 9초보다 작을 확률을 구하여라. 또 반응시간이 6초와 9초 사이일 확률을 구하여라.

풀이

$$P(X \leq 9) = 1 - e^{-\frac{1}{3} \cdot 9} = 1 - e^{-3}$$

$$P(6 \leq X \leq 9) = P(X \leq 9) - P(X \leq 6) = e^{-2} - e^{-3}$$

예제 3.29

어떤 질병에 감염되어 증세가 나타날 때까지 걸리는 시간은 평균 38일이고, 감염기간은 지수분포를 이룬다고 한다.

(1) 이 질병에 감염된 환자가 25일 안에 증세를 보일 확률을 구하여라.

(2) 적어도 30일 동안 이 질병에 대한 증세가 나타나지 않을 확률을 구하여라.

풀이

(1) 질병의 증세가 나타날 때까지 걸리는 시간을 확률변수 X라고 하면, 평균 38인 지수분포를 이루므로 X의 밀도함수는 $f(x)=\frac{1}{38}e^{-x/38},\ x>0$이므로 구하고자 하는 확률은

$$P(X<25)=F(25)=1-e^{-25/38}=0.4821$$

(2) 30일 안에 증세가 나타날 확률은 $P(x<30)=F(30)=1-e^{-30/38}=0.5459$이므로 따라서 적어도 30일 안에 증세가 나타나지 않을 확률은 0.4541

문제 3.27

$X\sim \mathrm{Exp}(2)$에 대하여 다음을 구하여라.

(1) $P(X\leqq 1)$

(2) $P(1<X\leqq 3)$

(3) $P(X\geqq 2)$

(4) $F(x)$

(5) 하위 10%인 $x_{0.1}$

(6) 상위 10%인 $x_{0.9}$

문제 3.28

반도체를 생산하는 공정라인에 있는 기계가 멈추는 시간은 하루 동안 모수 0.1인 지수분포를 따른다고 한다. 이 공정라인에 있는 기계가 멈추는 평균 시간을 구하여라.

문제 3.29

어떤 기계의 고장 나는 날의 간격이 $\lambda = 0.3$ 인 지수분포에 따른다고 한다.

(1) 이 기계가 고장 나는 날의 평균 간격을 구하여라.

(2) 고장 나는 날의 간격에 대한 표준편차를 구하여라.

(3) 고장 나는 날의 간격에 대한 중앙값을 구하여라.

(4) 이 기계가 수리된 후 다시 고장 나기까지 적어도 일주일이상 사용할 확률을 구하여라.

3.2.3 감마분포

감마분포는 자동차 엔진을 수리하기 위하여 필요한 기간이나 카탈로그로부터 어떤 특정 종목에 대한 주문 시간 등에 관한 확률모형 또는 신뢰성 이론이나 포아송과정의 분석을 비롯한 많은 분야에서 응용되는 확률분포이다. 이 분포는 부록에서 소개하고 있는 감마함수

$$\Gamma(\alpha) = \int_0^\infty t^{\alpha-1} e^{-t} dt, \ \ \alpha > 0$$

로부터 다음과 같이 유도되는 확률분포이다. 감마함수는 다음과 같은 성질을 갖는다.

(1) $\Gamma(1) = 1$

(2) $\Gamma(n+1) = n\Gamma(n)$(n은 실수)

(3) $\Gamma(n+1) = n!$ (n은 양의 정수)

감마함수의 정의로부터

$\displaystyle\int_0^\infty \frac{1}{\Gamma(\alpha)} t^{\alpha-1} e^{-t} dt = 1, \ \ \alpha > 0$이고, 임의의 양수 β에 대하여 $t = \dfrac{x}{\beta}$라 하면

$$1 = \int_{1}^{\infty} \frac{1}{\Gamma(\alpha)} t^{\alpha-1} e^{-t} dt = \int_{0}^{\infty} \frac{1}{\Gamma(\alpha)} \left(\frac{x}{\beta}\right)^{\alpha-1} \exp\left(-\frac{x}{\beta}\right) \frac{1}{\beta} dx$$
$$= \int_{0}^{\infty} \frac{1}{\Gamma(\alpha)\beta^{\alpha}} x^{\alpha-1} \exp\left(-\frac{x}{\beta}\right) dx$$

이다. 이때 양수 α, β에 대하여 피적분함수

$$f(x) = \frac{1}{\Gamma(\alpha)\beta^{\alpha}} x^{\alpha-1} \exp\left(-\frac{x}{\beta}\right)$$

은 $x > 0$에서 양의 값을 가지므로 어떤 연속확률변수 X의 확률밀도함수가 된다. 이와 같은 확률밀도함수를 갖는 확률분포를 모수 α, β인 감마분포(gamma distribution)라 하고, $X \sim \Gamma(\alpha, \beta)$로 나타낸다. 특히, $\alpha = 1$이면

$$f(x) = \frac{1}{\beta} \exp\left(-\frac{x}{\beta}\right), \ \ x > 0$$

즉, 모수 $1/\beta$인 지수분포이다. 그러면 모수 α는 감마분포의 모양을 결정지으며 모수 β는 흩어진 정도를 나타내는 척도이며, 모수 α와 β를 각각 형상모수(shape parameter)와 척도모수(scale parameter)라 한다. 그림 3.4와 같이 척도모수 β가 작을수록 분포의 밀집정도가 좁아지고, 형상모수 α가 커짐에 따라 곡선의 꼭지점은 원점으로부터 점점 더 멀어지는 것을 알 수 있다.

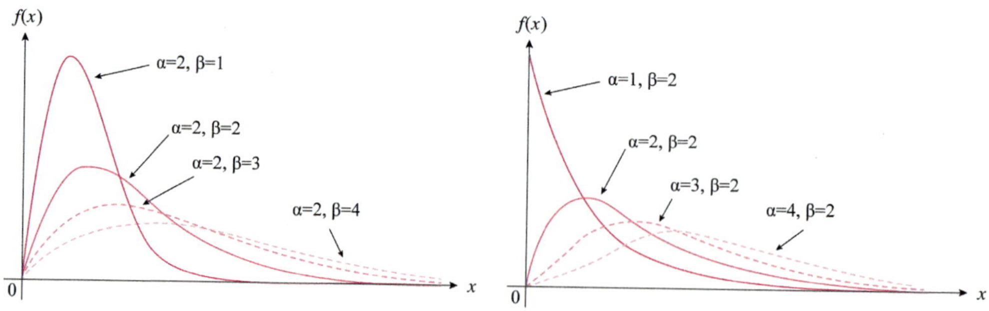

[그림 3.4] 모수에 따른 감마분포의 비교

한편 $X \sim \Gamma(\alpha, \beta)$에 대한 평균과 분산은 각각 다음과 같으나, 증명은 연습문제로 남긴다.

$$\mu = E(X) = \alpha\beta,\ \sigma^2 = Var(X) = \alpha\beta^2$$

특히 확률변수 $X_1, X_2, \cdots, X_n$이 동일한 모수 λ를 갖는 독립인 지수분포를 이룬다면, 이 변수들의 합 $S = X_1 + X_2 + \cdots + X_n$은 $\Gamma(n, 1/\lambda)$인 감마분포를 이룬다.

이와 같은 사실은 비율 λ인 포아송과정에 따라 n번째 사건이 발생할 때까지 걸리는 시간 S는 모수 α, $1/\lambda$인 감마분포에 따르는 것을 나타낸다. 예를 들어 비율 λ인 포아송 과정에 따라서 계속적으로 신호가 시스템에 접속된다고 하자. 그러면 각 신호 사이의 대기시간은 독립이고 모수 λ인 지수분포를 이룬다. 또한 지수분포는 비기억성 성질에 의하여 이전에 신호가 도달할 때까지 걸리는 시간은 다음 신호가 도달할 때까지 걸리는 시간과 독립이므로 n번째 신호가 도달할 때까지 걸리는 전체 시간 S는 그림 3.5과 같으며, S는 $\Gamma(n, 1/\lambda)$인 감마분포를 이룬다.

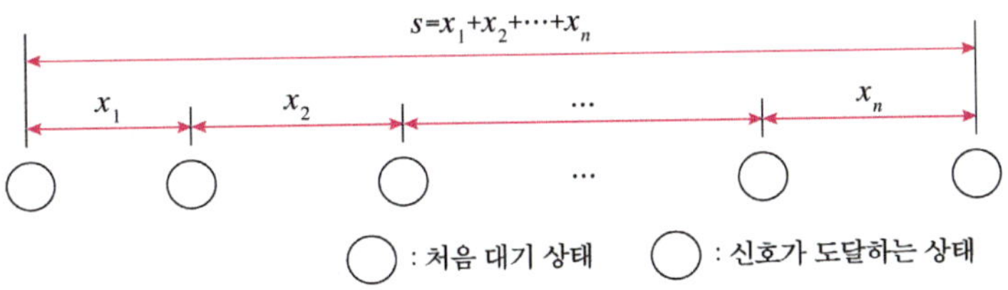

[그림 3.5] 신호 대기열

예제 3.30

특정 정보에 대한 검색 신호들이 데이터베이스 시스템에 들어오고 있으며, 이 시스템의 응답시간 T(초)는 평균 2인 지수분포에 따른다고 한다. 그리고 이 시스템은 들어온 신호에 응답하자마자 곧바로 다음 신호를 받는다. 오전 9시 정각으로부터 2건의 신호가 들어올 때까지 걸리는 시간 X에 대하여

(1) X의 확률밀도함수를 구하여라.

(2) 2건의 검색요구가 들어올 때까지 걸리는 평균시간을 구하여라.

(3) 2건의 검색 요구가 3초 이내에 있을 확률을 구하여라.

풀이

(1) 응답시간 T가 평균 2인 지수분포에 따르므로 $T \sim \text{Exp}(1/2)$이다. 그러므로 오전 9시 정각으로부터 처음 신호가 들어올 때까지 걸리는 시간은 $T_1 \sim \text{Exp}(1/2)$이고, 첫 번째 신호와 두 번째 신호 사이의 시간 $T_2 \sim \text{Exp}(1/2)$이고, 이 확률변수들은 독립이다. 그러므로 두 번째 신호가 들어올 때까지 걸리는 시간 $X = T_1 + T_2$는 모수 $\alpha = 2$, $\beta = 2$인 감마분포 $\Gamma(2, 2)$를 이루고, 따라서 확률밀도함수는 다음과 같다.

$$f(x) = \frac{1}{\Gamma(2)2^2} x e^{-x/2} = \frac{1}{4} x e^{-x/2}, \ 0 < x < \infty$$

(2) $\mu = E(X) = \alpha\beta = (2) \cdot (2) = 4$

(3) $P(X < 3) = \int_0^3 \frac{1}{4} x e^{-x/2} = 1 - \frac{5}{2} e^{-3/2}$

예제 3.31

어느 상점에 매 시간 평균 30명의 손님이 포아송과정을 따라서 찾아온다고 한다.

(1) 상점 주인이 처음 두 손님을 맞이하기 위하여 5분 이상 기다릴 확률을 구하여라.

(2) 처음 두 손님을 맞이하기 위하여 3분에서 5분 정도 기다릴 확률을 구하여라.

풀이

(1) 매 시간 평균 30명의 손님이 상점을 찾아오므로 1분당 평균 $30/60 = 1/2$명의 손님이 상점을 찾아온다. 한편 이 상점을 찾아오는 손님의 수는 포아송과정에 따르며, 손님 두 명이 찾아올 때까지 기다리는 시간을 X라 하면, X는 모수 $\alpha = 2$, $\beta = 2$인 감마분포 $\Gamma(2,2)$에 따른다. 그러므로 X의 확률밀도함수는

$$f(x) = \frac{1}{\Gamma(2)2^2} x^{2-1} e^{-x/2} = \frac{x}{4} e^{-x/2}, \ 0 < x < \infty$$

이고, 구하고자 하는 확률은 다음과 같다.

$$P(X \geq 5) = \int_5^\infty \frac{x}{4} e^{-x/2} dx = -\frac{1}{2} \left[(x+2) e^{-x/2} \right]_5^\infty = \frac{7}{2} e^{-5/2} = 0.2873$$

(2) $P(3 \leq X \leq 5) = \int_3^5 \frac{x}{4} e^{-x/2} dx = -\frac{1}{2} \left[(x+2) e^{-x/2} \right]_3^5$

$$= -\frac{7}{2} e^{-5/2} + \frac{5}{2} e^{-3/2} = 0.2705$$

문제 3.30

전화 교환대에 1분에 평균 3건의 전화가 포아송과정에 따라 걸려온다. 네 번째 전화가 걸려올 때까지 기다리는 시간을 X라 할 때,

(1) X의 확률밀도함수를 구하여라.

(2) 네 번째 전화가 걸려올 때까지 기다리는 평균시간과 분산을 구하여라.

(3) 5분 이상 기다려야 네 번째 전화가 걸려올 확률을 구하여라.

문제 3.31

어느 특정 지역에서 발생하는 교통사고 발생 시간 X(월)는 밀도함수 $f(x) = 3e^{-3x}$, $0 < x < \infty$를 갖는다고 한다. 이때 처음 두 건의 사고가 첫 번째 달과 두 번째 달 사이에 발생할 확률을 구하여라. 단, 첫 번째 사고와 두 번째 사고 사이의 시간은 첫 번째 사고가 발생할 시간과 독립이고 동일한 지수분포를 이룬다.

문제 3.32

$X \sim \Gamma(2,1)$에 대하여, 다음을 구하여라.

(1) X의 확률밀도함수

(2) $\mu = E(X)$

(3) $\sigma^2 = Var(X)$

(4) $P(X < 2)$

문제 3.33

X가 모수$(\alpha,\ \beta)$인 감마분포에 따를 때, X의 기댓값$E(X) = \alpha\beta$임을 밝혀라. 또 모수가 $(\alpha,\ \beta)$인 감마분포의 분산을 구하여라.

3.2.4 베타분포

베타분포는 폐구간 [0, 1]에서 정의되며, 따라서 확률변수 0%와 100% 사이에서 값을 갖는 비율을 다룰 때 사용한다. 예를 들어, 제조과정에서 불량품의 비율 또는 서비스에 만족하는 고객의 비율, 전체 보험증권의 한계 금액에 대한 손실비율 등과 같은 확률모형을 다룰 때 많이 사용한다.

확률변수 X의 밀도함수 $f(x)$가 $(\alpha > 0,\ \beta > 0)$

$$f(x) = \begin{cases} \dfrac{1}{B(\alpha,\ \beta)} x^{\alpha-1}(1-x)^{\beta-1}, & (0 < x < 1) \\ 0, & (\text{그 밖에서}) \end{cases} \tag{1}$$

로 주어질 때, X는 베타 분포를 하고 $X \sim B(\alpha, \beta)$로 나타낸다.

베타분포함수는

$$B(\alpha,\ \beta) = \int_0^1 x^{\alpha-1}(1-x)^{\beta-1} dx \ (\alpha,\ \beta > 0)$$

로 정의한다.

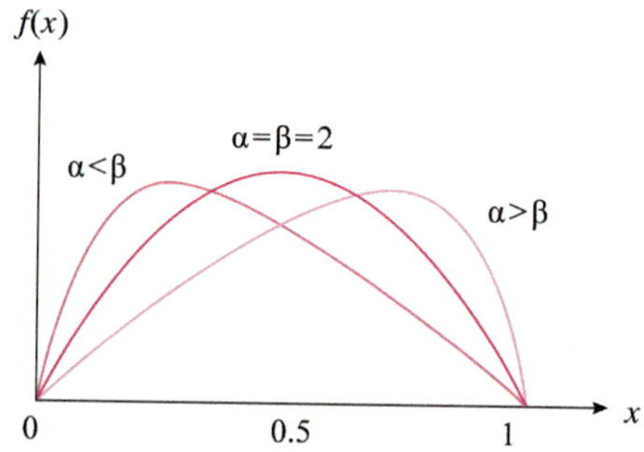

[그림 3.6]

베타분포함수와 감마함수 사이에는

$$B(\alpha,\ \beta) = \frac{\Gamma(\alpha)\Gamma(\beta)}{\Gamma(\alpha+\beta)}$$

인 관계가 성립한다.

예제 3.32

X가 $\alpha = \beta = 2$인 베타분포에 따를 때, $P\{X \leq 0.2\}$를 구하여라.

풀이

$\alpha = \beta = 2$일 때, 베타분포의 $p.d.f.$는

$$f(x) = \begin{cases} \dfrac{\Gamma(4)}{\Gamma(2)\Gamma(2)} x(1-x), & (0 < x < 1) \\ 0, & (\text{그 밖에서}) \end{cases}$$

이다. $\Gamma(2) = 1$, $\Gamma(4) = 3! = 6$이므로

$$f(x) = 6x(1-x), \quad (0 < x < 1)$$

$$P\{X \leqq 0.2\} = \int_0^{0.2} 6x(1-x)dx = 6\left[\frac{x^2}{2} - \frac{x^3}{3}\right]_0^{0.2}$$

$$= 6\left[\frac{0.04}{2} - \frac{0.008}{3}\right] = 0.104$$

한편 $X \sim B(\alpha, \beta)$에 대한 평균은

$$E(X) = \int_0^1 \frac{\Gamma(\alpha+\beta)}{\Gamma(\alpha)\Gamma(\beta)} x^{\alpha}(1-x)^{\beta-1}dx$$

$$= \frac{\Gamma(\alpha+\beta)\Gamma(\alpha+1)\Gamma(\beta)}{\Gamma(\alpha)\Gamma(\beta)\Gamma(\alpha+1+\beta)} \int_0^1 \frac{\Gamma(\alpha+1+\beta)}{\Gamma(\alpha+1)\Gamma(\beta)} x^{\alpha}(1-x)^{\beta-1}dx$$

$$= \frac{\Gamma(\alpha+\beta)}{\Gamma(\alpha)} \frac{\Gamma(\alpha+1)}{\Gamma(\alpha+1+\beta)} = \frac{\Gamma(\alpha+\beta)\alpha\Gamma(\alpha)}{\Gamma(\alpha)(\alpha+\beta)\Gamma(\alpha+\beta)}$$

$$= \frac{\alpha}{\alpha+\beta}$$

이다. 같은 방법으로

$$E(X^2) = \frac{\alpha(\alpha+1)}{(\alpha+\beta+1)(\alpha+\beta)}$$

이고, 따라서 분산은 다음과 같다.

$$Var(X) = E(X^2) - \{E(X)\}^2 = \frac{\alpha\beta}{(\alpha+\beta)^2(\alpha+\beta+1)}$$

특히 모수 $\alpha = \beta = 1$이면, 확률밀도함수는 $0 < x < 1$에서

$$f(x) = \frac{\Gamma(2)}{\Gamma(1)\Gamma(1)} = 1$$

이고, 따라서 폐구간 [0, 1]에서 정의되는 균등분포이다.

예제 3.33

고객들의 투자업무를 다루는 어떤 재산관리 회사에 대하여, 어느 특정한 달에 이 회사에 정보나 서비스를 위하여 전화 문의를 한 고객의 비율이 $\alpha = 3$, $\beta = 4$인 베타분포를 이룬다고 한다.

(1) 전화 문의를 한 고객의 비율에 대한 밀도함수를 구하여라.

(2) 평균과 분산을 구하여라.

(3) 그 한달 동안에 고객의 70% 이상이 전화로 문의했을 확률을 구하여라.

풀이

(1) 전화 문의를 한 고객의 비율 X가 모수 $\alpha = 3, \beta = 4$인 베타분포를 이루므로 밀도함수는

$$f(x) = \frac{\Gamma(7)}{\Gamma(3)\Gamma(4)} x^2(1-x)^3 = 60x^2(1-x)^3, \quad 0 < x < 1$$

(2) $E(X) = \dfrac{3}{7} = 0.4286$, $Var(X) = \dfrac{(3)(4)}{(7)^2 \cdot (8)} = 0.0306$

(3) $P(X \geqq 0.7) = \displaystyle\int_{0.7}^{1} 60x^2(1-x)^3 dx = 0.0705$

예제 3.34

스프레이 모기약을 뿌린 후에 죽은 모기의 비율 X는 평균 0.6 표준편차 0.2인 베타분포에 따른다고 한다.

(1) 모수 α, β를 구하여라.

(2) X의 확률밀도함수를 구하여라.

(3) X의 분포함수를 구하여라.

(4) 50% 이상을 모기가 죽을 확률을 구하여라.

풀이

(1) $\mu=\frac{\alpha}{\alpha+\beta}=0.6,\ \sigma^2=\frac{\alpha\beta}{(\alpha+\beta)^2(\alpha+\beta+1)}=(0.2)^2=0.04$이고

$\frac{\alpha}{\alpha+\beta}=0.6$으로부터 $\alpha=1.5\beta$이다. 따라서

$\frac{\alpha\beta}{(\alpha+\beta)^2(\alpha+\beta+1)}=\frac{1.5\beta^2}{(1.5\beta+\beta)^2(1.5\beta+\beta+1)}=0.04$으로부터 $\beta=2,\ \alpha=3$이다.

(2) $f(x)=\frac{\Gamma(5)}{\Gamma(3)\Gamma(2)}x^2(1-x)=12x^2(1-x),\ 0<x<1$

(3) $F(x)=\int_0^x 12t^2(1-t)dt=(4-3x)x^3,\ 0<x<1$

(4) 50% 이상 모기가 죽을 확률 $P(X\geq 0.5)=1-F(0.5)=1-(4-3\cdot(0.5))(0.5)^3=0.6875$ 이다.

문제 3.34

$X\sim B(1,2)$에 대하여, 다음을 구하여라.

(1) X의 확률밀도함수

(2) $\mu=E(X)$

(3) $\sigma^2=Var(X)$

(4) $P(X<0.8)$

문제 3.35

금융 연구자들 지속적으로 스톡옵션에 대한 모델을 연구할 결과, 특정한 날에 스톡 가격의 증가를 보인스톡의 비율은 경제적 요인과 정치적 요인에 따른 모수 α와 β를 갖는 베타분포를 따른다는 사실을 발견하였다. 어느 날 연구자들은 내일의 적당한 모수 값은 $\alpha=3.5$와 $\beta=4.4$임을 예측하였다. 이 예측에 따라 내일 스톡가격의 증가에 대한 평균 비율과 비율에 대한 분산을 구하여라.

문제 3.36

다음 함수 $f(x)$에 대하여,

$$f(x) = \begin{cases} kx^2(1-x)^3, & 0 < x < 1 \\ 0, & \text{다른 곳에서} \end{cases}$$

(1) $f(x)$가 확률밀도함수이기 위한 상수 k를 구하여라.

(2) $f(x)$가 베타분포 확률밀도함수이기 위한 두 모수 α와 β를 구하여라.

(3) X의 평균 $\mu = E(X)$와 분산 $\sigma^2 = Var(X)$을 구하여라.

문제 3.37

가능한 수입금에 대한 저축액의 비율 X가 베타분포 $B(2, 20)$에 따른다고 한다.

(1) X의 확률밀도함수를 구하여라.

(2) X의 분포함수를 구하여라.

(3) 확률밀도함수를 최대가 되는 x_0을 구하여라.

(4) 가능한 수입금의 5% 이하를 저축할 확률을 구하여라.

(5) 적어도 10% 이상을 저축할 확률을 구하여라.

3.2.5 정규분포

정규분포(normal distribution)는 통계 응용에서 가장 많이 이용되는 확률분포이다. 측정오차, 또는 제품의 무게, 다양한 척도와 경제지표 그리고 다양한 연구분야에서 얻어지는 자료들의 확률분포가 정규분포를 한다고 알려진 것이 매우 많다. 정규분포를 하지 않는 확률변수들도 변수들의 변환에 의하여 적절한 조건 아래서 근사적인 정규분포를 하기 때문에 정규분포는 특히 통계적 추론의 중추적 역할을 하고 있다. 정규분포의 확률밀도함수는 다음과 같으며 그 그래프는 종모양의 곡선으로 되며 이를 정규곡선(normal curve)이라고 한다.

확률변수 X의 확률밀도함수는

$$f(x) = \frac{1}{\sqrt{2\pi}\,\sigma} e^{-\frac{(x-\mu)^2}{2\sigma^2}}, \quad -\infty < x < \infty$$

로 주어질 때, X는 정규분포에 따른다고 하며, $X \sim N(\mu, \sigma^2)$으로 나타내기도 한다.

정규곡선은 다음 그림과 같으며, 이 곡선의 특징은 $x = \mu$에 대하여 대칭이고 표준편차 σ는 평균 μ에서 곡선의 변곡점까지의 거리가 된다.

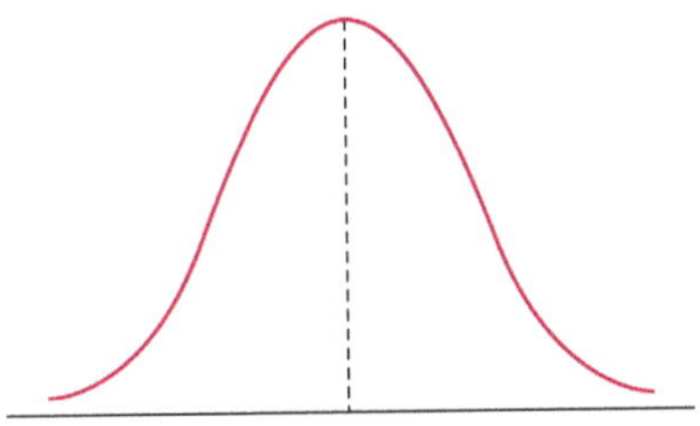

[그림 3.7] 정규분포 확률밀도 함수

정규분포는 평균 μ, 분산 σ^2만 주어지면 결정되며 σ^2에 의하여 곡선의 모양이 결정되고, μ에 의하여 곡선의 중심의 위치가 결정된다. 다음 그림은 같은 표준편차를 갖고, 평균이 다른 두 곡선을 그린 결과이다.

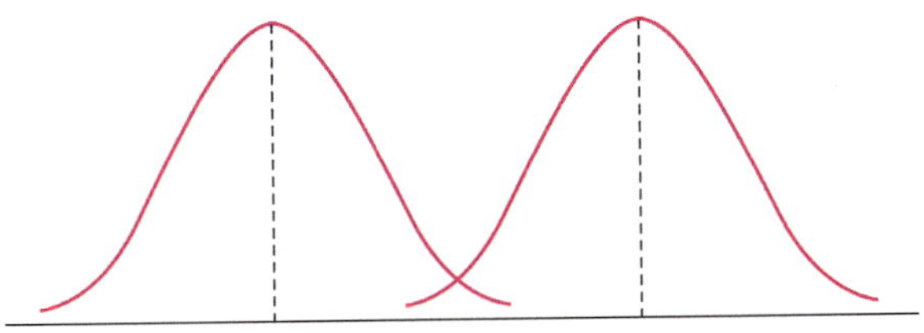

[그림 3.8] 분산은 같고 평균이 다른 정규분포의 확률밀도함수비교

다음 그림은 평균은 같으나 표준편차가 다른 두 개의 정규곡선을 그린 결과이다. 두 곡선의 중심의 위치는 동일점이고, 표준편차가 크면 낮고 넓게 퍼져 있으며 표준편차가 작으면 높고 좁게 퍼져 있다. 두 곡선의 넓이는 1이다.

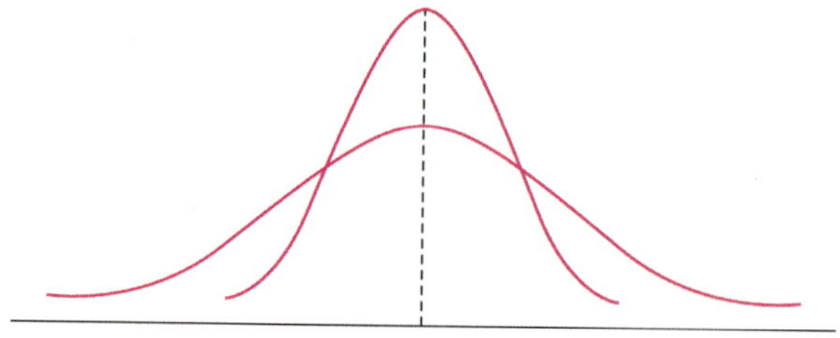

[그림 3.9] 평균은 같고 분산이 다른 정규분포의 확률밀도 함수 비교

다음 그림은 서로 다른 평균과 표준편차를 갖는 두 정규곡선을 그린 결과이다. 곡선은 평균이 크면 중심의 위치가 오른쪽으로, 분산이 크면 폭이 넓지만, 넓이는 항상 1이다.

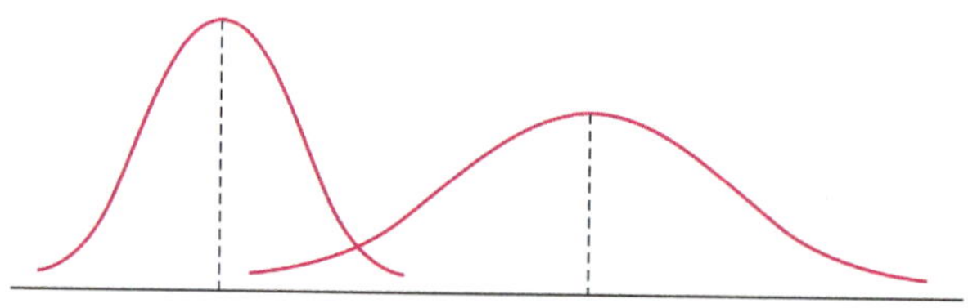

[그림 3.10] 평균도 다르고 분산도 다른 정규분포의 확률밀도 함수 비교

이제 정규분포에서 확률을 구하는 문제를 생각해보자. 예를 들어, 어떤 기계에서 생산된 제품의 평균 무게는 60kg, 분산이 9kg인 정규분포를 한다고 하자. 여기에서 제품의 무게가 54kg부터 64.5kg 사이에 속할 확률을 구하려면 μ=60, σ^2=9인 정규분포 확률밀도함수는 다음과 같다.

$$f(x) = \frac{1}{\sqrt{2\pi}\,3} e^{-\frac{(x-60)^2}{2(9)}}, \ -\infty < x < \infty$$

를 이용해서

$$P(54 < X < 64.5) = \int_{54}^{64.5} \frac{1}{\sqrt{2\pi}\,3} e^{-\frac{(x-60)^2}{2(9)}} dx$$

를 계산해야 하는데 이 계산은 매우 복잡하다. 그러므로 정규분포에서의 확률계산을 편리하게 하기 위해서 평균이 0이고, 분산이 1인 표준정규분포를 이용한다.

$$X \sim N(\mu, \sigma^2) \text{에서 } Z = \frac{X - \mu}{\sigma}$$

라 하면

$$E(Z) = E\left[\frac{X-\mu}{\sigma}\right] = \frac{1}{\sigma}(0) = 0, \quad V(Z) = V\left[\frac{X-\mu}{\sigma}\right] = \frac{1}{\sigma^2}(\sigma^2) = 1$$

이므로, $Z = \dfrac{X-\mu}{\sigma}$의 평균은 0이고 분산은 1이다.

(1) 표준정규분포

$X \sim N(\mu, \sigma^2)$일 때 $Z = \dfrac{X-\mu}{\sigma}$로 정의하면 $Z \sim N(0,1)$이다.

$$\phi(z) = \frac{1}{\sqrt{2\pi}} e^{-\frac{z^2}{2}}, \ -\infty < z < \infty$$

이다. 확률변수 Z는 표준정규분포(standard normal distribution)를 한다고 하며 $Z \sim N(0,1)$로 표시한다.

앞의 제품의 무게에 관한 예에서 확률 $P(54 < X < 64.5)$를 계산하는 것을 확률변수 Z을 이용하자.

$$Z = \frac{X-\mu}{\sigma} = \frac{X-60}{3}$$

이라하면

$$P(54 < X < 64.5) = P\left(\frac{54-60}{3} < \frac{X-60}{3} < \frac{64.5-60}{3}\right) = P(-2 < Z < 1.5)$$

$$= \int_{-2}^{1.5} \frac{1}{\sqrt{2\pi}} e^{-\frac{z^2}{2}} dz$$

와 같이 평균 μ와 분산 σ^2에 무관한 식이 되어 다루기에 간편하게 되었다. 그러므로 위에서 $\int_{-2}^{1.5} \frac{1}{\sqrt{2\pi}} e^{-\frac{z^2}{2}} dz$을 간단히 계산하기 위해 여러 가지 z값에 대한 $P(Z \le z) = \Phi(z) = \int_{-\infty}^{z} \frac{1}{\sqrt{2\pi}} e^{-\frac{z^2}{2}} dz$를 계산한 표준정규분포표가 있다.

$$P(-2 < Z < 1.5) = P(Z \le 1.5) - P(Z \le -2) = 0.9332 - 0.0228 = 0.9104$$

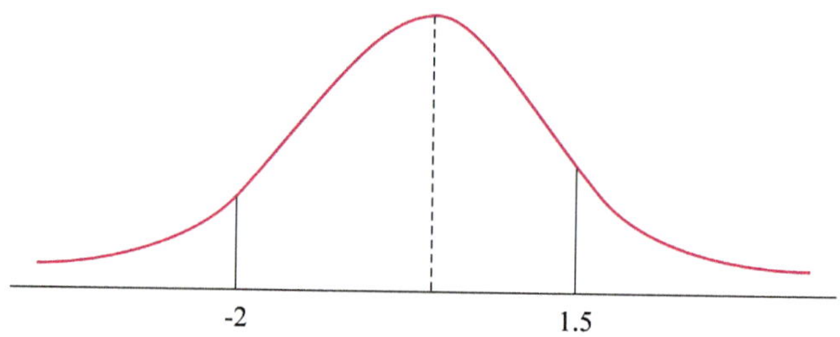

[그림 3.11] $P(-2 \le Z \le 1.5)$의 계산

예제 3.35

표준정규분포표를 이용하여 다음 확률을 구하여라.

(1) $P(0 < Z < 1.54)$

(2) $P(-1.10 < Z < 1.10)$

(3) $P(Z < -1.78)$

(4) $P(Z > -1.23)$

풀이

(1) $P(0 < Z < 1.54) = P(Z < 1.54) - 0.5 = 0.9382 - 0.5 = 0.4382$

(2) $P(-1.10 < Z < 1.10) = 2P(0 < Z < 1.10) = 2[P(Z < 1.10) - 0.5]$
$= 2(0.8643 - 0.5) = 0.7286$

(3) $P(Z < -1.78) = P(Z > 1.78) = 1 - P(Z < 1.78) = 1 - 0.9625 = 0.0375$

(4) $P(Z > -1.23) = P(Z < 1.23) = 0.8907$

예제 3.36

$X \sim N(50, 10^2)$인 정규분포에서 $P(60 < X < 65)$을 구하여라.

풀이

$$P(60 < X < 65) = P\left(\frac{60-50}{10} < \frac{X-50}{10} < \frac{65-50}{10}\right) = P(1 < Z < 1.5) = 0.0919$$

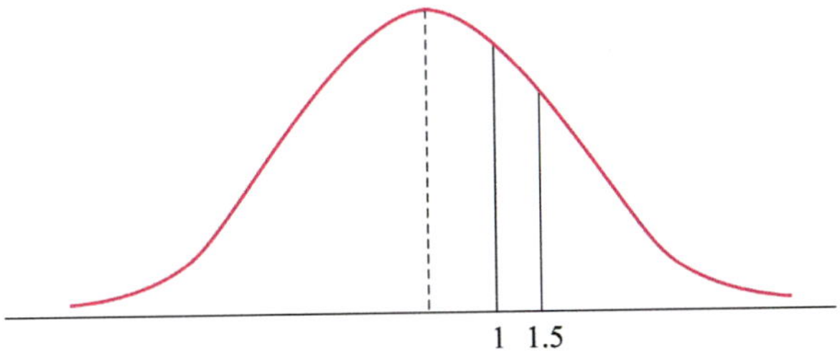

[그림 3.12]

예제 3.37

$X \sim N(300, 50^2)$인 정규분포에서 $P(X \geq 370)$을 구하여라.

풀이

$Z = \frac{X-300}{50} \sim N(0,1)$이므로

$$P(X \geq 370) = P\left(\frac{X-300}{50} \leq \frac{370-300}{50}\right) = P(Z \leq 1.4) = 1 - P(Z \leq 1.4) = 0.0808$$

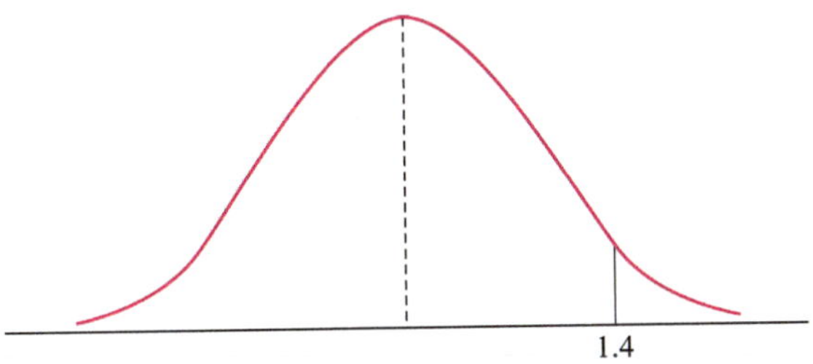

[그림 3.13]

예제 3.38

특정한 브랜드의 백열전구의 수명이 1500시간의 평균값과 75시간의 표준 편차로 정규적으로 분포되어있다.

(1) 백열전구가 1410시간보다 덜 오래 갈 확률은 얼마인가?

(2) 백열전구가 1563과 1648시간 사이의 오래 갈 확률은 얼마인가?

풀이

(1) $Z=\dfrac{X-1500}{75}\sim N(0,1)$이므로

$$P(X\le 1410)=P\left(Z\le \frac{1410-1500}{75}\right)=P(Z\le -1.2)=0.1151$$

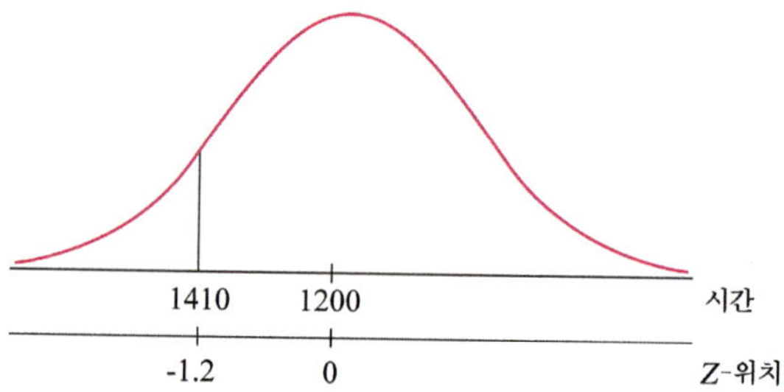

[그림 3.14] $P(Z\le -1.2)$의 계산

(2) $$P(1563\le X\le 1648)=P\left(\frac{1563-1500}{75}\le Z\le \frac{1648-1500}{75}\right)$$
$$=P(.84\le Z\le 1.97)$$
$$=P(Z\le 1.97)-P(Z\le .84)=.9756-.7995=.1761$$

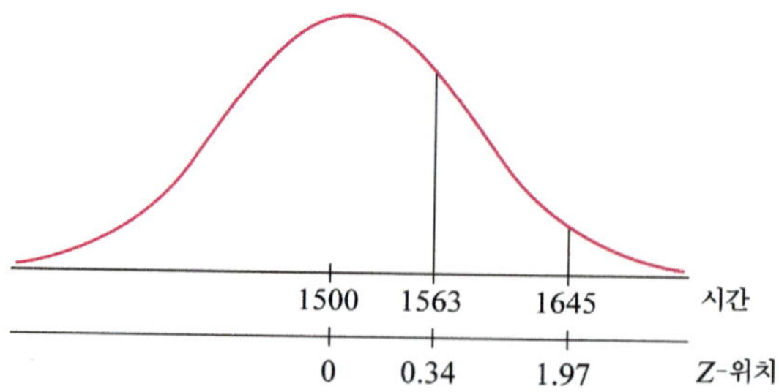

[그림 3.15] $P(0.84\le Z\le 1.7)$의 계산

예제 3.39

포장 기계는 판지 상자를 평균 16.1온스의 시리얼로 채우기 위해 설치되었다. 상자 당 양들이 0.04온스와 같은 표준 편차의 정규 분포를 이룬다고 가정해보자.

(1) 상자의 10%는 몇 온스 이하가 들어있을까?

(2) 몇 온스 이상이 80% 일까?

(3) 상자들의 중간 90%는 온스 얼마 사이에 있을까?

풀이

(1) $P(X < x_0) = 0.1$ 이므로 $P\left(Z < \dfrac{x_0 - 16.1}{0.04}\right) = 0.1$. 표준정규분포표에서

$\dfrac{x_0 - 16.1}{0.04} = -1.28$ 이므로 $x_0 = 16.1 - 1.28 \times 0.04 = 16.049$

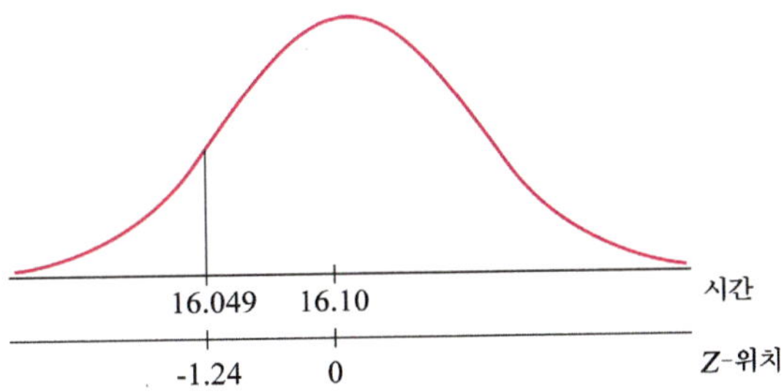

[그림 3.16] $P(Z \leq -1.28)$의 계산

(2) $P(X > x_0) = 0.8$을 의미하므로 $P\left(Z > \dfrac{x_0 - 16.1}{0.04}\right) = 0.8$ 표준정규분포표에 의하여

$\dfrac{x_0 - 16.1}{0.04} = -0.84$. 따라서 $x_0 = 16.1 - 0.84 \times 0.04 = 16.066$이다.

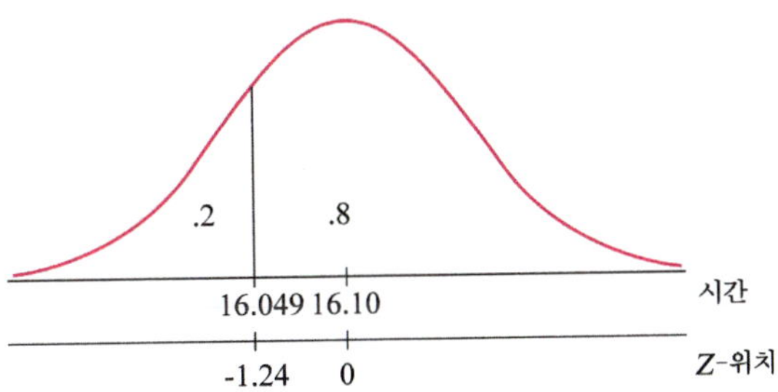

[그림 3.17] $P(Z \geq -0.84)$의 계산

(3) 표준정규분포표에 의하면 $P(-1.65 \le Z \le 1.65) = 0.9$이므로

$P\left(-1.65 \le \frac{X-16.1}{0.04} \le 1.65\right) = 0.9$이다.

따라서 $16.1 - 1.65 \times 0.04 \le X \le 16.1 + 1.65 \times 0.04$

즉, $16.034 \le X \le 16.166$이다.

문제 3.38

표준정규분포에서 다음의 확률을 구하라.

(1) $Z = 1.43$의 왼쪽 면적

(2) $Z = -0.89$의 오른쪽 면적

(3) $Z = -2.16$과 $Z = -0.65$사이의 면적

(4) $Z = -1.39$의 왼쪽 면적

(5) $Z = 1.96$의 오른쪽 면적

(6) $Z = -0.48$과 $Z = 1.74$ 사이의 면적

문제 3.39

표준정규분포에서 다음과 같을 때 k값을 구하라.

(1) $P(Z < k) = 0.0427$

(2) $P(Z > k) = 0.2946$

(3) $P(-0.93 < Z < k) = 0.7235$

문제 3.40

어느 전기회사에서는 평균수명이 800시간이고 표준편차가 40시간인 정규분포의 수명분포를 가지는 전구를 생산하고 있다. 임의로 선정된 전구의 수명이 778시간과 834시간 사이에 있을 확률을 구하라.

문제 3.41

$\mu = 100, \sigma = 15$인 확률 변수 X의 정규 분포에서 $P(100 \le X < k) = 0.4772$를 만족시키는 k의 값을 구하면?

문제 3.42

300명의 평균 성적이 70점, 표준 편차가 10인 정규 분포에서 60등 이내에 들려면 몇 점정도 이상 얻어야 되겠는가? 근사값으로 계산한다.

(2) 이항 분포의 정규 근사화

이항 분포 $P(X=x) = {}_nC_x p^x q^{n-x}$에서 p, q의 값이 0.5에 가까운 값이면 충분히 크지 않은 n에 대하여도 이항 분포는 정규 분포에 잘 적합되며 p, q가 약간 작거나 큰 경우에도 n이 충분히 크면 이항 분포는 정규 근사가 가능하다. 그러므로 X가 $B(n,\ p)$ 분포로서 평균이 np, 분산이 npq일 때 정규 분포 $N(np,\ npq)$에 근사한다.

$$Z = \frac{X - np}{\sqrt{npq}}$$

의 근사 분포는 $N(0,1)$분포에 따른다.

예제 3.40

제조 공장에서 나오는 차 중 0.15가 결점이 있다고 가정하자. 차 40대를 배달할 때 정확히 5대가 결점이 있을 확률은 얼마인가?

풀이

실제 답은 $\left(\frac{40!}{5!35!}\right)(.15)^5(.85)^{35}$이다. 정규를 이용해 답의 근사치를 구하려면, 먼저 평균값 μ과 표준편차 σ를 다음과 같이 계산해야 한다 :

$$\mu = np = 40(.15) = 6$$

$$\sigma = \sqrt{np(1-p)} = \sqrt{40(.15)(.85)} = 2.258$$

$$P(4.5 \le X \le 5.5) = P\left(\frac{4.5-6}{2.258} \le Z \le \frac{5.5-6}{2.258}\right) = P(-0.66 \le Z \le -0.22) = .1583$$

이다.

예제 3.41

동전을 200회 아무 생각 없이 던져서 표면이 나오는 회수가 100과의 편차가 5 이하일 확률 $P(|X-100| \le 5)$를 구하라.

풀이

X의 분포는 이항분포 $P(X=x) = {}_nC_x p^x q^{n-x}\ (n=200, p=q=\frac{1}{2})$이고, $np = 200 \times \frac{1}{2} = 100$이며, 표준 편차는 $\sqrt{npq} = \sqrt{200 \times \frac{1}{2} \times \frac{1}{2}} = \sqrt{50} \fallingdotseq 7.07$ 이다.

$$P(|X-100| \le 5) = P(100-5 \le X \le 100+5)$$

이 확률을 구하기 위하여 표준화한 변수 $Z = \frac{X-100}{7.07}$ 이므로

$$\begin{aligned} P(100-5 \le X \le 100+5) &= P(-0.7072 \le Z \le 0.7072) \\ &= 2P(0 \le Z \le 0.7072) = 0.5206 \end{aligned}$$

이다.

예제 3.42

인구의 60%가 정부의 대규모 예산삭감을 지지한다면, 설문조사 된 250명 중 155명 이하가 예산삭감을 지지할 확률은 얼마인가?

풀이

실제 답은 이항식 156개를 더한 답이다 :

$$(.4)^{250} + \cdots + \frac{250!}{155!95!}(.6)^{155}(.4)^{95}$$

근사치는 정규를 이용하여 쉽게 얻어질 수 있다. μ와 σ를 계산한다 :

$$\mu = np = 250(.6) = 150$$

$$\sigma = \sqrt{np(1-p)} = \sqrt{250(.6)(.4)} = 7.746$$

$$P(X \leq 155.5) = P\left(Z \leq \frac{155.5-150}{7.746}\right) = P(Z \leq 0.71) = 0.7611$$

이다.

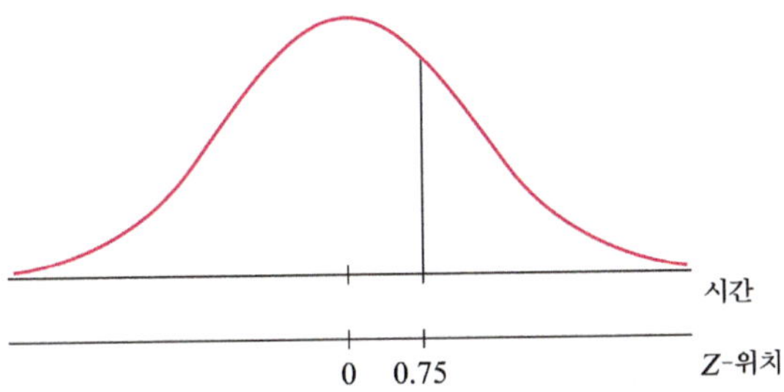

[그림 3.18] $P(Z \leq 0.71)$의 계산

문제 3.43

$X \sim B(16,\ 0.5)$일 때, 연속성을 수정한 근사확률 $P(8 \leqq X \leqq 10)$과 $P(X \geqq 10)$을 구하여라.

문제 3.44

올 한 해 동안 모 기업체의 근로자 2,000명이 1년 기간의 생명보험에 가입하였을 때, 이 기간에 근로자 개개인의 사망률이 0.001이라 한다. 이때 보험회사가 적어도 4건의 보상을 해야 할 근사확률을 구하여라.

문제 3.45

하루에 $\lambda = 500$인 비율로 전자 부품을 생산하며, 생산된 부품 수는 포아송 과정에 따른다고 한다. 이때, 어느 날 하루 동안 생산한 부품 수가 475개 이상 525개 이하인 근사확률을 구하여라.

문제 3.46

어느 회사에서 생산하여 엔진에 사용되는 어떤 부품의 불량률이 5%라고 한다. 이 부품이 100개씩 묶음으로 선적된다고 할 때,

(1) 이 로트에 포함되는 불량 부품이 2개를 초과할 확률은 얼마인가?

(2) 이 로트에 포함되는 불량 부품이 10개를 초과할 확률은 얼마인가?

문제 3.47

주사위를 720번 던져 1의 눈이 나온 회수를 X라 할 때 $P(115 \le X \le 135)$의 값은 얼마인가?

3.2.6 t-분포

모집단의 평균에 대한 추정 또는 검정을 할 때, 모분산 σ^2이 알려져 있지 않은 경우에는 $Z = \dfrac{\overline{X} - \mu}{\sigma / \sqrt{n}}$의 분포를 이용할 수 없다. 표본의 크기가 클 때에 σ^2대신 표본분산 S^2을 사용하여도 근사적으로

$$\frac{\overline{X} - \mu}{S / \sqrt{n}} \sim N(0, 1)$$

임이 알려져 있으나, 표본의 크기가 작은 경우네 σ를 S로 대체하면 표준화된 확률변수의 분포는 표준정규분포와는 달라지는데 이런 경우가 변환된 t분포이다.

$X_1, X_2, \cdots, X_n$이 정규분포 $N(\mu, \sigma^2)$에서 확률표본일 때

$$T = \frac{\overline{X} - \mu}{S / \sqrt{n}}$$

은 자유도 $n-1$인 t-분포(t-distribution)를 따른다.

확률변수 X가 자유도 n인 t분포를 갖는다면, X의 확률밀도 함수는 다음과 같다.

$$f(x) = \frac{\Gamma\left(\frac{n+1}{2}\right)}{\Gamma\left(\frac{n}{2}\right)\sqrt{n\pi}}\left(1 + \frac{x^2}{n}\right)^{-\frac{n+1}{2}}, \quad -\infty < x < \infty$$

평균과 분산은 각각 $E(T) = 0$, $Var(T) = \dfrac{n}{n-2}$, $(n > 2)$이다.

t분포의 모양은 표준정규분포와 마찬가지로 0을 중심으로 좌우 대칭이다. 그러나 표준정규 분포보다는 두터운 꼬리를 갖고 있다. t분포의 곡선도 카이제곱 분포나 F분포와 마찬가지로 자유도 n에 따라 모양이 다르게 나타나며, [그림 3.19]는 자유도 n이 n=2, 4, 8 인 경우에 대하여 t분포의 곡선이 나타나 있으며, 또한 표준정규분포의 곡선이 동시에 비교되어 나타나 있다. 즉, t분포는 자유도 n이 증가함에 따라 표준정규분포에 접근하게 된다.

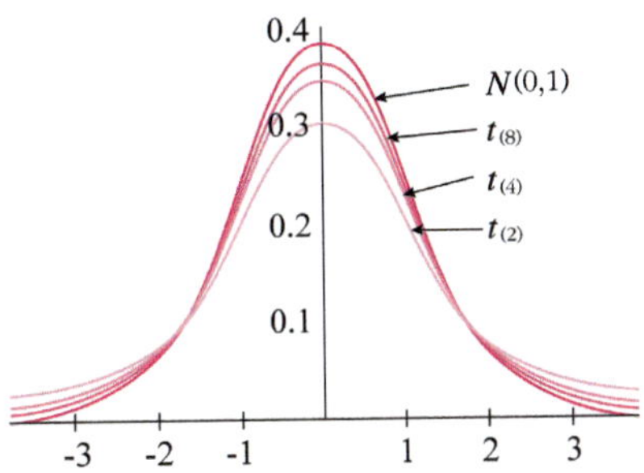

[그림 3.19] t분포와 정규분포 곡선

$t_{\alpha,(n)}$은 자유도 n인 t분포에서

$$P[T > t_{\alpha,(n)}] = \alpha$$

를 만족하는 자유도 n인 t분포의 $100(1-\alpha)\%$ 백분위수이다.

예를 들어, 자유도가 7일 때 $\alpha = 0.05$인 $t_{0.05,\,(7)} = 1.895$값이 다음 그림에 나타나 있다.

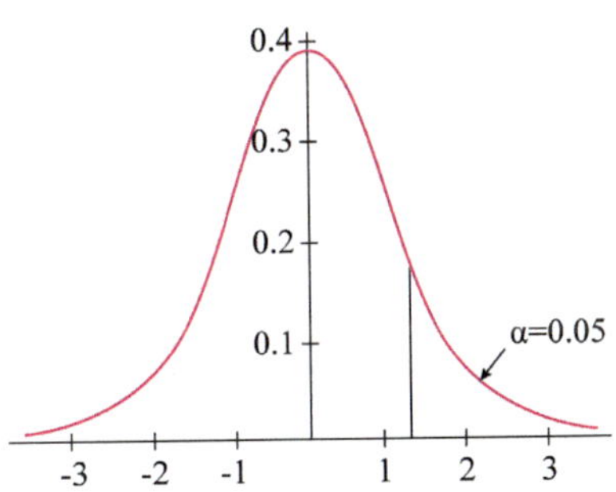

[그림 3.20] 자유도 $n=7, a=0.05$인 t분포

예제 3.43

다음을 구하여라.

(1) 자유도 10인 t 분포를 가진다고 하자. $P(T \le 1.415) = 0.906$ 일 때, $P(T \le -1.415)$ 는?

(2) 자유도가 25이고 $\alpha = 0.05$ 일 때, $P(T \ge t_0) = 0.05$ 인 t_0 를 구하여라.

풀이

(1) $P(T \le -1.415) = 1 - P(T \le 1.415) = 0.094$

(2) t 의 자유도 $n = 25$, $\alpha = 0.05$ 이므로 부록표에서 $P(T \ge 1.708)$ 을 만족하므로 $t_0 = 1.708$ 이다.

예제 3.44

[그림 3.21]은 d.f. =9 인 t 분포의 그래프이다. 다음을 구하여라.

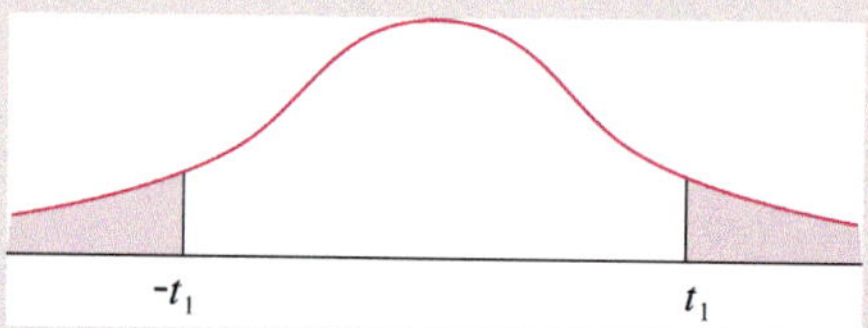

[그림 3.21] t 분포

(1) 오른쪽 빗금 부분의 면적 = 0.05 되는 t_1 의 값

(2) 왼쪽 빗금부분의 면적= 0.1 되는 t_1 의 값

(3) 빗금부분의 면적 = 0.05 되는 t_1 의 값

풀이

(1) $t_{0.05,(9)} = 1.83$

(2) $-t_{0.1,(9)} = -1.38$, $t_{0.1,(9)} = 1.38$

(3) $t_1 = t_{0.025,(9)} = 2.262$

문제 3.48

t-분포표를 이용하여 각 경우의 확률을 구하라.

(1) 자유도가 17일 때, $P(T< -1.740)$의 값을 구하여라.

(2) 자유도가 6일 때, $P(|T|<3.143)$의 값을 구하여라.

(3) 자유도가 18일 때, $P(-1.330< T<1.330)$의 값을 구하여라.

(4) 자유도가 17일 때, $P(T>-2.567)$의 값을 구하여라.

문제 3.49

U가 d.f.=10인 t분포를 할 때, 다음을 만족하는 c의 값을 구하여라.

(1) $P\{U>c\}=0.05$

(2) $P\{-c\le U\le c\}=0.98$

(3) $P\{U\le c\}=0.20$

(4) $P\{U\ge c\}=0.90$

문제 3.50

다음을 구하여라.

(1) 자유도가 20일 때 $P(-t_{0.005}< T< t_{0.01})$의 값을 구하라.

(2) 자유도가 20일 때 $P(T>-t_{0.025})$의 값을 구하라.

문제 3.51

t-분포표를 이용하여 $T\sim t(12)$일 때, 다음을 구하여라.

(1) $t_{0.1,(12)}$

(2) $t_{0.01,(12)}$

(3) $P(T\leqq t_0)=0.995$를 만족하는 t_0

문제 3.52

평균 μ인 정규 분포를 따르는 확률표본 $X_1, X_2, \cdots, X_n$을 고려해보자. n=16이라고 할 때

(1) $P(|4(\overline{X}-\mu)/S| \le c) = 0.95$를 만족하는 c의 값을 구하라.

(2) $P(|4(\overline{X}-\mu)/S| \le c) = 0.90$를 만족하는 c의 값을 구하라.

3.2.7 카이제곱분포

정규모집단 $N(\mu, \sigma^2)$으로부터 크기 n인 표본 $(X_1, X_2, \cdots, X_n)$을 추출했을 때

$$\chi^2 = \frac{\sum_{i=1}^{n}(X_i - \overline{X})^2}{\sigma^2} = \frac{(n-1)S^2}{\sigma^2}$$

은 자유도(degree of freedom) $n-1$인 χ^2-분포를 한다.

확률변수 X가 자유도 n인 카이제곱분포를 하면 $X \sim \chi^2_{(n)}$으로 표시한다. χ^2-분포는 통계적 추론 분야에서 모집단의 분산에 대한 추정과 검정, 적합도 검정, 독립성의 검정을 하는데 이용된다. 확률변수 X가 자유도 n인 카이제곱분포 $\chi^2_{(n)}$를 따를 때 X의 확률밀도함수 $f(x)$는 다음과 같이 주어진다.

$$f(x) = \frac{1}{\Gamma(\frac{n}{2})2^{\frac{n}{2}}} x^{\frac{n}{2}-1} e^{-\frac{x}{2}}, \quad 0 \le x < \infty$$

[그림 3.22]는 자유도의 변화에 따른 카이제곱분포를 나타낸 것으로 자유도 n=1, 4, 6인 경우에 있어서 카이제곱분포의 곡선이 그려져 있으며, 자유도 n이 커짐에 따라 곡선이 대칭화됨을 알 수 있다.

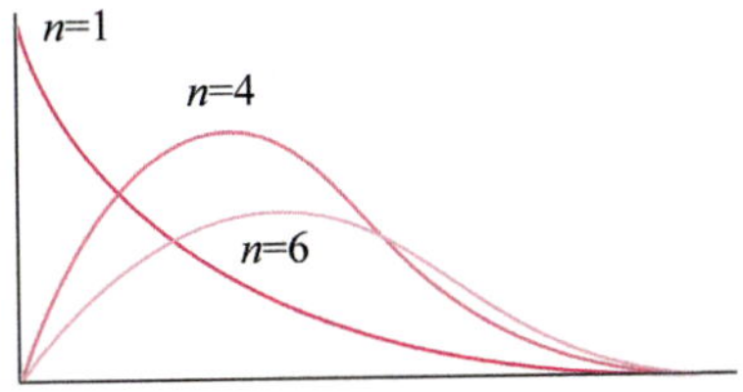

[그림 3.22] n= 1, 4, 6일 때의 카이제곱 확률밀도함수

다음과 같이 정의되는 χ^2 분포의 백분위수는 통계적 추론 분야에서 매우 유용하다.

즉, $\chi^2_{\alpha,(n)}$은

$$P[X \geq \chi^2_{\alpha,(n)}] = \alpha$$

를 만족하는 χ^2 분포의 100α백분위수이다.

예를 들어, 자유도가 5일 때 $\alpha = 0.1$은 $\chi^2_{0.1,(5)} = 9.236$이고 $\alpha = 0.9$는 역시 $\chi^2_{0.9,(5)} = 1.610$을 찾을 수 있다. 이러한 값들은 [그림 3.23]에서와 같이 나타내어진다.

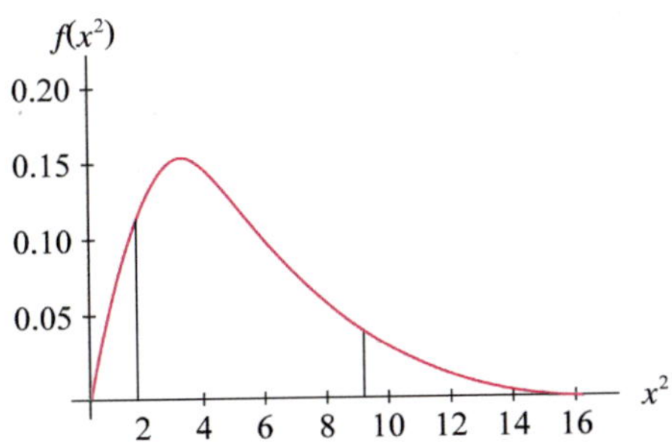

[그림 3.23] 자유도 n=5일 때 $\chi^2_{0.1,(5)}$, $\chi^2_{0.9,(5)}$계산

예제 3.45

자유도 5인 χ^2 분포의 그래프는 오른쪽과 같다. 다음에서 ${\chi_1}^2$, ${\chi_2}^2$의 값을 구하여라.

(1) 오른쪽 빗금면적$=0.05$

(2) 빗금 전체 면적$=0.05$

(3) 왼쪽 빗금 면적$=0.10$

(4) 오른쪽 빗금 면적$=0.01$

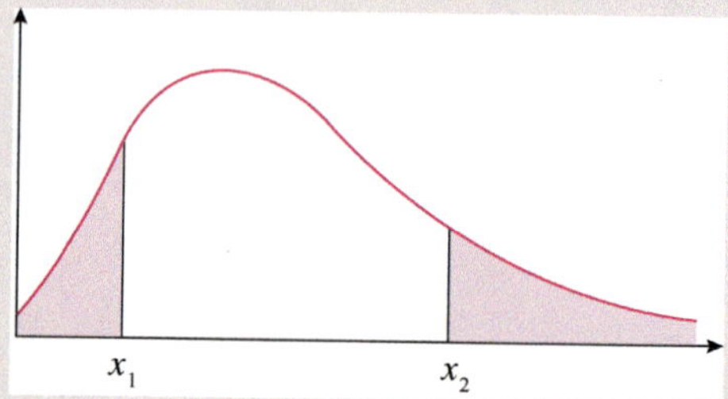

[그림 3.24]

풀이

(1) $\chi^2_{0.05,(5)}=11.07$

(2) 그래프가 대칭이 아니므로 ${\chi_1}^2$의 왼쪽과 ${\chi_2}^2$의 오른쪽의 면적이 같게 하자.

$$ {\chi_2}^2=\chi^2_{0.025,(5)}=12.83 $$

$$ {\chi_1}^2=\chi^2{}_{0.975,(5)}=0.83 $$

이다.

(3) ${\chi_1}^2=\chi^2{}_{.90,(5)}=1.61$

(4) ${\chi_2}^2=\chi^2{}_{.01,(5)}=15.09$

예제 3.46

다음 자유도에 대한 χ^2 분포에서 오른쪽 분포의 부분이 0.05 되는 χ^2값을 구하여라.

(1) d.f.=15 (2) d.f.=21 (3) d.f.=50

풀이

(1) $\chi^2_{0.05,(15)}=25$

(2) $\chi^2_{0.05,(21)}=32.7$

(3) $\chi^2_{0.05,(50)}=67.5$

예제 3.47

U가 d.f=7인 χ^2 분포에 따를 때 ${\chi_1}^2$과 ${\chi_2}^2$의 값을 구하여라.

(1) $P\{U > {\chi_2}^2\} = 0.025$

(2) $P\{U < {\chi_1}^2\} = 0.50$

(3) $P\{{\chi_1}^2 \le U \le {\chi_2}^2\} = 0.90$

풀이

(1) $\chi_2^2 = \chi^2_{0.025,(7)} = 16.1$

(2) $\chi_1^2 = \chi^2_{0.5,(7)} = 6.35$

(3) 양쪽 부분의 면적이 같다면 $\chi_1^2 = \chi^2_{0.95,(7)} = 2.17$, $\chi_2^2 = \chi^2_{0.05,(7)} = 14.07$

예제 3.48

어떤 자동차배터리 제조업자는 자기회사에서 제조한 배터리의 수명이 평균은 3년, 표준편차는 1년이라고 주장하고 있다. 이 회사에서 제조된 5개의 배터리를 임의로 추추하여 시험한 결과 그 수명이 각각 1.9년, 2.4년, 3.0년, 3.5년, 4.2년이었다. 이 결과를 가지고 제조업자가 주장하는 표준편차가 1년이라는 것을 믿을 수 있는가를 보여라.

풀이

먼저 5개의 배터리의 표본분산을 구해보면

$$s^2 = \frac{(5)(48.26) - (15)^2}{(5)(4)} = 0.815$$

따라서

$$\chi^2 = \frac{(4)(0.815)}{1} = 3.26$$

이 되고, 이는 자유도 4인 카이제곱분포를 따르는 값이 된다. 그런데 자유도 4인 경우 χ^2값의 95%가 0.484와 11.143사이에 오게 되므로, $\sigma^2 = 1$로 하여 계산된 χ^2의 값 3.26으로 미루어 볼 때 표준편차가 1년이라는 이 제조업자의 주장은 합당하다고 할 수 있다.

예제 3.49

분산 $\sigma^2 = 5.0$인 정규 모집단에서의 크기 5인 표본의 x의 값이 24.3, 18.9, 23.7, 23.0, 17.4 였다. 이 때 $\chi^2 = \frac{1}{\sigma^2}\sum_{i=1}^{5}(x_i - \overline{x})^2$이 그 실현값 χ_0^2보다 커질 확률을 구하라.

풀이

표본 크기 n이 5이다. 표본 평균 $\overline{x} = 21.46$이고, χ^2의 실현값은

$$\chi_0^2 = \frac{1}{5.0}\{(24.3-21.46)^2+(18.9-21.46)^2+(23.7-21.46)^2+(23.0-21.46)^2+(17.4-21.46)^2\}$$

$$= \frac{38.5}{5.0}$$

자유도 $v = 5-1 = 4$ 이므로 부록의 수표에서 $P[\chi^2 \geq \chi_0^2] = P(x^2 \geq 7.7) = 0.103$

문제 3.53

χ^2 분포표를 이용하여 다음 각 경우의 값을 찾아라.

(1) 자유도가 8일 때 $\chi^2_{0.05}$

(2) 자유도가 17일 때 $\chi^2_{0.01}$

(3) 자유도가 11일 때 $\chi^2_{0.025}$

(4) 자유도가 23일 때 $\chi^2_{0.95}$

문제 3.54

다음 각 경우에 해당하는 확률 값을 찾아라.

(1) 자유도가 19일 때, $P(\chi^2 > 30.14)$

(2) 자유도가 5일 때, $P(\chi^2 > 5)$

(3) 자유도가 10일 때, $P(3.24 < \chi^2 < 15.99)$

(4) 자유도가 18일 때, $P(3.49 < \chi^2 < 17.53)$

문제 3.55

카이제곱분포에서 다음과 같을 때 χ_{α}^{2}를 구하라.

(1) 자유도가 4일 때 $P\left(\chi^{2} > \chi_{\alpha}^{2}\right) = 0.99$

(2) 자유도가 19일 때 $P\left(\chi^{2} > \chi_{\alpha}^{2}\right) = 0.025$

(3) 자유도가 25일 때 $P\left(37.652 < \chi^{2} < \chi_{\alpha}^{2}\right) = 0.045$

문제 3.56

정규모집단 $N(\mu,\ 25)$에서 크기 5인 확률표본[104, 110, 100, 98, 106]을 얻었다. 이때

(1) 카이제곱분포의 자유도를 구하고, 관찰된 통계량 χ_{0}^{2}의 값을 구하여라.

(2) $P\left(\chi^{2} > \chi_{0}^{2}\right)$을 구하여라.

문제 3.57

분산 $\sigma^{2} = 5$인 정규 분포를 따른 확률표본 $X_1,\ X_2,\ \ldots, X_n$을 고려해보자. $n = 31$이라고 할 때

(1) $P(S^{2} \le c) = 0.90$을 만족시키는 c의 값을 구하라.

(2) $P(S^{2} \ge c) = 0.95$을 만족시키는 c의 값을 구하라.

문제 3.58

확률변수 X가 자유도 9인 카이제곱 분포를 따를 때, $P[X \ge x] = 0.05$가 성립하는 x의 값을 구하여라.

문제 3.59

$\sigma^{2} = 6$인 정규분포를 따르는 모집단으로부터 크기 25인 확률표본의 분산 S^{2}이 아래와 같을 확률을 구하라. 단, 표본분산은 계량값이다.

(1) 9.1보다 클 확률

(2) 3.462와 10.745 사이에 있을 확률

3.2.8 F-분포

$X_1, X_2, \cdots, X_{n_1}$이 $N(\mu_1, \sigma_1^2)$에서 뽑은 확률표본이고, $Y_1, Y_2, \cdots, Y_{n_2}$이 $N(\mu_2, \sigma_2^2)$에서 뽑은 확률표본일 때, 표준화한 변수들의 제곱합의 비율의 분포는 다음과 같이 알려져 있다.

$$\frac{\dfrac{\sum_1^{n_1}(X_i-\mu_1)^2}{\sigma_1^2}/n_1}{\dfrac{\sum_1^{n_2}(Y_i-\mu_2)^2}{\sigma_2^2}/n_2} = \frac{\chi^2_{(n_1)}/n_1}{\chi^2_{(n_2)}/n_2} \sim F_{(n_1, n_2)}$$

이는 자유도 n_1, n_2를 갖는 $F-$분포를 따른다고 한다. 즉, 카이제곱분포를 따르는 확률변수를 각 자유도로 나누어 그 비율을 구한 것이 $F-$분포를 따르는 확률변수이다.

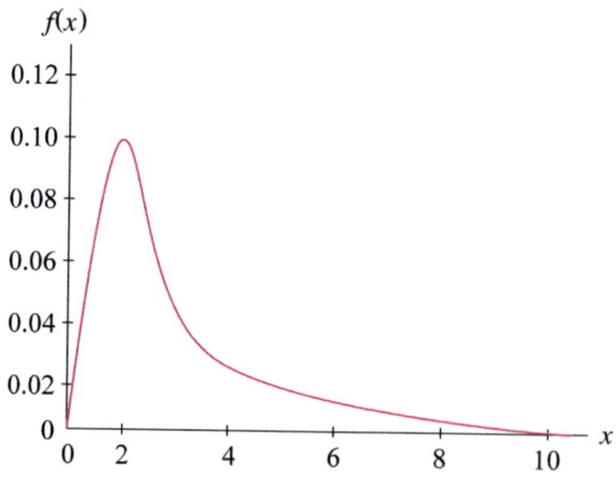

[그림 3.25] $F_{(2,4)}$ 분포

위 사실을 이용해 σ_1^2, σ_2^2 의 추정값인 표본분산 S_1^2, S_2^2 의 비의 분포를 다음과 같이 유도할 수 있다.

$$\frac{S_1^2/\sigma_1^2}{S_2^2/\sigma_2^2} = \frac{\sum_1^{n_1}(X_i-\mu_1)^2/\sigma_1^2(n_1-1)}{\sum_1^{n_2}(Y_j-\mu_2)^2/\sigma_2^2(n_2-1)} = \frac{\chi^2{}_{(n_1-1)}/n_1-1}{\chi^2{}_{(n_2-1)}/n_2-1} \sim F_{(n_1-1,n_2-1)}$$

각 (표본분산/모분산)이 자유도 n_1-1, n_2-1인 $F-$분포의 형태이므로 이들의 비가 $F_{(n_1-1,n_2-1)}$ 분포를 따른다.

> ※ 참고: $F-$분포는 회귀분석 분산분석 등에서 주로 사용되는 분포이다. 두 집단의 모분산이 같다고 가정하면($\sigma_1^2=\sigma_2^2$) 위 통계량이 두 표본분산의 비로 단순화되기 때문에 표본분산으로 분산의 크기를 비교 분석하는 데 유용하게 사용된다.

다음과 같이 정의되는 $F-$ 분포의 백분위수는 다음과 같다. 즉,

$$F \sim F_{(n_1-1,n_2-1)} \text{ 일 때, } P\left(F \geq F_{\alpha,(n_1-1,n_2-1)}\right) = \alpha$$

$F_{\alpha,(n_1-1,n_2-1)}$는 $F-$ 분포의 상위 α 백분위수이다. 예를 들어 $F_{0.1,(10,10)} = 2.323$ 이다.

예제 3.50

〈표〉 F－분포표를 이용하여 $F \sim F(8,6)$일 때, 다음을 구하여라.

(1) $f_{0.01,(8,6)}$

(2) $f_{0.05,(8,6)}$

(3) $f_{0.90,(8,6)}$

(4) $f_{0.99,(8,6)}$

풀이

(1) $P(F > f_{0.01,(8,6)}) = 0.01$ 이므로 $f_{0.01,(8,6)} = 8.10$

(2) $P(F > f_{0.05,(8,\ 6)}) = 0.01$ 이므로 $f_{0.05,(8,\ 6)} = 4.15$

(3) $f_{0.90,(8,6)} = 1/f_{0.1,(6.8)} = \dfrac{1}{2.67} = .375$

(4) $f_{0.99,(8.6)} = 1/f_{0.01,(6.8)} = \dfrac{1}{6.37} = .157$

예제 3.51

서로 독립인 정규분포 $N(\mu_1,\ \sigma_1^2)$, $N(\mu_2,\ \sigma_2^2)$ 에서 각 10개의 확률표본을 구했다. 자료는 다음의 엑셀 시트에 정리되어 있는데, 각 집단의 표본분산은 차이가 있어 두 표본분산비가 6.56으로 계산이 되었다. 두 집단의 분산이 같을 때, 이와 같이 두 집단의 표본분산비가 3.18 이상 나올 확률은 얼마인가?

풀이

구하고자 하는 확률은

$$\Pr\left(\frac{S_1^2}{S_2^2} \geq 6.56 \mid \sigma_1^2 = \sigma_2^2\right) = \Pr\left(\frac{S_1^2/\sigma_1^2}{S_2^2/\sigma_2^2} \geq 6.56\frac{\sigma_2^2}{\sigma_1^2} \,\middle|\, \sigma_1^2 = \sigma_2^2\right)$$

$$= \Pr(X \geq 6.56) \quad (\text{여기서, } X \sim F_{(9,9)})$$

$$= 0.05$$

예제 3.52

자유도 $(10,\ 5)$의 F분포의 α 점을 $f_{\alpha,(10,\ 5)}$로 나타낸다. $P(F > 3.5)$을 구하여라.

풀이

$P(F > 3.5) = 0.09$

문제 3.60

다음을 부록의 표에서 구하여라.

(1) $f_{0.25,(3,5)}$

(2) $f_{0.975,(3,5)}$

(3) $f_{0.05,(3,5)}$

(4) $f_{0.95,(3,5)}$

문제 3.61

F가 자유도(8,6)인 $F-$ 분포일때 $P(a \le F \le b) = 0.90$ 인 a, b을 구하여라.

문제 3.62

모분산이 같은 정규분포에서 표본의 크기가 (8,12)인 독립인 표본을 추출하였다. 이와 같이 두 집단의 표본분산비가 4.5 이상 나올 확률은 얼마인가?

문제 3.63

$F \sim F_{(7,8)}$ 일 때 $P(F \ge a) = 0.05,\ P(F \le b) = 0.90$ 인 a, b을 구하여라.

CHAPTER 04

적률생성함수와 중심극한정리

4.1 적률

정의 4.1 확률변수 X의 k차 적률(kth moment) α_k은 다음과 같이 정의한다.

$$\alpha_k = E[X^k] = \begin{cases} \sum_x x^k p(x), & (X\text{는 이산형}) \\ \int_{-\infty}^{\infty} x^k f(x)dx, & (X\text{는 연속형}) \end{cases}$$

특히 α_1은 $E[X]$로서 X의 기댓값이다.

정의 4.2 확률변수 X의 평균 m에 관한 k차 적률 μ_k를 다음과 같이 정의한다.

$$\mu_k = E[(X-m)^k] = \begin{cases} \sum_x (x-m)^k p(x), & (X\text{는 이산형}) \\ \int_{-\infty}^{\infty} (x-m)^k f(x)dx, & (X\text{는 연속형}) \end{cases}$$

특히 $\mu_2 = E[(X-m)^2]$은 X의 분산임을 알 수 있다.

예제 4.1

X의 $p.d.f.$가

$$f(x) = \begin{cases} x/2, & (0 \le x \le 2) \\ 0, & (\text{그 밖에서}) \end{cases}$$

일 때, X의 원점에 관한 1차, 2차, 3차 및 4차 적률을 구하여라.

풀이

$$\alpha_1 = \int_0^2 x \cdot \frac{x}{2}dx = \frac{4}{3}, \quad \alpha_2 = \int_0^2 x^2 \cdot \frac{x}{2}dx = 2$$

$$\alpha_3 = \int_0^2 x^3 \cdot \frac{x}{2}dx = \frac{16}{5}, \quad \alpha_4 = \int_0^2 x^4 \cdot \frac{x}{2}dx = \frac{16}{3}$$

예제 4.2

X가 $p>0,\ \theta>0$의 Weibull 분포

$$f(x)=\begin{cases}\dfrac{p}{\theta}\left(\dfrac{x}{\theta}\right)^{p-1}e^{-(x/\theta)^p}, & (x>0)\\ 0, & (x\le 0)\end{cases}$$

에 따를 때,

(1) X의 원점에 관한 r차 적률 $\alpha_r=E[X^r]$을 구하여라.

(2) $E[X]$와 $Var(X)$를 구하여라.

풀이

(1) $E[X^r]=\int_{-\infty}^{\infty}x^r f(x)dx=\int_0^{\infty}\frac{p}{\theta}\left(\frac{x}{\theta}\right)^{p-1}\exp\left(-\left(\frac{x}{\theta}\right)^p\right)x^r dx$

여기서 $\left(\dfrac{x}{\theta}\right)^p=t$로 치환하면

$p\left(\dfrac{x}{\theta}\right)^{p-1}\cdot\dfrac{1}{\theta}dx=dt$에서 $\left(\dfrac{x}{\theta}\right)^{p-1}dx=\dfrac{\theta}{p}dt$

$x=\theta t^{1/p}$에서

$$E[X^r]=\frac{p}{\theta}\int_0^{\infty}e^{-t}\theta^r t^{r/p}\cdot\frac{\theta}{p}dt=\theta^r\int_0^{\infty}t^{r/p}e^{-t}dt=\theta^r\Gamma\left(\frac{r}{p}+1\right)$$

$$=\theta^r\cdot\frac{r}{p}\Gamma\left(\frac{r}{p}\right)$$

(2) $r=1$이라면 $E[X]=(\theta/p)\Gamma(1/p)$,

$r=2$이라면 $E(X^2)=\theta^2(2/p)\Gamma(2/p)$

그러므로 $Var(X)=E[X^2]-(E[X])^2=\theta^2\left\{\dfrac{2}{p}\Gamma\left(\dfrac{2}{p}\right)-\dfrac{1}{p^2}\left(\Gamma\left(\dfrac{1}{p}\right)\right)^2\right\}$

문제 4.1

(1) X가 $N(0,1)$에 따를 때, $E[X^2]$과 $E[X^4]$의 값을 구하여라.

(2) X가 $N(0,1)$에 따를 때, n차의 적률(원점에 관한) $E[X^n]$을 구하여라.

(3) $E[(X-1)^2]=10$, $E[(X-2)^2]=6$일 때, 다음을 구하여라.

① $E[X]$

② $Var(X)$

③ σ_X

(4) X의 $p.d.f.$가

$$f(x)=\begin{cases} e^{-x}, & (x \geq 0) \\ 0, & (\text{그 밖에서}) \end{cases}$$

이다. 평균에 관한 1,2,3,4차 적률을 구하여라.

(5) X의 $p.d.f.$가

$$f(x)=\begin{cases} e^{-x} & (x \geq 0) \\ 0 & (\text{그 밖에서}) \end{cases}$$

일 때, X의 원점에 관한 1차, 2차, 3차 및 4차 적률을 구하여라.

4.2 적률생성함수

정의 4.3 적률생성함수(moment generating function) $M_X(t)$는 다음과 같이 정의한다.

$$M_X(t)=E(e^{tX})=\begin{cases} \sum_i e^{tx_i}p_i, & (\text{이산형}) \\ \int_{-\infty}^{\infty} e^{tx}f(x)dx, & (\text{연속형}) \end{cases}$$

여기서

$$e^{tX}=1+\frac{tX}{1!}+\frac{(tX)^2}{2!}+\cdots+\frac{(tX)^n}{n!}+\cdots$$

이므로

$$M_X(t)=E(e^{tX})=1+\frac{\alpha_1}{1!}t+\frac{\alpha_2}{2!}t^2+\cdots+\frac{\alpha_n}{n!}t^n+\cdots$$

단, $\alpha_k = E(X^k)$이다.

$M_X(t)$를 t로 1회 미분하면

$$\frac{\partial M_X(t)}{\partial t} = \frac{\partial}{\partial t} E[e^{tX}] = E\left[\frac{\partial}{\partial t}(e^{tX})\right] = E[Xe^{tX}]$$

따라서

$$\left.\frac{\partial M_X(t)}{\partial t}\right|_{t=0} = E(X)$$

마찬가지로 2회 미분하고 $t=0$이라면

$$\begin{aligned}\frac{\partial M_X{}^{(2)}(t)}{\partial t^2} &= \frac{\partial}{\partial t}\left(\frac{\partial M_X(t)}{\partial t}\right) = \frac{\partial}{\partial t} E[Xe^{tX}] \\ &= E\left[\frac{\partial}{\partial t}(Xe^{tX})\right] \\ &= E[X^2 e^{tX}]\end{aligned}$$

따라서

$$\left.\frac{\partial M_X{}^{(2)}(t)}{\partial t}\right|_{t=0} = E[X^2]$$

일반적으로 k회 미분하고, $t=0$이라면

$$\left.\frac{\partial M_X{}^{(k)}(t)}{\partial t^k}\right|_{t=0} = E(X^k)$$

이다. 적률생성함수의 위의 성질을 이용하면, 평균 $E(X)$ 및 분산 $\mathrm{Var}(X)$은 다음으로 구해진다.

$$\begin{aligned}E(X) &= M'(0) \\ \mathrm{Var}(X) &= M''(0) - (M'(0))^2\end{aligned}$$

※ 적률생성함수를 약자로 $m.g.f.$로 나타낸다.

예제 4.3

다음 분포의 적률생성함수를 구하여라.

(1) 구간 $[a, b]$에서 균등분포

(2) $p.d.f.$가 $f(x)=\frac{1}{2}e^{-|x|}\quad(-\infty<x<\infty)$

풀이

(1) $f(x)=\begin{cases}\frac{1}{b-a} & (a\le x\le b)\\ 0 & (\text{그 밖에서})\end{cases}$

$$M_X(t)=\int_a^b e^{tx}\frac{1}{b-a}dx=\frac{1}{b-a}\left[\frac{e^{tx}}{t}\right]_a^b=\frac{e^{bt}-e^{at}}{(b-a)t}$$

(2) $$M_X(t)=\int_{-\infty}^{0}e^{tx}\frac{1}{2}e^{-(-x)}dx+\int_0^{\infty}e^{tx}\frac{1}{2}e^{-x}dx$$
$$=\frac{1}{2}\int_{-\infty}^{0}e^{(t+1)x}dx+\frac{1}{2}\int_0^{\infty}e^{(t-1)x}dx$$
$$=\frac{1}{2}\cdot\frac{1}{t+1}-\frac{1}{2}\cdot\frac{1}{t-1}=\frac{1}{1-t^2}\quad(|t|<1)$$

예제 4.4

다음 확률분포의 적률생성함수를 구하고, 이것에 의하여 평균값과 분산을 구하여라.

(1) 2항분포 : $f(x)={}_nC_x p^x(1-p)^{n-x}\quad(x=0, 1, \cdots, n)$

(2) 지수분포 : $f(x)=\begin{cases}\lambda e^{-\lambda x} & (x>0)\\ 0 & (x\le 0)\end{cases}\qquad(\lambda>0)$

풀이

(1) $M_X(t)=\sum e^{tx}{}_nC_x p^x(1-p)^{n-x}=[pe^t+(1-p)]^n$,

$M_X{}'(t)=n(pe^t+1-p)^{n-1}pe^t,\qquad M_X{}'(0)=np$

$M_X{}''(0)=n(n-1)p^2+np,\qquad\therefore\sigma^2=M_X{}''(0)-(np)^2=np(1-p)$

(2) $M_X(t)=\int_{-\infty}^{\infty} e^{tx} f(x)dx=\int_0^{\infty} e^{tx}\lambda e^{-\lambda x}dx=\lambda\int_0^{\infty} e^{-(\lambda-t)x}dx=\frac{\lambda}{\lambda-t}=\left(1-\frac{t}{\lambda}\right)^{-1}$

이므로

$M_X{}'(t)=\frac{\lambda}{(\lambda-t)^2},\ M_X{}''(t)=\frac{2\lambda}{(\lambda-t)^3}$

$E(X)=M_X{}'(0)=\frac{1}{\lambda},\ V(X)=M_X{}''(0)-(M_X{}'(0))^2=\frac{2}{\lambda^2}-\left(\frac{1}{\lambda}\right)^2=\frac{1}{\lambda^2}$

예제 4.5

정규분포

$$f(x)=\frac{1}{\sqrt{2\pi}\,\sigma}e^{-(x-\mu)^2/2\sigma^2}\quad(-\infty<x<\infty)$$

의 $m.g.f.$를 구하고, 이 결과를 써서 평균과 분산을 구하여라.

풀이

$$\begin{aligned}M_X(t)&=\frac{1}{\sqrt{2\pi}\,\sigma}\int_{-\infty}^{\infty}e^{tx}e^{-(x-\mu)^2/2\sigma^2}dx\\&=\frac{1}{\sqrt{2\pi}\,\sigma}\int_{-\infty}^{\infty}\exp\left[\frac{-\{x^2-2(\mu+t\sigma^2)x+(\mu+t\sigma^2)^2-(\mu+t\sigma^2)^2+\mu^2\}}{2\sigma^2}\right]dx\\&=\exp\left[\frac{(\mu+t\sigma^2)^2-\mu^2}{2\sigma^2}\right]\frac{1}{\sqrt{2\pi}\,\sigma}\int_{-\infty}^{\infty}\exp\left[\frac{-\{x-\mu-t\sigma^2\}^2}{2\sigma^2}\right]dx\\&=\exp\left(t\mu+\frac{t^2\sigma^2}{2}\right)\cdot\frac{1}{\sqrt{2\pi}\,\sigma}\int_{-\infty}^{\infty}e^{-(x-\mu')^2/2\sigma^2}dx\\&=\exp\left(t\mu+\frac{t^2\sigma^2}{2}\right)\end{aligned}$$

$M_X{}'(t)=(\mu+t\sigma^2)\ \exp\left(t\mu+\frac{t^2\sigma^2}{2}\right)$

이므로

$$E(X)=M_X{}'(0)=\mu$$

$$M_X{}''(t)=\sigma^2\exp\left(t\mu+\frac{t^2\sigma^2}{2}\right)+(\mu+t\sigma^2)^2\exp\left(t\mu+\frac{t^2\sigma^2}{2}\right)$$

이므로

$$E(X^2)=M_X{}''(0)=\mu^2+\sigma^2$$

따라서

$$\mathrm{Var}(X) = M_X''(0) - [M_X'(0)]^2 = \sigma^2$$

예제 4.6

적률생성함수를 이용하여 2개의 독립인 확률변수 X_1, X_2가 다음 각 분포를 따를 때, $X_1 + X_2$의 분포를 구하여라.

(1) X_i가 2항분포 $B(n_i, p)$ $(i = 1, 2)$에 따른다.

(2) X_i가 정규분포 $N(\mu_i, \sigma_i^{\ 2})$ $(i = 1, 2)$에 따른다.

풀이

(1) X_i의 적률생성함수는

$$M_{X_i}(t) = E(e^{tX_i}) = \sum e^{tx_i} B(n_i, p)$$

$$= \sum e^{tx_i} {}_{n_i}C_{x_i} p^{x_i} q^{n_i - x_i} = (q + pe^t)^{n_i} \quad (i = 1, 2)$$

X_1, X_2가 독립이므로, $X_1 + X_2$의 적률함수는

$$M_{X_1 + X_2}(t) = M_{X_1}(t) \cdot M_{X_2}(t) = (q + pe^t)^{n_1}(q + pe^t)^{n_2}$$

한편 $B(n_1 + n_2, p)$의 적률생성함수는 $(q + pe^t)^{n_1 + n_2}$이므로 양자는 같다.

따라서 $X_1 + X_2$는 $B(n_1 + n_2, p)$에 따른다.

(2) 정규분포 $N(\mu_i, \sigma_i^{\ 2})$의 $m.g.f.$는

$$M_{X_i}(t) = \exp\left(\mu_i t + \frac{\sigma_i^{\ 2} t^2}{2}\right) \quad (i = 1, 2)$$

X_1, X_2가 독립이므로, $X_1 + X_2$의 $m.g.f.$는

$$M_{X_1 + X_2}(t) = M_{X_1}(t) \cdot M_{X_2}(t) = \exp\left(\mu_1 t + \frac{\sigma_1^{\ 2} t^2}{2}\right) \cdot \exp\left(\mu_2 t + \frac{\sigma_2^{\ 2} t^2}{2}\right)$$

$$= \exp\left((\mu_1 + \mu_2)t + \frac{\sigma_1^{\ 2} + \sigma_2^{\ 2}}{2} t^2\right)$$

한편 $N(\mu_1+\mu_2,\ {\sigma_1}^2+{\sigma_2}^2)$의 $m.g.f.$는

$$\exp\left((\mu_1+\mu_2)t+\frac{{\sigma_1}^2+{\sigma_2}^2}{2}t^2\right)$$

이므로, X_1+X_2는 $N(\mu_1+\mu_2,\ {\sigma_1}^2+{\sigma_2}^2)$이다.

문제 4.2

(1) 포아송 분포 $P(x)=\dfrac{e^{-\lambda}\lambda^x}{x!}(x=0,1,2,\ \cdots)$의 적률생성함수를 구하고, 그 결과를 써서 평균과 분산을 구하여라.

(2) X의 확률함수가 $P(X=x)=\dfrac{2}{5^{x+1}}(x=0,1,2,\ \cdots)$일 때, 적률생성함수를 구하고, 이것을 써서 평균과 분산을 구하여라.

(3) 이산적균등분포 $P(x)=\dfrac{1}{n}(x=1,2,\cdots,n)$의 적률생성함수를 구하고, 그 결과를 써서 평균을 구하여라.

(4) X의 $p.d.f.$가

$$f(x)=\begin{cases} x/2, & (0\le x\le 2) \\ 0, & (\text{그 밖에서}) \end{cases}$$

일 때, X의 $m.g.f.$를 구하여라.

(5) X의 $p.d.f.$가

$$f(x)=\begin{cases} e^{-x}, & (x\ge 0) \\ 0, & (\text{그 밖에서}) \end{cases}$$

일 때, X의 $m.g.f.$를 구하여라.

4.3 여러 가지 확률분포의 적률생성함수

예제 4.7

모수가 α, β인 감마분포의 $m.g.f.$를 구하고, 이것을 이용하여 평균값과 분산을 구하여라.

풀이

X의 $p.d.f.$는 $f(x)=\dfrac{1}{\Gamma(\alpha)\beta^{\alpha}}x^{\alpha-1}e^{-x/\beta}\ (0<x,\ \alpha,\ \beta>0)$ 이므로 적률생성함수는 $M_X(t)$는

$$M_X(t)=E[e^{tX}]=\frac{1}{\beta^{\alpha}\Gamma(\alpha)}\int_0^{\infty}x^{\alpha-1}e^{-x(1-\beta t)/\beta}dx$$

$y=\dfrac{1-\beta t}{\beta}x,\ t<\dfrac{1}{\beta}$ 이라면, $x=\dfrac{\beta}{1-\beta t}y$ 이고, $dx=\dfrac{\beta}{1-\beta t}dy$ 이므로

$$M_X(t)=\frac{1}{\beta^{\alpha}\Gamma(\alpha)}\int_0^{\infty}\left(\frac{\beta y}{1-\beta t}\right)^{\alpha-1}e^{-y}\frac{\beta}{1-\beta t}dy$$

$$=\frac{1}{\beta^{\alpha}\Gamma(\alpha)}\left(\frac{\beta}{1-\beta t}\right)^{\alpha}\int_0^{\infty}y^{\alpha-1}e^{-y}dy=(1-\beta t)^{-\alpha}\left(\int_0^{\infty}y^{\alpha-1}e^{-y}dy=\Gamma(\alpha)\right)$$

$$M_X{}'(t)=-\alpha(1-\beta t)^{-\alpha-1}(-\beta)\qquad \mu=M_X{}'(0)=\alpha\beta$$

$$M_X{}''(t)=\alpha\beta(-\beta)(-\alpha-1)(1-\alpha t)^{-\alpha-2}\qquad M_X{}''(0)=\alpha\beta^2(\alpha+1)$$

$$\sigma^2=M_X{}''(0)-\mu^2=\alpha\beta^2(\alpha+1)-\alpha^2\beta^2=\alpha\beta^2$$

예제 4.8

자유도 n인 χ^2 분포의 $m.g.f.$를 구하고 이것을 이용하여 평균값과 분산을 구하여라.

풀이

X가 자유도 n인 χ^2분포를 할 때, X의 $p.d.f.$는

$$f(x)=\frac{1}{2^{n/2}\Gamma\left(\frac{n}{2}\right)}x^{n/2-1}e^{-x/2}\ (0<x<\infty)$$

이므로, X의 $m.g.f.$ $M_X(t)$는

$$M_X(t)=\int_0^\infty e^{tx}\frac{1}{2^{n/2}\Gamma\left(\frac{n}{2}\right)}x^{n/2-1}e^{-x/2}dx$$

$$=\frac{1}{2^{n/2}\Gamma\left(\frac{n}{2}\right)}\int_0^\infty x^{n/2-1}e^{-x(1-2t)/2}dx$$

$y=\frac{x(1-2t)}{2}$ 이면, $dx=\frac{2}{1-2t}dy\ \left(t<\frac{1}{2}\right)$

$$M_X(t)=\frac{1}{2^{n/2}\Gamma\left(\frac{n}{2}\right)}\int_0^\infty\left(\frac{2y}{1-2t}\right)^{n/2-1}e^{-y}\frac{2}{1-2t}dy$$

$$=\frac{1}{\Gamma\left(\frac{n}{2}\right)(1-2t)^{n/2}}\int_0^\infty y^{n/2-1}e^{-y}dy=(1-2t)^{-n/2}$$

$$M_X{}'(t)=-\frac{n}{2}(1-2t)^{-n/2-1}(-2)=n(1-2t)^{-n/2-1}$$

$$E[X]=M_X{}'(0)=n$$

$$M_X{}''(t)=\left(-\frac{n}{2}\right)\left(-\frac{n}{2}-1\right)(1-2t)^{-n/2-2}(-2)^2$$

$$M_X{}''(0)=4\left(\frac{n}{2}\right)\left(\frac{n+2}{2}\right)=n(n+2)$$

$$\mathrm{Var}(X)=M_X{}''(0)-[M_X{}'(0)]^2=n(n+2)-n^2=2n$$

예제 4.9

$X_1,\ X_2,\ \cdots,X_n$가 서로 독립이고, 자유도가 각각 $v_1,\ v_2,\ \cdots,v_n$인 χ^2분포를 하는 확률변수이라면 확률변수 $Y=X_1+X_2+\cdots+X_n$은 자유도 $v=v_1+v_2+\cdots v_n$인 χ^2분포를 함을 밝혀라.

풀이

$X_1,\ X_2,\ \cdots,X_n$이 서로 독립이므로

$$M_Y(t)=M_{X_1}(t)M_{X_2}(t)\cdots M_{X_n}(t)$$

그런데

$$M_{X_i}(t) = (1-2t)^{-v_i/2},\ i = 1,2,\ \cdots, n$$

이므로

$$\begin{aligned} M_Y(t) &= (1-2t)^{-v_1/2}(1-2t)^{-v_2/2}\cdots(1-2t)^{-v_n/2} \\ &= (1-2t)^{-(v_1+v_2+\cdots v_n)/2} \end{aligned}$$

따라서 Y는 자유도 $v = v_1 + v_2 + \cdots + v_n$인 χ^2분포를 한다.

문제 4.3

(1) 확률질량함수 $f(x) = pq^x,\ x = 0,\ 1,\ 2,\ \cdots,\ 0 < p < 1,\ p + q = 1$ 에 대하여

① 적률생성함수 $M_X(t)$를 구하여라.

② $M_X(t)$를 이용하여 $E(X)$와 $Var(X)$를 구하여라.

(2) $f(x) = \begin{cases} 1, & 0 \le x \le 1 \\ 0, & 기타 \end{cases}$ 에 대하여 다음을 구하여라.

① $\int_{-\infty}^{\infty} f(x)dx$

② $M_X(t) = \int_{-\infty}^{\infty} e^{tx} f(x)dx,\ (-\infty < t < \infty)$

③ X의 평균과 분산을 구하여라.

(3) $X_1,\ X_2,\ \cdots,\ X_n$이 독립이고, 이들의 $m.g.f.$를 $M_1,\ \cdots, M_n$이라 할 때 $M_1,\ \cdots, M_n$이 같은 구간 (a,b)에서 유한이면, $S = X_1 + \cdots + X_n$의 $m.g.f.$는 $M_S(t) = \prod_{i=1}^{n} M_{X_i}(t)$임을 밝혀라.

(4) $X_i(i = 1,2,\cdots,n)$가 독립이고, 정규분포 $N(\mu_i,\ {\sigma_i}^2)\ (i = 1,2,\cdots,n)$에 따를 때, X_i의 $m.g.f.$는 $M_{X_i}(t) = \exp(t\mu_i + \frac{1}{2}{\sigma_i}^2 t^2)$이다. $S = X_1 + X_2 + \cdots + X_n$의 $m.g.f.$를 구하여라.

4.4 중심극한정리

정리 4.1

2항분포 $P(X=x)=\binom{n}{x}p^x(1-p)^{n-x}$에서 표본의 수 $n\to\infty$이면 X는 정규분포 $N(np, npq)$에 근사한다. 단, $q=1-p$이다.

증명

X가 2항분포 $\beta(n, p)$에 따를 때, X의 $m.g.f.$를 $M_X(t)$이라면

$$\begin{aligned} M_X(t) &= \sum_k e^{tk}B(n,p) = \sum_{k=0}^{n}(e^t)^k\binom{n}{k}p^kq^{n-k} \\ &= \sum_{k=0}^{n}\binom{n}{k}(pe^t)^kq^{n-k} \\ &= (q+pe^t)^n \end{aligned}$$

2항분포 $B(n, p)$의 평균은 np, 분산은 npq이므로

$$z=\frac{x-np}{\sqrt{npq}}=\frac{x-\mu}{\sigma}$$

이라 할 때, z의 $m.g.f.$ $M_z(t)$는

$$\begin{aligned} M_z(t) &= M_{(X-\mu)/\sigma}(t) = E[e^{t(x-\mu)/\sigma}] = e^{-\mu t/\sigma}E[e^{tX/\sigma}] \\ &= e^{-\mu t/\sigma}M_x\left(\frac{t}{\sigma}\right) = e^{-\mu t/\sigma}(q+pe^{t/\sigma})^n \end{aligned} \quad (1)$$

식 (1)의 양변에 자연 대수를 취하하면

$$\ln M_z(t) = -\frac{\mu t}{\sigma}+n\ln(q+pe^{t/\sigma}) \quad (2)$$

식 (2)의 $e^{t/\sigma}$를 전개하면, $q+p=1$인 관계에서

$$\ln M_z(t) = -\frac{\mu t}{\sigma}+n\ln\left[1+p\left\{\left(\frac{t}{\sigma}\right)+\frac{1}{2!}\left(\frac{t}{\sigma}\right)^2+\frac{1}{3!}\left(\frac{t}{\sigma}\right)^3+\cdots\right\}\right] \quad (3)$$

식 (3)의 우변의 ln의 항은 $\ln(1+z)$의 꼴을 하므로, t가 충분히 작으면

$$\ln(1+z)=z-\frac{z^2}{2}+\frac{z^3}{3}-\frac{z^4}{4}+\cdots \tag{4}$$

에 의하여

$$\ln M_z(t)=-\frac{\mu t}{\sigma}+n\left[p\left\{\left(\frac{t}{\sigma}\right)+\frac{1}{2!}\left(\frac{t}{\sigma}\right)^2+\cdots\right\}-\frac{p^2}{2}\left\{\left(\frac{t}{\sigma}+\frac{1}{2!}\left(\frac{t}{\sigma}\right)^2+\cdots\right\}^2+\cdots\right]$$

t에 관하여 정리하면

$$\begin{aligned}\ln M_z(t)&=\left(-\frac{\mu}{\sigma}+\frac{np}{\sigma}\right)t+n\left(\frac{p}{\sigma^2}-\frac{p^2}{\sigma^2}\right)\frac{t^2}{2!}+\cdots\\&=0+\frac{np(1-p)}{\sigma^2}\cdot\frac{t^2}{2}+\cdots\\&=\frac{t^2}{2}+\{t^k(k=3,4,\cdots)\text{이하의 항을 포함}\}\end{aligned} \tag{5}$$

식 (5)의 극한을 취하면

$$\lim_{n\to\infty}\ln M_z(t)=\frac{t^2}{2}\qquad \lim_{n\to\infty}M_z(t)=e^{t^2/2}$$

그러므로

$$M_{(X-\mu)/\sigma}(t)=M_{x-\mu}\left(\frac{t}{\sigma}\right)=e^{t^2/2}$$

따라서 $Z=\dfrac{X-np}{\sqrt{npq}}$의 $m.g.f.$는 $N(0,\ 1^2)$의 $m.g.f.$인 $e^{t^2/2}$에 가까워지므로 2항분포는 n이 크게 되면 정규분포 $N(np,\ npq)$에 가까워진다.

$P(X_i=1)=p,\ P(X_i=0)=q=1-p(i=1,2,\cdots)$이고, $X_1, X_2, \cdots, X_n$이 독립일 때, $S_n=X_1+X_2+\cdots+X_n$은 성공의 확률이 p인 n회의 Bernoulli 시행에서 성공의 회수를 나타내므로, 2항분포 $B(n,p)$에 따른다. 이 경우

$$\lim_{n\to\infty} P\left(\frac{S_n-np}{\sqrt{npq}} \le \beta\right)=\Phi(\beta) \tag{6}$$

이고, 더욱 정밀히 연속보정을 하면

$$P(a \le S_n \le b) \fallingdotseq \Phi\left(\frac{b-np+0.5}{\sqrt{npq}}\right)-\Phi\left(\frac{a-np-0.5}{\sqrt{npq}}\right)\text{이다.}$$

예제 4.10

주사위를 6,000회 던질 때, 1의 눈이 나오는 횟수 S에 대하여 $P(950 \leqq S \leqq 1,050)$의 값을 구하여라.

풀이

$p=1/6,\ q=5/6,\ n=6,000,\ S_n=S$라 하여 (6)을 적용하면 $np=1,000,\ \sqrt{npq}=50/\sqrt{3}$ 이므로

$x=950$일 때, $z=\dfrac{950-1000}{50/\sqrt{3}}=-1.73$

$x=1,050$일 때, $z=1.73$

이므로

$$P(950<S<1,050)=P\left(-1.73<\frac{X-np}{\sqrt{npq}}<1.73\right)=\int_{-1.73}^{1.73}\frac{1}{\sqrt{2\pi}}e^{-x^2/2}dx$$

$$=2\cdot P(0\le Z\le 1.73)=2\times 0.4582=0.9164$$

예제 4.11

주사위를 500회 던질 때, 1의 눈이 75회 이상, 95회 이하 나올 확률을 구하여라.

풀이

500회중 1의 눈이 나오는 회수를 X라면

$$E(X) = np = 500 \times \frac{1}{6}, \ \sqrt{Var(X)} = \sqrt{npq} = \sqrt{500 \times \frac{1}{6} \times \frac{5}{6}} = \frac{50}{6}$$

$$P(75 \le X \le 95) \fallingdotseq \Phi\left(\frac{95 - 500/6}{50/6}\right) - \Phi\left(\frac{75 - 500/6}{50/6}\right) = \Phi(1.4) - \Phi(-1)$$

$$= 0.7605$$

더욱 연속보정에 의하면

$$P(75 \le X \le 95) \fallingdotseq \Phi\left(\frac{95 - 500/6 + 0.5}{50/6}\right) - \Phi\left(\frac{75 - 500/6 - 0.5}{50/6}\right)$$

$$= \Phi(1.46) - \Phi(-1.06) = 0.7833$$

예제 4.12

동전을 40회 던져서, 표면이 나타나는 회수를 확률변수 X이라 할 때, $X = 20$될 확률을 구하여라.

풀이

$$P[X = 20] = P(19.5 \le X \le 20.5) = P\left\{\frac{19.5 - 20}{\sqrt{10}} < \frac{X - 20}{\sqrt{10}} < \frac{20.5 - 20}{\sqrt{10}}\right\}$$

$$= P\left\{-0.16 < \frac{X - 20}{\sqrt{10}} < 0.16\right\}$$

$$\approx \Phi(0.16) - \Phi(-0.16)$$

$$P\{X = 20\} \approx 2\Phi(0.16) - 1 \approx 0.1272$$

문제 4.4

(1) 동전을 900회 던질 때

① 표면이 480회 이상 나올 확률을 구하여라.

② 표면이 나오는 수가 430과 470 사이에 있을 확률을 구하여라.

(2) 제조 공장에서 나오는 차 중 0.15가 결점이 있다고 가정하자. 차 40대를 배달할 때 정확히 5대가 결점이 있을 확률은 얼마인가?

(3) 일정한 수입이 있는 한 집단에 소속된 가정들 중 27%가 3년에 한 번씩 이사를 한다. 100가정이 소속된 집단에서 20에서 30 사이의 가정들이 다음 3년 사이에 이사할 확률은 얼마인가?

(4) 인구의 60%가 정부의 대규모 예산삭감을 지지한다면, 설문조사 된 250명 중 155 이하가 예산삭감을 지지할 확률은 얼마인가?

(5) 1년 동안 한 노동자가 사고를 낼 확률이 0.4라고 한다. 어떤 공장에 200명의 노동자가 있을 때 1년에 75명보다 많은 사람이 사고가 날 확률은 얼마인가? 어떤 노동자에서 사고가 날 확률은 다른 노동자의 사고와는 독립이라고 한다.

(6) 어떤 새로운 백신의 효과를 시험하기 위하여 100명에게 투여하였다. 제약 회사는 이 백신을 맞은 임의의 사람은 확률 0.8로 면역성을 갖게 된다고 주장한다고 할 때 다음의 확률을 구하여라.

① 74명 미만이 면역성을 갖게 될 확률

② 74명 이상, 85명 이하가 면역성을 갖게 될 확률

정리 4.2

확률변수 $X_1, X_2, \cdots$가 서로 독립이고, 같은 확률분포를 따를 때, 그 평균값과 분산을 각각 $\mu, \sigma^2 (\sigma > 0)$이라 하면

$$\frac{X_1 + \cdots + X_n - n\mu}{\sqrt{n}\,\sigma} \text{ 의 확률분포} \to N(0,1)$$

이 성립한다. (중심극한정리)

증명

$(X_1+\cdots+X_n-n\mu)/(\sqrt{n}\,\sigma)$의 적률생성함수를 ψ_n이라 할 때, $\psi_n(t)\to e^{t^2/2}\,(n\to\infty)$임을 증명하면 된다. $X_1-\mu,\ X_2-\mu,\ \cdots$도 같은 분포를 따르므로, 이들 적률생성함수도 같다. 이것을 $\phi(t)$라 하면

$$\mu_1=E(X_1-\mu)=E(X_1)-\mu=0,$$

$$\mu_2=E\{(X_1-\mu)^2\}=V(X_1)=\sigma^2$$

이므로

$$\phi(t)=1+\frac{\sigma^2}{2!}t^2+\frac{\mu_3}{3!}t^3+\frac{\mu_4}{4!}t^4+\cdots$$

가 성립한다. 여기서 $\mu_n\,(n=1,2,\cdots)$는 평균에 관한 ψ의 적률이다. 독립성을 쓰면 $X_1+\cdots+X_n-n\mu=(X_1-\mu)+\cdots+(X_n-\mu)$의 적률생성함수는 $\phi(t)\phi(t)\cdots\phi(t)=[\phi(t)]^n$으로 주어진다. 따라서 $\psi_n(t)=[\phi[t/(\sqrt{n}\,\sigma)]]^n$이 된다. $\phi(t/\sqrt{n}\,\sigma)=1+u$로 u를 정하면, t를 고정하고, $n\to\infty$로 할 때, $u\to\phi(0)-1=0$ 이므로

$$\begin{aligned}nu&=n\left\{\phi\left(\frac{t}{\sqrt{n}\,\sigma}\right)-1\right\}\\&=n\left\{\frac{\sigma^2}{2}\left(\frac{t}{\sqrt{n}\,\sigma}\right)^2+\frac{\mu_3}{3!}\left(\frac{t}{\sqrt{n}\,\sigma}\right)^3+\frac{\mu_4}{4!}\left(\frac{t}{\sqrt{n}\,\sigma}\right)^4+\cdots\right\}\\&=\frac{t^2}{2}+\frac{t^3}{\sqrt{n}\,\sigma^3}\left(\frac{\mu_3}{3!}+\frac{\mu_4}{4!}\cdot\frac{t}{\sqrt{n}\,\sigma}+\cdots\right)\to\frac{t^2}{2}\end{aligned}$$

이다. 따라서

$$\psi_n(t)=(1+u)^n=\{(1+u)^{1/u}\}^{nu}\to e^{t^2/2}\quad(n\to\infty)$$

일반적으로 $X_1,\ X_2,\ \cdots,\ X_n$이 평균이 μ이고, 분산이 σ^2인 독립인 확률변수의 수열이라 할 때, $n\to\infty$ 됨에 따라

$$\frac{X_1 + X_2 + \cdots + X_n - n\mu}{\sigma\sqrt{n}}$$

의 분포는 표준정규분포에 근사한다. 따라서

$$P\left\{\frac{X_1 + X_2 + \cdots + X_n - n\mu}{\sigma\sqrt{n}} \leq a\right\} \rightarrow \frac{1}{\sqrt{2\pi}}\int_{-\infty}^{a} e^{-x^2/2}dx$$

이다.

예제 4.13

어떤 전구의 수명이 평균 500시간, 표준 편차 35시간인 확률변수이다. 이 전구 49개의 확률 표본의 평균이 488시간에서 505시간 사이에 있을 확률은 얼마인가?

풀이

여기에서 $\mu = 500$, $\sigma = 35$, $n = 49$이므로

$$\mu_{\bar{x}} = 500, \quad \sigma_{\bar{x}} = \frac{35}{\sqrt{49}} = 5$$

우리의 관심은 $P(488 < \overline{X} < 505)$을 구하는데 있으므로 이것을 표준화하여 중심 극한 정리에 의해서 다음과 같이 구한다.

$$\begin{aligned} P(488 < \overline{X} < 505) &\approx P\left(\frac{488-500}{5} < Z < \frac{505-500}{5}\right) \\ &= P(-2.4 < Z < 1) = P(0 < Z < 1) + P(0 < Z < 2.4) \\ &= 0.3413 + 0.4918 = 0.8331 \end{aligned}$$

예제 4.14

어떤 TV 채널에서 30분짜리 프로그램에 있어서 광고에 쓰이는 시간은 평균 6.3분, 표준 편차 0.866분의 확률 변수이다. 36개의 30분짜리 프로그램을 시청한 어떤 사람이 220분 이상 광고를 볼 확률을 근사적으로 구하여라.

풀이

$\mu=6.3$, $\sigma=0.866$, 30분짜리 프로그램의 수를 나타내는 n은 36이므로 $n=36$은 충분히 크다고 가정하고, 36개의 30분짜리 프로그램에서 광고에 할당된 평균시간 $\overline{X}$의 분포는 정규 근사법을 적용할 수 있다.

$$\mu_{\overline{x}}=6.3,\quad \sigma_{\overline{x}}=\frac{0.866}{\sqrt{36}}=0.1443$$

$$\begin{aligned} P(\overline{X}\geq 6.11) &\approx P\left(Z>\frac{6.11-6.3}{0.1443}\right) \\ &=P(Z>-1.32) \\ &=0.9066 \end{aligned}$$

문제 4.5

(1) 플로리다에서 학생들이 휴가를 보낼 때 쓰는 돈의 합계의 분포가 \$650의 평균값과 \$120 표준 편차로 정규 분포 되어 있다고 가정해보자. 10명의 학생의 무작위 표본이 평균 \$600와 \$700 사이를 쓸 확률은 얼마인가?

(2) 당국의 통계에 의하면 학생 1인당 연평균 교육비는 500,000원, 표준 편차는 80,000원이라 한다. 64명의 학생을 임의로 뽑았을 때 평균 교육비가 다음과 같은 확률을 구하여라.

① 482,000원을 초과하는 확률

② 480,000원에서 512,000원 사이에 있을 확률

(3) 젊은 커플들의 평균 미결제 신용 카드 잔액이 \$650이고 표준편차가 \$420이라고 가정해보자. 100쌍의 커플들의 무작위 표본이 미결제 신용 카드 잔액 평균값이 \$700을 넘을 확률은 얼마인가?

(4) 어떤 용기에 들어 있는 식품의 무게는 평균 16 온스, 표준 편차 0.6 온스의 확률 변수이다. 그 용기가 36개씩 상자에 담아진다면 임의로 선택된 상자 안의 내용물의 무게가 585 온스를 넘을 확률을 구하여라.

CHAPTER 05

확률결합분포의 응용과 최소제곱법

이 장에서는 다변수 함수의 정의역과 치역 및 편도함수를 다루고, 확률론에서 결합 확률함수등를 알아보기로 한다.

5.1 다변수함수

xy-좌표평면 위의 점 $P(x,y)$는 간단히 (x,y)로 쓰고, 3차원 공간 안의 점 $P(x,y,z)$는 (x, y, z)라고 쓴다. D가 xy-좌표평면의 부분집합일 때, D의 각 점 (x,y)에 대해 실수 $f(x,y)$를 대응시키는 함수관계를 2변수 함수라 한다. 이때, D는 함수 f의 정의역이라고 하고, 함수의 값 $f(x,y)$들의 집합은 치역이라 한다.

예제 5.1

주어진 함수에 대하여 $f(2,-1)$과 정의역, 치역을 구하여라.

$$f(x,y) = \cos(x+2y)$$

풀이

$f(2,-1) = \cos(2-2) = \cos 0 = 1$

정의역은 $x+2y$가 모든 실수이고, 치역은 $-1 \le f(x,y) \le 1$이다.

예제 5.2

다음 함수의 정의역을 구하고 정의역의 그래프를 그려라.

(1) $f(x,y) = \sqrt{xy}$

(2) $f(x,y) = \ln(9-x^2-9y^2)$

(3) $f(x,y) = \dfrac{\sqrt{y-x^2}}{1-x^2}$

(4) $f(x,y,z) = \sqrt{1-x^2-y^2-z^2}$

풀이

(1) $xy \geq 0$이므로 $D=\{(x,y) \mid xy \geq 0\}$

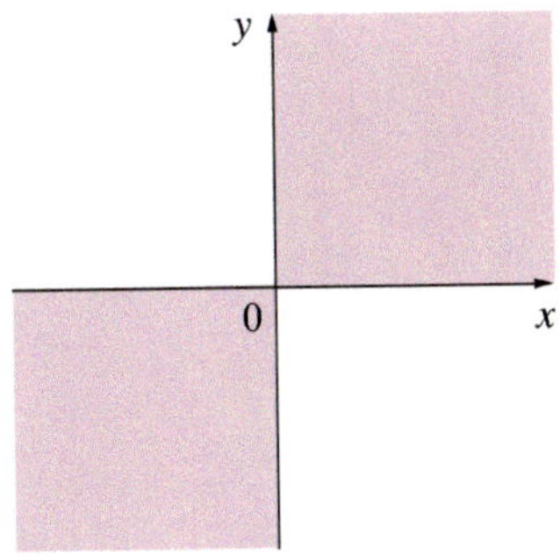

[그림 5.1]

(2) $9-x^2-9y^2>0$, $D=\left\{(x,y) \mid \dfrac{1}{9}x^2+y^2<1\right\}$

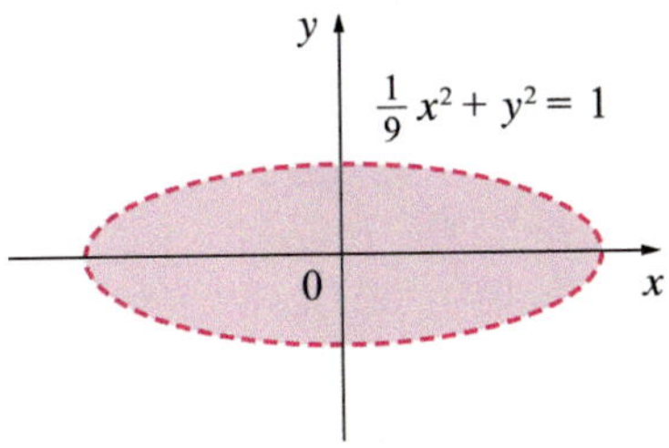

[그림 5.2]

(3) $y-x^2 \geq 0,\ 1-x^2 \neq 0 \Leftrightarrow y \geq x^2, x \neq \pm 1, D=\{(x,y) \mid y \geq x^2,\ x \neq \pm 1\}$

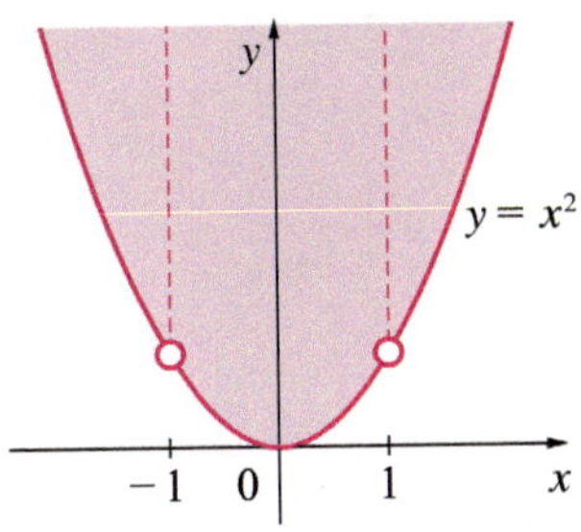

[그림 5.3]

(4) $1-x^2-y^2-z^2 \geq 0 \Rightarrow x^2+y^2+z^2 \leq 1, D=\{(x,y,z) \mid x^2+y^2+z^2 \leq 1\}$

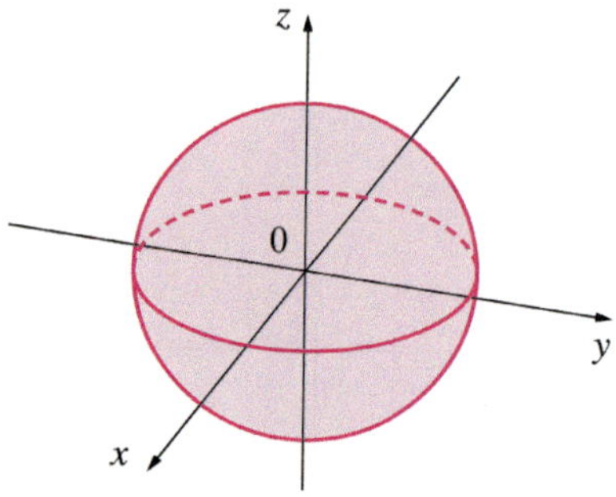

[그림 5.4]

문제 5.1

다음 함수의 정의역을 구하여라.

(1) $f(x,y)=\sqrt{16-x^2-y^2}$

(2) $f(x,y)=\dfrac{\cos(x+y)}{xy}$

풀이

(1) $\{(x,y) \mid 16-x^2-y^2 \geqq 0\}$

(2) $\{(x,y) \mid x \neq 0,\ y \neq 0\}$

문제 5.2

다음 함수들의 정의역을 구하여라.

(1) $f(x,y)=\sqrt{x+y}$

(2) $f(x,y)=\sqrt{1-x^2}-\sqrt{1-y^2}$

예제 5.3

다음 함수의 정의역을 구하고 기술하여라.

(1) $f(x, y, z) = \dfrac{\cos(x+z)}{xy}$

(2) $g(x, y, z) = \sqrt{9 - x^2 - y^2 - z^2}$

풀이

(1) $f(x, y, z) = \dfrac{\cos(x+z)}{xy}$ 에 대하여 분모가 0이면 $x=0$ 또는 $y=0$이다. 따라서 정의역은 $\{(x,y,z) \mid x \neq 0, y \neq 0\}$으로 yz평면과 xz평면을 제외한 삼차원공간 전체이다.

(2) $g(x, y, z) = \sqrt{9-x^2-y^2-z^2}$ 이 정의되기 위해 $9-x^2-y^2-z^2 \geq 0$, 즉 $x^2+y^2+z^2 \leq 9$. 따라서 g의 정의역은 중심이 원점에 있고 반지름이 3인 구와 그 내부이다.

문제 5.3

다음 함수 $g(x,y,z) = \ln(25 - x^2 - y^2 - z^2)$에서 다음을 구하여라.

(1) $g(2,-2,4)$일 때를 구하여라.

(2) g의 정의역을 구하여라.

(3) g의 치역을 구하여라.

여러 가지 응용에서, 우리가 관심을 갖는 함수 중에는 수식으로 표현할 수 없는 함수도 있다. 다음 예에서 보는 바와 같이 비교적 적은 개수의 점에서의 함수값만을 알고 있는 경우도 있다.

예제 5.4

다음 표는 초기속도 x ft/s, 역회전율 y rpm으로 친 야구공이 수평으로 날아간 거리를 컴퓨터 시뮬레이션으로 제공한 데이터 정보이다. 수평선과 30도의 각도로 공을 친다고 가정하자.

x \ y	0	1000	2000	3000	4000
150	294	312	333	350	367
160	314	334	354	373	391
170	335	356	375	395	414
180	355	376	397	417	436

수평으로 날아간 거리를 함수 $f(x, y)$로 생각하고, $f(180, 0)$, $f(160, 0)$, $f(160, 4000)$, $f(160, 2000)$을 구하여라.

풀이

주어진 x의 값을 갖는 행과 y의 값을 갖는 열이 교차하는 곳이 함수의 값이다. 따라서 $f=(180,0)=355$, $f(160,0)=314$, $f(160,4000)=391$, $f(160,2000)=354$이다.

문제 5.4

공해에서 파고 h는 바람의 속력 v와 바람이 그 속도로 부는 시간 t의 길이에 달려있다. 함수 h=f(v,t)의 값은 표에서 m으로 기록되어 있다.

(1) f(80,15)의 값은? 이것의 의미는 무엇인가?

(2) 함수 h=f(60,t)의 의미는 무엇인가? 이 함수의 자취를 설명하라.

(3) 함수 h=f(v,30)의 의미는 무엇인가? 이 함수의 자취를 설명하라.

v \ t	5	10	15	20	30	40	50
20	0.6	0.6	0.6	0.6	0.6	0.6	0.6
30	1.2	1.3	1.5	1.5	1.5	1.6	1.6
40	1.5	2.2	2.4	2.5	2.7	2.8	2.8
60	2.8	4.0	4.9	5.2	5.5	5.8	5.9
80	4.3	6.4	7.7	8.6	9.5	10.1	10.2
100	5.8	8.9	11.0	12.2	13.8	14.7	15.3
120	7.4	11.3	14.4	16.6	19.0	20.5	21.1

임의의 개수의 변수의 함수도 가능하다. n변수 함수는 n개의 실수의 순서쌍 $(x_1, x_2, x_3, \dots, x_n)$에 오직 하나의 실수 $z = f(x_1, x_2, x_3, \dots, x_n)$을 대응시키는 규칙이다. 그런 n개 순서쌍들의 집합을 R^n으로 표시한다. 예를 들어, 어떤 회사가 제품을 만드는 데 n개의 서로 다른 재료를 쓴다고 하자. p_i를 i번째 재료의 가격, x_i를 i번째 재료의 단위 개수라고 하면, 재료를 구입할 때 들어가는 총비용 p는 n변수 함수 $p = f(x_1, x_2, x_3, \dots, x_n) = p_1x_1 + p_2x_2 + p_3x_3 + \cdots + p_nx_n$이다.

5.2 결합확률분포

앞 절까지는 확률변수와 그것의 확률분포가 한 가지 측면에서의 특성이나 수치만을 관찰하는 경우에 대해서 다루었다. 그러나 여러 개의 확률변수들의 결과를 동시에 취급해야 될 경우가 있다. 예를 들면, 사람의 키와 몸무게를 같이 측정한다든지, 어느 위원회에서 구성하는 성별과 나이를 조사하는 경우가 이에 해당한다고 하겠다.

X와 Y가 두 이산형 확률변수라 할 때 두 변수의 확률분포는 확률변수 X와 Y의 범위 내에서 어떤 $(x,\ y)$에 대하여 $f(x,\ y)$를 값으로 가지는 함수로 표시될 수 있다. 이러한 함수를 X와 Y의 결합확률분포(joint probability distribution)라 한다.

이산적인 경우에는

$$f(x,y) = P(X = x,\ Y = y)$$

이다. 즉, $f(x,\ y)$는 x와 y가 동시에 일어날 확률이 된다. 예를 들면, X를 TV의 사용년수, Y를 그 TV에 들어 있는 결함이 있는 튜브의 수라 하면, $f(5,\ 3)$은 그 TV가 5년된 것이고, 3개의 새로운 튜브를 필요로 할 확률이다.

다음조건이 만족될 때 함수 $f(x,\ y)$를 이산확률변수 X와 Y의 결합확률분포 또는 결합확률질량함수라 한다.

① 모든 $(x,\ y)$에 대하여 $f(x,\ y) \geq 0$

② $\sum_x \sum_y f(x, y) = 1$

③ $P(X = x,\ Y = y) = f(x,\ y)$

④ X의 주변확률질량함수 $f_X(x) = \sum_y f(x,\ y)$

Y의 주변확률질량함수 $f_Y(y) = \sum_x f(x,\ y)$

⑤ X와 Y가 독립이면 $P(X = x,\ \ Y = y) = f_X(x) f_Y(y)$이다.

⑥ 결합분포함수 $F(x,\ y) = P(X \leq x,\ Y \leq y)$

$$= \sum_{a=-\infty}^{x} \sum_{b=-\infty}^{y} f(a,\ b)$$

$x,\ y$평면상의 어떤 영역 A에 대하여 $P[(X,\ Y) \in A] = \sum\sum_A f(x, y)$가 된다.

예제 5.5

3개의 흰색, 2개의 검정색, 3개의 빨간색 공이 들어 있는 상자에서 임의로 2개를 추출하고자 한다. X를 흰 공의 수, Y를 검정 공의 수라 할 때,

(1) $X,\ Y$의 결합확률분포를 구하여라.

(2) $P[(X,\ Y) \in A]$를 구하라. 단, $A = \{(x,\ y) | x + y \leq 1\}$

(3) $P(X < Y)$를 구하여라.

풀이

(1) (x, y)의 가능한 쌍은 $(0,\ 0)$, $(0,\ 1)$, $(1,\ 0)$, $(1,\ 1)$, $(0,\ 2)$, $(2,\ 0)$이다. 이중 $f(0,1)$은 하나의 검정 공과 빨간 공이 선택될 확률이다. 8개 중에서 임의로 2개를 뽑는 경우의 수는 $\binom{8}{2} = 28$가지이다. 2개의 검정 공 중 하나가 선택되고, 3개의 빨간 공 중 하나가 선택되는 경우의 수는 $\binom{2}{1}\binom{3}{1} = 6$이다. 따라서, $f(0,\ 1) = \frac{6}{28} = \frac{3}{14}$이다. 같은 방법으로 다른 경우에

대해서도 확률을 계산할 수 있으며, 계산결과가 〈표〉에 나타나 있다. 〈표〉의 결합확률분포는 다음과 같다.

$$f(x,y)=\frac{\binom{3}{x}\binom{2}{y}\binom{3}{2-x-y}}{\binom{8}{2}}$$

여기서, $x=0,\ 1,\ 2,\ y=0,\ 1,\ 2,\ 0\le\ x+y\le 2$이다.

〈표〉 x와 y의 결합확률분포

$f(x,\ y)$		$y=0$	$y=1$	$y=2$	행의 합
x	0	3/28	6/28	1/28	10/28
	1	9/28	6/28	0	15/28
	2	3/28	0	0	3/28
열의 합		15/28	12/28	1/28	1

(2) $P[(x,y)\in A]=P(x+y\le 1)=f(0,0)+f(0,1)+f(1,0)$ =3/28 + 3/14 + 9/28 = 9/14

(3) $P(X<Y)=f(0,1)+f(0.2)+f(1,2)=\frac{6}{28}+\frac{1}{28}+0=\frac{7}{28}$

예제 5.6

$X,\ Y$의 결합질량함수가 다음과 같을 때,

$$f(x,y)=\frac{x+y}{110},$$
$$x=1,2,3,4,\ y=1,2,3,4,5$$

(1) $X,\ Y$의 주변질량함수를 구하여라.
(2) $E(X),\ E(Y)$를 구하여라.
(3) $P(X<Y)$
(4) $P(Y=2X)$
(5) $P(X+Y=5)$
(6) $P(3\le X+Y\le 5)$

풀이

(1) $f_X(x)=\sum_{y=1}^{5}\frac{x+y}{110}=\frac{x+3}{22},\ x=1,2,3,4,$

$f_Y(y)=\sum_{x=1}^{4}\frac{x+y}{110}=\frac{(2y+5)}{55},y=1,2,3,4,5$

(2) $E(X)=\sum_{x=1}^{4}\frac{x(x+3)}{22}=\frac{30}{11}$

$E(Y)=\sum_{y=1}^{5}=\frac{y(2y+5)}{55}=\frac{37}{11}$

(3) $P(X<Y)=\sum_{y=2}^{5}f(1,y)+\sum_{y=3}^{5}f(2,y)+f(3,4)+f(3,5)+f(4,5)=\frac{6}{11}$

(4) $P(Y=2X)=f(1,2)+f(2,4)=\frac{1+2}{110}+\frac{2+4}{110}=\frac{9}{110}$

(5) $P(X+Y=5)=f(1,4)+f(2,3)+f(3,2)+f(4,1)=\frac{2}{11}$

(6) $P(3\le X+Y\le 5)=f(1,2)+f(2,1)+f(1,3)+f(2,2)+f(3,1)+P(X+Y=5)=\frac{38}{110}$

문제 5.5

3 사람의 A 당원, 2 사람의 B 당원, 1 사람의 C 당원 가운데에서 2 사람을 임의로 선출한다. X를 A당원에서 선출된 사람수, Y를 B당원에서 선출된 사람수라 할 때, X의 Y의 결합확률분포와 X의 주변분포를 구하라.

문제 5.6

X와 Y의 결합확률밀도함수가 다음과 같이 주어져 있다.

$$f(x,y)=\frac{(x+y)}{30},\ x=0,1,2,3;\ y=0,1,2$$

다음을 구하여라.

(1) $P(X\le 2,\ Y=1)$

(2) $P(X>2,\ Y\le 1)$

(3) $P(X>Y)$

(4) $P(X+Y=4)$

(5) X의 주변분포

(6) Y의 주변분포

문제 5.7

어느 수치 제어기계가 잘못 작동하는 횟수 X는 하루 동안에 1, 2, 3의 값을 가진다고 한다. 또, Y는 기술자의 긴급호출횟수라고 한다. 다음의 결합확률분포를 이용하여 각 항을 구하여라.

x \ y	1	2	3
1	0.05	0.05	0.1
2	0.05	0.1	0.35
3	0	0.2	0.1

(1) X의 주변확률밀도함수를 구하여라.

(2) Y의 주변확률밀도함수를 구하여라.

(3) $P(Y=3|X=2)$를 구하여라.

5.3 조건부 확률결합분포

주어진 조건부 확률의 정의를 사용하면 $P(B|A)=\dfrac{P(A\cap B)}{P(A)}$, $P(A)>0$이 되는데, 여기서 A와 B를 각각 $X=x$, $Y=y$에 의해서 정의되는 사상이라고 하자. 그리고 X와 Y를 이산형 확률분포라 할 때

$$P(Y=y|X=x)=\frac{P(X=x,\ Y=y)}{P(X=x)}=\frac{f(x,y)}{f_X(x)},\quad f_X(x)>0$$

이 된다.

X와 Y를 이산형 또는 연속형인 두 확률변수라고 하자. $X=x$로 주어졌을 때 확률변수 Y의 조건부 분포(conditional distribution)는 다음과 같이 주어진다.

$$f(y|x)=\frac{f(x,y)}{f_X(x)},\ f_X(x)>0$$

같은 방법으로 $Y=y$로 주어졌을 때 확률변수 X의 조건부 분포는 다음과 같이 주어진다.

$$f(x|y)=\frac{f(x,y)}{f_Y(y)},\ f_Y(y)>0$$

이산형 확률변수가 $Y=y$라고 주어졌을 때 이산형 확률변수 X가 a와 b 사이의 값을 가질 확률을 구하고자 한다면 다음과 같이 계산하면 된다.

$$P(a<X<b|\,Y=y)=\sum_{a<x<b} f(x|y)$$

예제 5.7

$f(x,\ y)$는 X와 Y의 결합확률함수이고, $f(0,\ 0)=0.4$ $f(0,1)=0.2$ $f(1,0)=0.1$ $f(1,1)=0.3$이다. $Y=1$인 조건에서 X의 조건확률함수를 구하라.

풀이

$f_Y(1)=\sum_x f(x,\ 1)=f(0,\ 1)+f(1,\ 1)=0.5$

이므로

$$f(X=0|\,Y=1)=\frac{f(0,1)}{f_Y(1)}=\frac{2}{5}$$

이고,

$$f(X=1|\,Y=1)=\frac{f(1,1)}{f_Y(1)}=\frac{3}{5}$$

이다.

예제 5.8

$f(x, y)$는 결합확률함수로서 다음과 같다.

$$f(1, 1) = 0.5 \quad f(1, 2) = 0.1 \quad f(2, 1) = 0.1 \quad f(2, 2) = 0.3$$

$Y = 1$인 조건에서 X의 확률함수를 구하라.

풀이

$$f_Y(1) = \sum_x f(x, 1) = f(1,1) + f(2,1) = 0.6$$

이므로

$$f(X=1 | Y=1) = \frac{f(X=1,\ Y=1)}{P(Y=1)} = \frac{f(1,\ 1)}{f_Y(1)} = \frac{0.5}{0.6} = \frac{5}{6}$$

마찬가지로

$$f(X=2 | Y=1) = \frac{f(2,\ 1)}{f_Y(1)} = \frac{0.1}{0.6} = \frac{1}{6}$$

이다.

예제 5.9

확률변수 X, Y가 다음 결합확률질량함수를 갖는다고 한다.

$$f(x, y) = \begin{cases} \dfrac{2x+y}{18}, & (x, y) = (0,1), (0,2), (0,3), (1,1), (1,2), (1,3) \\ 0, & \text{다른곳에서} \end{cases}$$

(1) $P(X = 1 | Y = 2)$를 구하여라.

(2) $f_Y(y)$를 구하여라.

(3) $Y = 2$일 때, X의 조건부확률함수를 구하여라.

풀이

(1) $P(Y=2) = f(0,2) + f(1,2) = \dfrac{(2)(0)+2}{18} + \dfrac{(2)(1)+2}{18} = \dfrac{6}{18}$이고,

$P(X=1, Y=2) = f(1,2) = \dfrac{(2)(1)+2}{18} = \dfrac{4}{18}$이므로

$$P(X=1 \mid Y=2) = \frac{P(X=1,\ Y=2)}{P(Y=2)} = \frac{2}{3}$$

(2) $f_Y(1) = f(0,1) + f(1,1) = \frac{(2)(0)+1}{18} + \frac{3}{18} = \frac{4}{18} = \frac{2}{9}$

$$f_Y(2) = f(0,2) + f(1,2) = \frac{(2)(0)+2}{18} + \frac{(2)(1)+2}{18} = \frac{6}{18} = \frac{3}{9}$$

$$f_Y(3) = f(1,3) + f(0,3) = \frac{(2)(1)+3}{18} + \frac{3}{18} = \frac{8}{18} = \frac{4}{9}$$

$$f_Y(y) = \begin{cases} \frac{2}{9},\ y=1 \\ \frac{3}{9},\ y=2 \\ \frac{4}{9},\ y=3 \\ 0,\ otherwise \end{cases}$$

(3) $f(x|y=2) = \frac{f(x,y)}{f_Y(2)} = \frac{(2x+2)/18}{3/9}$

$$= \frac{x+1}{3},\ x=0,1$$

문제 5.8

2개의 주사위를 던져서 나타난 눈의 수를 각각 X, Y라 할 때, 다음 확률을 구하라.

(1) $P(X<3 \mid Y=2)$

(2) $P(X=3 \mid X+Y=2)$

(3) $P(X=2 \mid X+Y=5)$

문제 5.9

2개의 주사위를 던져서 나오는 눈의 수를 각각 X, Y이라 할 때, $P(X+Y=u \mid X-Y=2)$를 구하여라.

문제 5.10

확률변수 X, Y가 다음 결합확률질량함수를 갖는다고 한다.

x \ y	1	3
0	0	$\frac{1}{8}$
1	$\frac{3}{8}$	0
2	$\frac{3}{8}$	0
3	0	$\frac{1}{8}$

(1) X와 Y의 주변확률분포를 구하여라.

(2) $P[X=x \mid Y=1]$

(3) $P[Y=y \mid X=2]$

5.4 기댓값

이제 수학적 기댓값의 개념을 결합확률분포 $f(x,y)$를 가지는 두 확률변수 X와 Y의 경우로 확장하여보자. X와 Y를 결합확률분포 $f(x,y)$를 가지는 확률변수라고 하자. 확률변수 $g(x,y)$의 평균 혹은 기댓값은 X와 Y가 이산형인 경우에는

$$\mu_{g(X,Y)} = E[g(X,Y)] = \sum_x \sum_y g(x,y) f(x,y)$$ 가 된다.

예제 5.10

X와 Y를 〈표 〉과 같은 결합확률분포를 가지는 확률변수라 할 때, $f(X, Y) = 3XY$의 기댓값을 구하라.

$f(x, y)$		y 0	y 1	y 2	행의 합
x	0	3/28	6/28	1/28	10/28
	1	9/28	6/28	0	15/28
	2	3/28	0	0	3/28
열의 합		15/28	12/28	1/28	1

풀이

$$E(3XY) = \sum_{x=0}^{2}\sum_{y=0}^{2} 3xyf(x, y)$$

$$= 3(0)(0)f(0, 0) + 3(0)(1)f(0, 1) + 3(0)(2)f(0, 2) + 3(1)(0)f(1, 0)$$

$$+ 3(1)(1)f(1, 1) + 3(1)(2)f(1, 2)$$

$$+ 3(2)(0)f(2,0) + 3(2)(1)f(2,1) + 3(2)(2)f(2,2) = 3f(1,1) = \frac{9}{14}$$

문제 5.11

X와 Y가 다음과 같은 결합확률함수를 가진다고 하자.

$f(x, y)$		y 1	y 2	y 3
x	2	0.10	0.20	0.10
	4	0.15	0.30	0.15

(1) $g(X, Y) = XY^2$의 기댓값을 구하라.

(2) μ_X, μ_Y를 구하라.

5.5 공분산과 상관계수

5.5.1 공분산

공분산은 두 개의 확률변수 X, Y가 상호 어떤 관계를 가지며 변화하는가를 나타내는 척도로서, $(X-\mu_X)(Y-\mu_Y)$의 기댓값으로 정의된다.

X와 Y를 결합확률분포 $f(x, y)$를 가지는 확률변수라고 할 때, X와 Y의 공분산은 X와 Y가 이산형인 경우에는

$$\sigma_{XY} = \sum_x \sum_y (x-\mu_X)(y-\mu_Y) f(x,y)$$

이고, 공분산은 두 확률변수 간의 관련성의 척도이다.

μ_X와 μ_Y를 평균으로 하는 두 확률변수 X와 Y의 공분산은 다음과 같다.

$$\sigma_{XY} = E(XY) - \mu_X \mu_Y$$

예제 5.11

어떤 상자에서 임의로 2개의 공을 꺼낼 때, 흰 공의 수 X와 검정 공의 수 Y의 결합확률분포가 다음과 같다. X와 Y의 공분산을 구하라.

$f(x, y)$		y			행의 합
		0	1	2	
x	0	3/28	6/28	1/28	10/28
	1	9/28	6/28	0	15/28
	2	3/28	0	0	3/28
열의 합		15/28	12/28	1/28	1

풀이

$$E(XY) = \sum_{x=0}^{2} \sum_{y=0}^{2} xy f(x,y)$$

$$= (0)(0)f(0,0) + (0)(1)f(0,1) + (1)(0)f(1,0) + (1)(1)f(1,1) + (2)(0)f(2,0)$$
$$= f(1,1) = 3/14$$

또한 $\mu_X = \sum_{x=0}^{2} x f_X(x) = 0(\frac{5}{14}) + 1(\frac{15}{28}) + 2(\frac{3}{28}) = \frac{3}{4}$ 이고

$\mu_Y = \sum_{y=0}^{2} y f_Y(y) = 0(\frac{15}{28}) + 1(\frac{3}{7}) + 2(\frac{1}{28}) = \frac{1}{2}$ 이다.

따라서, $\sigma_{XY} = E(XY) - \mu_X \mu_Y = \frac{3}{14} - (\frac{3}{4})(\frac{1}{2}) = -\frac{9}{56}$

문제 5.12

X와 Y의 결합질량함수가 다음 표와 같을 때, 공분산을 구하여라.

$f(x,\ y)$		y		
		0	1	2
x	0	0.10	0.04	0.02
	1	0.08	0.20	0.06
	2	0.06	0.14	0.30

5.5.2 상관계수

공분산이 두 확률변수 사이의 관련성을 나타내기는 하지만, σ_{XY}값은 X와 Y의 측정 단위에 따라 달라지므로 이 값이 관련성의 강도를 나타내는 것은 아니다. 상관계수(correlation coefficient)는 측정단위와 무관하게 공분산과 같은 역할을 하는 척도로서 통계학에서 널리 사용된다. 확률변수 X와 Y의 공분산이 σ_{XY}이고, 표준편차가 각각 σ_X, σ_Y라고 하자. X와 Y의 상관계수는 다음과 같이 정의된다.

$$\rho_{XY} = \frac{\sigma_{XY}}{\sigma_X \sigma_Y}$$

위의 수식에서 ρ_{XY}는 X와 Y의 단위에 무관한 것을 쉽게 알 수 있다. 상관계수 값의 범위는 항상 -1과 1사이의 값을 갖는다. X와 Y의 상관계수는 각 확률변수에 영향을

받지 않으며 상수가 곱해지는 경우에는 그 부호에만 영향을 받는다. 또 ρ_{XY}는 단위에 무관한 것을 쉽게 알 수 있다. 상관계수는 뒤에서 다루게 될 회귀분석에서 좀 더 자세히 다루게 될 것이다.

예제 5.12

X와 Y의 결합확률분포가

x \ y		y			행의 합
		−1	0	1	
x	−1	$\frac{1}{8}$	$\frac{1}{8}$	$\frac{1}{8}$	$\frac{3}{8}$
	0	$\frac{1}{8}$	0	$\frac{1}{8}$	$\frac{2}{8}$
	1	$\frac{1}{8}$	$\frac{1}{8}$	$\frac{1}{8}$	$\frac{3}{8}$
열의 합		$\frac{3}{8}$	$\frac{2}{8}$	$\frac{3}{8}$	1

일 때, 상관계수 ρ_{XY}을 구하고 X와 Y가 독립인가를 보여라.

풀이

$E[X]=E[Y]=0$이고, $E[XY]=0$이 된다. 따라서

$$\sigma_{XY}=E[XY]-\mu_X \cdot \mu_Y=0$$

이고, $\rho_{XY}=0$이다. 그러나

$$P(X=-1,\ Y=-1)=\frac{1}{8}\neq P(X=-1)\cdot P(Y=-1)=\frac{3}{8}\cdot\frac{3}{8}$$

이므로, X와 Y는 독립이 아니다.

예제 5.13

컴퓨터를 판매하는 어느 회사는 고객이 인터넷으로 구매 상담을 한 이후에 판매가 이루어진다고 한다. X를 어느 날 인터넷 상담의 수라하고 Y를 판매건수라 할 때 X와 Y의 결합확률은

x \ y		y = 0	1	2	행의 합
x	0	0.04	0	0	0.04
	1	0.16	0.10	0	0.26
	2	0.20	0.30	0.20	0.70
열의 합		0.4	0.4	0.2	1

이라 하면 X와 Y의 상관계수를 구하여라.

풀이

먼저 $E[XY]$를 구하면

$$\begin{aligned}E[XY] &= \sum\sum xy\, f(x,y)\\ &= (0\times 0)f(0,0)+(0\times 1)f(0,1)+(0\times 2)f(0,2)+(1\times 0)f(1,0)\\ &\quad +(1\times 1)f(1,1)+(1\times 2)f(1,2)+(2\times 0)f(2,0)+(2\times 1)f(2,1)+(2\times 2)f(2,2)\\ &= 1.50\end{aligned}$$

이다. 또, X와 Y의 주변분포는 다음과 같다.

x	0	1	2	합
$f(x)$	0.04	0.26	0.70	1

y	0	1	2	합
$f(y)$	0.40	0.40	0.20	1

그러므로 $\mu_X = 1.66$이고, $\mu_Y = 0.80$이다. 따라서

$$\sigma_{XY} = E[XY] - \mu_X \cdot \mu_Y = 1.50 - 1.66 \times 0.80 = 0.172$$

이다. X와 Y의 주변분포로부터 X와 Y의 분산은

$$\sigma_X^2 = E(X^2) - \mu_X^2 = 3.06 - (1.66)^2 = 0.30$$

이고, 같은 방법으로 $\sigma_Y^2 = 0.56$이 된다. 따라서

$$\rho_{XY} = \frac{\sigma_{XY}}{\sqrt{V(X) \cdot V(Y)}} = \frac{0.172}{\sqrt{(0.30)(0.56)}} = 0.43$$

즉, 인터넷 상담의 수 건수와 판매건수 사이에는 완만한 양의 상관이 존재한다.

문제 5.13

아래 2차원 분포표에서 $\mu_X, \mu_Y, \sigma_X^2, \sigma_Y^2$ 및 $Cov(X, Y), \rho_{XY}$를 구하여라.

x \ y	0	1	2	$f_X(x)$
0	3/28	6/28	1/28	10/28
1	9/28	6/28	0	15/28
2	3/28	0	0	3/28
$f_Y(y)$	15/28	12/28	1/28	1

5.6 편도함수

5.6.1 2변수 함수의 경우

$f(x,y) = 3x^2y - 5x\cos\pi y$ 와 같이 함수 f가 x,y의 함수일 때, x에 대한 f의 편도함수는 함수 f에서 변수 y를 상수로 보고 x에 관하여 미분하여 얻은 함수 f_x이다. 즉 위의 함수의 경우에는

$$f_x(x,y) = 6xy - 5\cos\pi y$$

y에 대한 f의 편도함수는 함수 f에서 변수x를 상수로 보고 y에 관하여 미분하여 얻은 함수 f_y이며, 위의 경우에는

$$f_y(x,y) = 3x^2 + 5\pi x\sin\pi y$$

이 편도함수들을 정식으로 정의하면 다음과 같다.

$$f_x(x,y) = \lim_{h \to 0} \frac{f(x+h, y) - f(x,y)}{h}$$

$$f_y(x,y) = \lim_{h \to 0} \frac{f(x, y+h) - f(x,y)}{h}$$

문제 5.14

도함수를 구하여라.

(1) $f(x,y) = 3x - 2y^4$

(2) $z = xe^{3y}$

(3) $f(x,y) = \dfrac{x-y}{x+y}$

(4) $w = \sin\alpha \cos\beta$

(5) $f(r,s) = r\ln(r^2 + s^2)$

예제 5.14

함수 $f(x,y) = e^{xy} + \ln(x^2+y)$ 일 때, $f_x(2,1)$ 과 $f_y(2,1)$을 구하고, 설명하여라.

풀이

$f(x,y) = e^{xy} + \ln(x^2+y)$ 이면, $f_x(x,y) = ye^{xy} + \dfrac{2x}{x^2+y}$ 이고 $f_y(x,y) = xe^{xy} + \dfrac{1}{x^2+y}$ 이다. 편미분계수 $f_x(2,1) = e^2 + \dfrac{4}{5}$ 는 함수 $f(x,1) = e^x + \ln(x^2+1)$ 의 $x=2$에서의 x에 대한 변화율을 뜻하며 편미분계수 $f_y(2,1) = 2e^2 + \dfrac{1}{5}$은 함수 $f(2,y) = e^{2y} + \ln(4+y)$의 $y=1$에서 y에 대한 변화율을 뜻한다.

문제 5.15

모든 일계편도함수에서 주어진 점에서 편도함수를 구하여라.

(1) $f(x,y) = x^3 - 4xy^2 + y^4$, $(1,1)$

(2) $f(x,y) = x^2 e^y - 4y$, $(1,0)$

(3) $f(x,y) = x^2 \sin xy - 3y^3$, $(\pi,1)$

(4) $f(x,y) = 4e^{x/y} - \dfrac{y}{x}$, $(-2,1)$

5.6.2 기하학적인 해석

그림 5.5는 곡면 $z = f(x,y)$의 일부분을 나타내고 있다. 이 곡면의 한가운데로 $xz-$평면에 평행한 평면 $y = y_0$가 지나고 있다. 평면 $y = y_0$는 이 곡면의 y_0-절선(section)에서 이 곡면과 만난다. y_0-절선은 평면 $y = y_0$위에 함수

$$g(x) = f(x, y_0)$$

의 그래프를 그린 것이다. 이 함수 $g(x)$를 x에 대하여 미분하면,

$$g'(x) = f_x(x, y_0)$$

이고 따라서 $g'(x_0) = f_x(x_0, y_0)$이다.

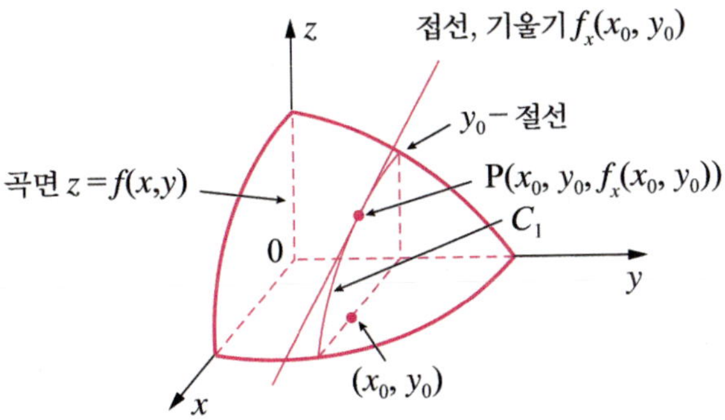

[그림 5.5]

즉 $f_x(x_0, y_0)$라는 숫자는 점 $P = P(x_0, y_0, f(x_0, y_0))$에서 곡면 $z = f(x, y)$의 y_0-절선의 기울기이다. 편도함수 f_y에 대하여도 마찬가지로 해석할 수 있다. 그림 5.6에서 보이듯이, 같은 곡면 $z = f(x,y)$가 $yz-$평면과 평행한 평면 $x = x_0$와 x_0-절선에서 만나고 있다. 이 곡면의 x_0-절선은 평면 $x = x_0$ 위에 그려진 함수

$$h(y) = f(x_0, y)$$

의 그래프이고, 이 함수를 y에 대하여 미분하면

$$h'(y) = f_y(x_0, y)$$

이므로 $h'(y_0) = f_y(x_0, y_0)$라는 숫자는 위의 점 P에서의 곡면 $z = f(x,y)$의 x_0-절선의 기울기이다.

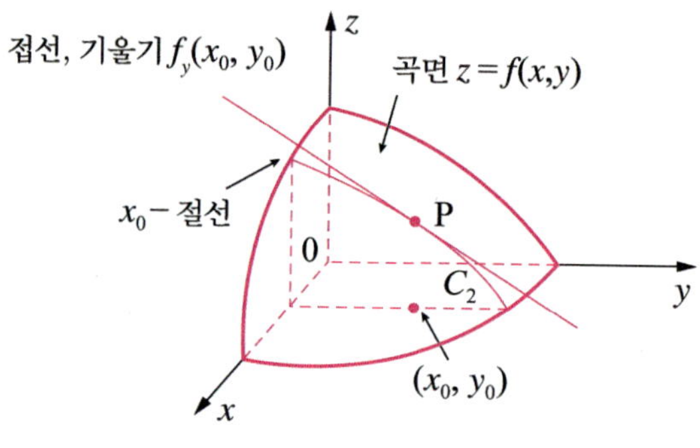

[그림 5.6]

예제 5.15

함수 $f(x,y) = x\tan^{-1}xy$ 일 때 $f_x(x,y)$와 $f_y(x,y)$의 의미를 설명하여라.

풀이

$$f(x,y) = x\tan^{-1}xy$$

$$f_x(x,y) = x \cdot \frac{y}{1+(xy)^2} + \tan^{-1}xy = \frac{xy}{1+x^2y^2} + \tan^{-1}xy,$$

$$f_y(x,y) = x \cdot \frac{x}{1+(xy)^2} = \frac{x^2}{1+x^2y^2}$$

1변수 함수의 경우에는 $f'(x_0)$는 $x = x_0$에서 $f(x)$의 x에 대한 함수값의 변화율이다. 2변수의 경우에는, $f_x(x_0,y_0)$는 $x = x_0$에서의 $f(x,y_0)$의 x에 대한 함수값의 변화율이고, $f_y(x_0,y_0)$는, $y=y_0$에서의 $f(x_0,y)$의 y에 대한 함수값의 변화율이다.

5.6.3 3변수 함수의 경우

함수의 변수가 3개인 경우에는 3개의 서로 다른 편도함수를 생각할 수 있다. 즉 변수 x, y및 변수 z에 대한 편도함수들이다.

$$f_x(x,y,z),\ \ f_y(x,y,z),\ \ f_z(x,y,z)$$

이들의 정의는 다음과 같다.

$$f_x(x,y,z) = \lim_{h \to 0}\frac{f(x+h,y,z) - f(x,y,z)}{h}$$

$$f_y(x,y,z) = \lim_{h \to 0}\frac{f(x,y+h,z) - f(x,y,z)}{h}$$

$$f_z(x,y,z) = \lim_{h \to 0}\frac{f(x,y,z+h) - f(x,y,z)}{h}$$

위의 편도함수들은 각각 첨자로 쓰여 있는 변수에 대하여(다른 변수들을 상수로 생각하고) 미분하여 계산할 수 있다.

예제 5.16

함수 $f(x, y, z) = xy^2z^3$ 일 때 , f_x, f_y, f_z을 구하고 $(1, -2, -1)$에서 f_x, f_y, f_z의 기울기를 구하여라.

풀이

함수 $f(x,y,z) = xy^2z^3$의 편도함수들은

$f_x(x,y,z) = y^2z^3, f_y(x,y,z) = 2xyz^3, f_z(x,y,z) = 3xy^2z^2.$

따라서 $f_x(1,-2,-1) = -4,\ f_y(1,-2,-1) = 4,\ f_z(1,-2,-1) = 12$ 이다.

예제 5.17

함수 $f(x, y, z) = x^2e^{y/z}$ 일 때 f_x, f_y, f_z 을 구하여라.

풀이

$g(x, y, z) = x^2e^{y/z}$ 이면

$$f_x(x, y, z) = 2xe^{y/z}$$

$$f_y(x,y,z) = \frac{x^2}{z}e^{y/z}$$

$$f_z(x,y,z) = -\frac{x^2y}{z^2}e^{y/z}$$

$f_x(x_0, y_0, z_0)$라는 수는 $x = x_0$에서의 함수 $f(x, y_0, z_0)$의 x에 대한 변화율을 나타내며, $f_y(x_0, y_0, z_0)$는 $y = y_0$에서의 함수 $f(x_0, y, z_0)$의 y에 대한 변화율을 $f_z(x_0, y_0, z_0)$는 $z = z_0$에서의 함수 $f(x_0, y_0, z)$의 z에 대한 변화율을 나타낸다.

문제 5.16

함수 $f(x,y,z) = xy^2 - yz^2$의 편도함수을 구하고 $f(x,2,3)$, $f(1, y, 3)$, $f(1,2,z)$을 구하여라.

문제 5.17

도함수를 구하여라.

(1) $f(r, s) = r\ln(r^2 + s^2)$

(2) $f(x,y,z) = xz - 5x^2y^3z^4$

(3) $w = \ln(x + 2y + 3z)$

(4) $u = xy\sin^{-1}(yz)$

5.6.4 고계 편도함수

미분가능한 2변수 (x, y)의 함수 f의 편도함수 $\frac{\partial f}{\partial x}$ 와 $\frac{\partial f}{\partial y}$ 는 다시 (x,y)의 함수가 된다. 따라서 이들 편도함수의 편도함수들을 생각할 수 있다.

$$\frac{\partial}{\partial x}\left(\frac{\partial f}{\partial x}\right) = \frac{\partial^2 f}{\partial x^2}, \qquad \frac{\partial}{\partial y}\left(\frac{\partial f}{\partial x}\right) = \frac{\partial^2 f}{\partial y \partial x}$$

$$\frac{\partial}{\partial x}\left(\frac{\partial f}{\partial y}\right) = \frac{\partial^2 f}{\partial x \partial y}, \qquad \frac{\partial}{\partial y}\left(\frac{\partial f}{\partial y}\right) = \frac{\partial^2 f}{\partial y^2}$$

이 함수들을 f의 2계 편도함수라고 한다.

예제 5.18

함수 $f(x,y) = \sin x^2 y$의 1계,2계 편도함수들을 구하라.

풀이

$\frac{\partial f}{\partial x} = 2xy\cos x^2 y, \qquad \frac{\partial f}{\partial y} = x^2 \cos x^2 y$

2계 편도함수들은

$$\frac{\partial^2 f}{\partial x^2} = -4x^2y^2\sin x^2y + 2y\cos x^2y$$

$$\frac{\partial^2 f}{\partial y \partial x} = -2x^3y\sin x^2y + 2x\cos x^2y$$

$$\frac{\partial^2 f}{\partial x \partial y} = -2x^3y\sin x^2y + 2x\cos x^2y$$

$$\frac{\partial^2 f}{\partial y^2} = -x^4\sin x^2y.$$

편도함수의 기호들을 간편히 하여 $\frac{\partial^2 f}{\partial x^2} = f_{xx}$, $\frac{\partial^2 f}{\partial y \partial x} = f_{xy}$, $\frac{\partial^2 f}{\partial x \partial y} = f_{yx}$, $\frac{\partial^2 f}{\partial y^2} = f_{yy}$ 등으로 나타내기도 한다.

예제 5.19

함수 $f(x, y) = \ln(x^2 + y^3)$의 1계 편도함수들과 2계 편도함수들을 구하여라.

풀이

$$f(x,y) = \ln(x^2 + y^3)$$

$$f_x(x,y) = \frac{2x}{x^2 + y^3}, \qquad f_y(x,y) = \frac{3y^2}{x^2 + y^3}$$

이고,

$$f_{xx}(x,y) = \frac{(x^2 + y^3)2 - 2x(2x)}{(x^2 + y^3)^2} = \frac{2(y^3 - x^2)}{(x^2 + y^3)^2}$$

$$f_{xy}(x,y) = \frac{-2x(3y^2)}{(x^2 + y^3)^2} = \frac{-6xy^2}{(x^2 + y^3)^2}$$

$$f_{yx}(x,y) = \frac{-6xy^2}{(x^2 + y^3)^2}, \qquad f_{yy}(x,y) = \frac{3y(3x^2 - y^3)}{(x^2 + y^3)^2}.$$

문제 5.18

도함수를 구하여라.

(1) $f(x, y) = 3xy^4 + x^3y^2; f_{xxy}, f_{yyy}$

(2) $f(x,y,z,) = \cos(4x + 3y + 2z); f_{xyz}, f_{yzz}$

(3) $u = e^{r\theta}\sin\theta; \dfrac{\partial^3 u}{\partial r^2 \partial\theta}$

(4) $w = \dfrac{x}{y+2z}; \dfrac{\partial^3 w}{\partial z\partial y\partial x}, \dfrac{\partial^3 w}{\partial x^2 \partial y}$

문제 5.19

제시된 편도함수를 구하여라.

(1) $f(x,y) = x^3 - 4xy^2 + 3y; \dfrac{\partial^2 f}{\partial x^2}, \dfrac{\partial^2 f}{\partial y^2}, \dfrac{\partial^2 f}{\partial y \partial x}$

(2) $f(x,y) = x^4 - 3x^2y^3 + 5y; f_{xx}, f_{xy}, f_{xyy}$

(3) $f(x,y,z) = x^3y^2 - \sin yz; f_{xx}, f_{yz}, f_{xyz}$

(4) $f(x,y,z) = e^{2xy} - \dfrac{z^2}{y} + xz\sin y : f_{xx}, f_{yy}, f_{yyzz}$

5.7 확률에서 편미분의 응용

5.7.1 결합확률분포의 편미분

연속확률변수 X, Y의 결합분포함수와 결합확률밀도함수 그리고 주변분포함수와 주변확률밀도함수 사이에 다음이 성립한다.

(1) $f(x, y) = \dfrac{\partial^2}{\partial x\, \partial y} F(x, y)$ (2) $F_X(x) = \lim_{y\to\infty} F(x, y)$

(3) $F_Y(y) = \lim_{x \to \infty} F(x, y)$

(4) $f_X(x) = \frac{d}{dx} F_X(x), f_Y(y) = \frac{d}{dy} F_Y(y)$

예제 5.20

확률변수 X, Y의 결합분포함수가 다음과 같을 때,

$$F(x, y) = (1 - e^{-3x})(1 - e^{-2y}), 0 \le x < \infty, 0 \le y < \infty$$

(1) X, Y의 결합확률밀도함수를 구하여라.

(2) X, Y의 주변확률밀도함수를 구하여라.

풀이

X, Y의 각각의 주변분포함수를 구하면, $0 \le x < \infty, 0 \le y < \infty$ 에서

$$F_X(x) = \lim_{y \to \infty} F(x, y) = \lim_{y \to \infty} (1 - e^{-3x})(1 - e^{-2y}) = 1 - e^{-3x}$$

$$F_Y(y) = \lim_{x \to \infty} F(x, y) = \lim_{x \to \infty} (1 - e^{-3x})(1 - e^{-2y}) = 1 - e^{-2y}$$

이다. 그러므로 X, Y의 결합확률밀도함수와 주변확률밀도함수는 각각 다음과 같다.

(1) $f(x, y) = \frac{\partial^2}{\partial x \, \partial y} F(x, y) = \frac{\partial^2}{\partial x \, \partial y} (1 - e^{-3x})(1 - e^{-2y})$

$= 3(e^{-3x})(2e^{-2y}) = 6e^{-(3x + 2y)}, 0 \le x < \infty, 0 \le y < \infty$

(2) $f_X(x) = \frac{d}{dx} F_X(x) = \frac{d}{dx}(1 - e^{-3x}) = 3e^{-3x}, 0 \le x < \infty$

$f_Y(y) = \frac{d}{dy} F_Y(y) = \frac{d}{dy}(1 - e^{-2y}) = 2e^{-2y}, 0 \le y < \infty$

문제 5.20

연속확률변수 X, Y의 결합분포함수가 다음과 같을 때,

$$F(x, y) = (1 - e^{-2x})(1 - e^{-3y}), \ 0 \le x < \infty, \ 0 \le y < \infty$$

(1) X, Y의 결합밀도함수를 구하여라.

(2) X, Y의 주변분포함수를 구하여라.

(3) X, Y의 주변분포함수와 주변밀도함수를 구하여라.

(4) X, Y의 독립성을 조사하여라.

예제 5.21

다음 함수들의 x, y의 결합밀도함수 대하여 편도함수들을 구하여라.

(1) $f(x,y)=\dfrac{\beta^{\alpha+\gamma}}{\Gamma(\alpha)\Gamma(\gamma)}x^{\alpha-1}(y-x)^{\gamma-1}e^{-\beta y}$

단, $0<x<y, \alpha, \beta, \gamma>0$

(2) $f(x,y)=\dfrac{1}{2\pi\sigma_1\sigma_2\sqrt{1-\rho^2}}$

$$\exp\left\{-\frac{1}{2(1-\rho^2)}\left[\frac{(x-\mu_1)^2}{\sigma_1^2}-\frac{2\rho(x-\mu_1)(y-\mu_2)}{\sigma_1\sigma_2}+\frac{(y-\mu_2)^2}{\sigma_2^2}\right]\right\}$$

풀이

(1) $\dfrac{\partial f}{\partial x}=\dfrac{\beta^{\alpha+\gamma}}{\Gamma(\alpha)\Gamma(\gamma)}\times\{(\alpha-1)y-(\alpha+\gamma-2)x\}\times x^{\alpha-2}(y-x)^{\gamma-2}e^{-\beta y}$,

$\dfrac{\partial f}{\partial y}=\dfrac{\beta^{\alpha+\gamma}}{\Gamma(\alpha)\Gamma(\gamma)}\times\{(\gamma-1)-\beta(y-x)\}\times x^{\alpha-1}(y-x)^{\gamma-2}e^{-\beta y}$

(2) $$\frac{\partial f}{\partial x}=\frac{\rho\sigma_1(y-\mu_2)-\sigma_2(x-\mu_1)}{2\pi\sigma_1^3\sigma_2^2(1-\rho)^{\frac{3}{2}}}\times\exp\left\{-\frac{1}{2(1-\rho^2)}\times\left[\frac{(x-\mu_1)^2}{\sigma_1^2}-\frac{2\rho(x-\mu_1)(y-\mu_2)}{\sigma_1\sigma_2}+\frac{(y-\mu_2)^2}{\sigma_2^2}\right]\right\}$$

$$\frac{\partial f}{\partial y}=\frac{\rho\sigma_2(x-\mu_1)-\sigma_1(y-\mu_2)}{2\pi\sigma_1^2\sigma_2^3(1-\rho)^{\frac{3}{2}}}\times\exp\left\{-\frac{1}{2(1-\rho^2)}\times\left[\frac{(x-\mu_1)^2}{\sigma_1^2}-\frac{2\rho(x-\mu_1)(y-\mu_2)}{\sigma_1\sigma_2}+\frac{(y-\mu_2)^2}{\sigma_2^2}\right]\right\}$$

문제 5.21

다음 함수들의 x, y의 결합밀도함수에 대하여 편도함수들을 구하여라.

(1) $f(x,y) = (1-e^{-x})(1-e^{-y}),\ 0 < x, y < \infty$

(2) $f(x,y) = \dfrac{c}{2\pi}(c^2+x^2+y^2)^{-\frac{3}{2}},\ -\infty < x,y < \infty, c > 0$

(3) $f(x,y) = \dfrac{\Gamma(a+b+c)}{\Gamma(a)\Gamma(b)\Gamma(c)} x^{a-1}y^{b-1}(1-x-y)^{c-1}$

단, $x, y \ge 0, x+y \le 1, a,b,c$는 임의의 양수이다.

5.7.2 독립동일분포

두 확률변수 X, Y가 동일한 확률분포를 가지는 경우, 즉 모든 실수 x에 대하여 $f_X(x) = f_Y(x)$이면, X, Y는 동일한 분포(identically distributed)를 가진다고 한다. 두 개 이상의 확률변수가 독립이고 동일한 분포(independent identically distributed 간단히 i.i.d)를 가지는 경우, 이들 확률변수는 간단히 i.i.d 확률변수라 한다.

예제 5.22

결합확률밀도함수가 $f(x,y) = 9e^{-3x}e^{-3y},\ 0 \le x < \infty, 0 \le y < \infty$이면, X, Y는 i.i.d 확률변수인가?

풀이

각각의 주변확률밀도함수는

$$f_X(x) = 3e^{-3x}, 0 \le x < \infty,\ \ f_Y(y) = 3e^{-3y}, 0 \le y < \infty$$

이고 $f(x,y) = f_X(x) \cdot f_Y(y)$이다. 따라서 X, Y는 독립이다.

$f_Y(x) = 3e^{-3x} = f_X(x), 0 \le x < \infty$ 즉, X, Y는 동일한 분포를 가진다. 이와 같이 두 개 이상의 확률변수가 독립이고 동일한 분포(independent identically distributed)를 가지므로 i.i.d 확률변수이다.

문제 5.22

두 확률변수 $X,\ Y$의 결합분포함수가 다음과 같을 때,

$$F(x,y) = (1-e^{-3x})(1-e^{-2y}), 0 \le x < \infty, 0 \le y < \infty$$

$X,\ Y$는 i.i.d 확률변수인가?

5.7.3 최소제곱법과 적합모형

이 절에서는 회귀직선을 추정하여 자료에 적합시키는 방법을 살펴보기로 한다. 이것은 (α, β)의 추정치 $(\hat{\alpha},\ \hat{\beta})$를 구하는 것과 같은 의미이다. 물론 추정된 적합선으로부터 예측치를 구할 수 있고, 선형관계의 강도와 적합모형의 적절성 등에 관한 정보도 얻을 수 있다. 최소제곱추정법을 알아보기 전에 먼저 잔차(residual)의 개념을 알아보는 것이 중요하다. 잔차란 모형 $\hat{y}=\hat{\alpha}+\hat{\beta}x$를 적합시킬 때 생기는 오차이다.

회귀자료와 적합모형 $\hat{y}=\hat{\alpha}+\hat{\beta}x_i$가 주어졌을 때, i번째 잔차 e_i는 $e_i = y_i - \hat{y_i}$, $i=1,2,\dots,n$이다. 잔차가 크면 모형의 적합성은 좋지 않다고 할 수 있다. 반대로 잔차가 작으면 적합성이 좋다는 것이다. α와 β의 추정값 $\hat{\alpha}$와 $\hat{\beta}$는 잔차제곱합(residual sum of squares)을 최소화시키면 구할 수 있다. 잔차제곱합은 기호로는 $S(\hat{\alpha},\ \hat{\beta})$로 나타낸다. 모수 α와 β를 추정하는 이러한 방법을 최소제곱법(method of least squares)이라고 부른다. $S(\hat{\alpha},\ \hat{\beta})$를 수식으로 표현하면

$$S(\hat{\alpha},\hat{\beta}) = \sum_{i=1}^{n} e_i^2 = \sum_{i=1}^{n}(y_i - \hat{y_i})^2 = \sum_{i=1}^{n}(y_i - \hat{\alpha} - \hat{\beta}x_i)^2$$

이 된다. 이 $S(\hat{\alpha},\hat{\beta})$를 최소화하기 위하여 $\hat{\alpha}$, $\hat{\beta}$로 각각 편미분하면

$$\frac{\partial}{\partial\hat{\alpha}}S(\hat{\alpha},\hat{\beta}) = -2\sum(y_i - \hat{\alpha} - \hat{\beta}x_i) = 0,\ \frac{\partial}{\partial\hat{\beta}}S(\hat{\alpha},\hat{\beta}) = -2\sum(y_i - \hat{\alpha} - \hat{\beta}x_i)x_i = 0.$$

정리하면 다음과 같은 정규방정식(normal equations)을 얻는다.

$$\begin{cases} n\hat{\alpha} + \hat{\beta}\sum x_i = \sum y_i \\ \hat{\alpha}\sum x_i + \hat{\beta}\sum x_i^2 = \sum x_i y_i \end{cases}$$

따라서 이 정규방정식을 $\hat{\alpha}$, $\hat{\beta}$에 대하여 연립으로 풀면 다음의 해가 구해진다.

$$\hat{\beta} = \frac{\sum_{i=1}^{n}(x_i - \overline{x})(y_i - \overline{y})}{\sum_{i=1}^{n}(x_i - \overline{x})^2} = \frac{S_{xy}}{S_{xx}}$$

$$\hat{\alpha} = \overline{y} - \hat{\beta}\overline{x}$$

단, $\overline{x} = \frac{1}{n}\sum x_i$, $\overline{y} = \frac{1}{n}\sum y_i$

$$S_{xx} = \sum(x_i - \overline{x})^2 = \sum x_i^2 - \frac{\left(\sum x_i\right)^2}{n}$$

$$S_{yy} = \sum(y_i - \overline{y})^2 = \sum y_i^2 - \frac{\left(\sum y_i\right)^2}{n}$$

$$S_{xy} = \sum(x_i - \overline{x})(y_i - \overline{y}) = \sum x_i y_i - \frac{\left(\sum x_i\right)\left(\sum y_i\right)}{n}$$

예제 5.23

α, β의 최소제곱 추정치를 구하여라.

x	1 2 3 3 4 5
y	8 4 5 2 2 0

풀이

$\sum x_i = 18$, $\sum y_i = 21$, $\sum x_i y_i = 45$, $\sum x_i^2 = 64$이므로, $\hat{\alpha}$과 $\hat{\beta}$구하면

$$\hat{\beta} = \frac{6 \times 45 - 18 \times 21}{6 \times 64 - 18^2} = -\frac{9}{5} = -1.8$$

$$\hat{\alpha} = \frac{21}{6} - (-1.8)\frac{18}{6} = 8.9$$이 된다.

따라서 추정된 회귀선은 $y = 8.9 - 1.8x$ 이다.

예제 5.24

최소제곱법을 사용하여 무게에 대한 몸길이를 추정하여라.

무게	57	84	90	71	77	68	73
몸길이	123	129	143	125	122	125	122

풀이

$\sum x_i = 520,\ \sum y_i = 889,\ \sum x_i^2 = 39328,\ \sum x_i y_i = 66392$

문제 5.23

다음은 어떤 공정에서 여러 수준의 온도에 따라 당분으로 변화된 양을 측정한 결과이다.

온도 x	1.0	1.1	1.2	1.3	1.4	1.5	1.6	1.7	1.8	1.9	2.0
당분 y	8.1	7.8	8.5	9.8	9.5	8.9	8.6	10.2	9.3	9.2	10.5

(1) 회귀직선을 추정하여라.

(2) 온도가 1.75도일 때 물 100g 속에 당분의 양을 추정하여라.

문제 5.24

다음은 여러 수준의 온도에 따라 물 100g 속에 용해된 혼합물의 양을 측정한 자료이다.

온도 x	혼합물의 양 y	온도 x	혼합물의 양 y
0	8	6	8
15	12	10	14
30	25	21	24
45	31	33	28
60	44	39	42
75	48	51	44

(1) 회귀직선을 구하여라.

(2) 산점도상에 회귀직선을 그려라.

(3) 온도가 50도일 때 물 100g 속에 용해 된 혼합물의 양을 추정하여라.

문제 5.25

어떤 도매상에서 주당 광고비와 상품매출액과 어떤 관계가 있는가를 알기 위하여 조사를 하였더니 다음과 같은 자료가 얻어졌다.

주당광고비	매출액
40	385
20	400
25	395
20	365
30	475
50	440
40	490
20	420
50	560
40	525
25	480
50	510

(1) 산점도를 그려라.

(2) 주당 광고비를 지출액으로부터 매출액을 추정할 수 있는 회귀직선을 구하여라.

(3) 주당 광고비가 $35일 때 매출액을 추정하여라.

CHAPTER 06

연속확률결합분포의 응용과 자코비안

이 절에서는 일변수 함수의 적분, 즉 $\int_a^b f(x)dx$ 의 정의를 다시 살펴본 후에 이변수 함수의 새로운 적분을 정의한다. 일변수 함수와 이변수 함수의 적분을 비교해 보면 비슷한 전개과정과 공통된 응용 분야를 발견하게 될 것이다. 또 3변수함수의 새로운 적분의 계산도 다룰 것이다. 확률에서는 연속결합확률분포와 변수변환을 알아보기로 한다.

6.1 반복적분

6.1.1 이중적분

편도함수를 구할 때와 같은 방법으로 두 개의 독립변수를 가진 함수의 적분은 한 변수를 상수로 보고 다른 한 변수에 관하여 적분 할 수 있다.

가령 x를 상수로 보면

$$\int_{2x}^{2}(x-y)dy = [xy-\frac{1}{2}y^2]_{2x}^{2} = 2x-2$$

이 과정을 y에 관한 편적분이라 한다. 위의 예와 같이 적분한계가 x의 함수일 때 적분된 함수는 x의 함수가 된다. 그러므로 그 결과를 x에 관하여

다시 적분할 수 있다.

$$\int_0^1\int_{2x}^{2}(x-y)dy\,dx = \int_0^1(2x-2)dx = [x^2-2x]_0^1 = -1$$

일반적으로 a, b가 상수일 때 다음과 같은 형의 식을 반복적분(Iterated integral)이라 한다.

$$\int_a^b\left[\int_{y_1(x)}^{y_2(x)}f(x,y)dy\right]dx \tag{1}$$

(1)의 값은, $f(x,y)$를 y에 관하여 먼저 편적분하고 y의 한계를 대입해서 얻은 함수 $F(x)$를 다시 x에 관하여 정적분한 $\int_a^b F(x)dx$이다.

같은 방법으로 2중적분

$$\int_c^d \int_{x_1(y)}^{x_2(y)} f(x,y)dx\,dy \text{는 } \int_c^d \left[\int_{x_1(y)}^{x_2(y)} f(x,y)dx\right]dy$$

는, 한계 $x_1(y)$, $x_2(y)$ 사이에서 x에 관한 편적분을 구한 다음, 그 결과를 한계 c,d 사이에서 y에 관하여 적분해서 얻는다.

예제 6.1

다음 반복적분의 값을 구하라.

(1) $\int_0^1 \int_1^2 (4x^3 - 9x^2y^2)dy\,dx$

(2) $\int_0^1 \int_1^2 \frac{xe^x}{y} dy\,dx$

(3) $\int_0^1 \int_{x^2}^{x} (1+2y)dy\,dx$

(4) $\int_0^1 \int_0^v \sqrt{1-v^2}\,du\,dv$

풀이

(1) $\int_0^1 \int_1^2 (4x^3 - 9x^2y^2)dy\,dx = \int_0^1 [4x^3y - 3x^2y^3]_{y=1}^{y=2} dx = \int_0^1 [(8x^3 - 24x^2) - (4x^3 - 3x^2)]dx$

$= \int_0^1 (4x^3 - 21x^2)dx = [x^4 - 7x^3]_0^1 = (1-7) - (0-0) = -6$

(2) $\int_0^1 \int_1^2 \frac{xe^x}{y} dy\,dx = \int_0^1 xe^x\,dx \int_1^2 \frac{1}{y} dy$

$= [xe_x - e^x]_0^1 [\ln |y|]_1^2$

$= [(e-e) - (0-1)](\ln 2 - 0) = \ln 2$

(3) $\int_0^1 \int_{x^2}^{x} (1+2y)\,dy\,dx = \int_0^1 [y+y^2]_{y=x^2}^{y=x} dx = \int_0^1 [x+x^2-x^2-(x^2)^2]\,dx$

$$= \int_0^1 (x-x^4)dx = \left[\frac{1}{2}x^2 - \frac{1}{5}x^5\right]_0^1 = \frac{1}{2} - \frac{1}{5} - 0 + 0 = \frac{3}{10}$$

(4) $\int_0^1 \int_0^v \sqrt{1-v^2}\,du\,dv = \int_0^1 \left[u\sqrt{1-v^2}\,\right]_{u=0}^{u=v} dv = \int_0^1 v\sqrt{1-v^2}\,dv$

$$= -\frac{1}{3}(1-v^2)^{3/2}]_0^1 = -\frac{1}{3}(0-1) = \frac{1}{3}$$

문제 6.1

다음을 반복적분하여라.

(1) $\int_{\pi/6}^{\pi/2} \int_{-1}^{5} \cos y\,dx\,dy$

(2) $\int_0^1 \int_0^3 e^{x+3y} dx\,dy$

(3) $\int_0^2 \int_0^\pi r\,\sin^2\theta\,d\theta\,dr$

(4) $\int_0^1 \int_0^1 \sqrt{s+t}\,ds\,dt$

6.1.2 일반영역에서의 중적분

일변수적분에서 x축에 수직인 평면으로 어떤 입체를 잘랐을 때 단면적을 $A(x)$로 나타내면 입체의 체적은 적분

$$V = \int_a^b A(x)dx \tag{2}$$

으로 주어짐을 보았다. 이 결과는 다음과 같이 2중적분의 값을 결정하는 데 이용된다. 그림 6.1와 같이, 어떤 평면이 x에서 $xy-$ 평면의 영역 D위에 세워진 입체기둥을 잘랐을 때, 단면적은 다음의 적분으로 표시될 수 있다.

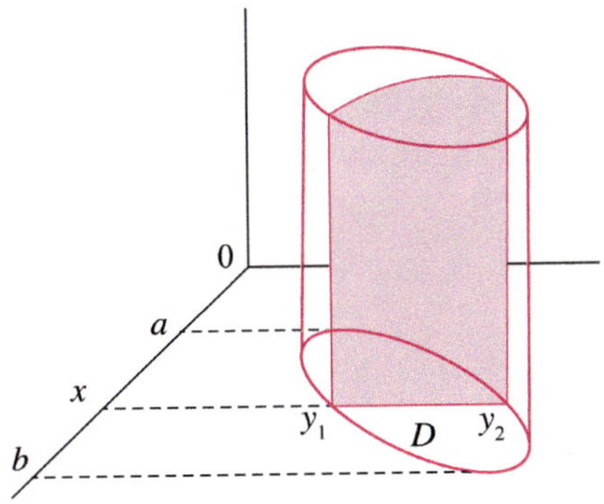

[그림 6.1]

$$A(x) = \int_{y_1}^{y_2} f(x, y) dy$$

여기에서 적분한계 $y_1(x)$과 $y_2(x)$은 D을 둘러싼 곡선과 x좌표와 교점이다. x가 D에서 취할 수 있는 최소 및 최대값이 각자 a, b이면 체적은 다음과 같은 반복적분으로 표시된다.

$$V = \int_a^b A(x)\, dx = \int_a^b \left[\int_{y_1}^{y_2} f(x,y) dy \right] dx$$

위와 유사하게 입체를 y 축에 수직인 평면으로 잘라서 체적을 나타내면

$$V = \int_c^d \left[\int_{x_1}^{x_2} f(x,y) dx \right] dy$$

여기서 적분한계 $x_1(y)$와 $x_2(y)$는 D를 둘러싼 곡선과 y축에 수직인 평면에 의해서 결정된 y의 함수이고, c, d 는 y가 D에서 취할 수 있는 최소값과 최대값이다. (그림 6.2)

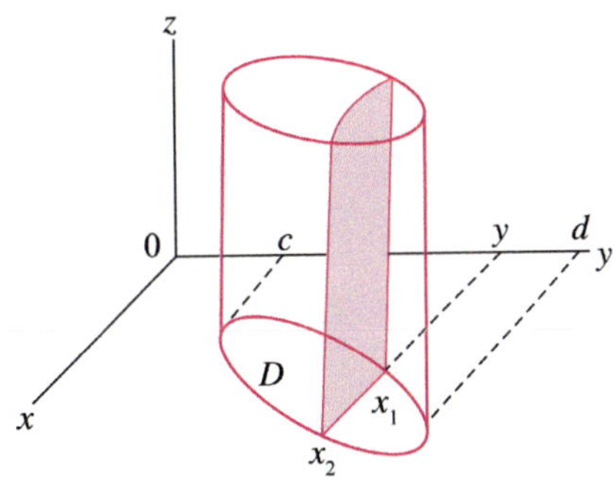

[그림 6.2]

함수 $f(x, y)$가 연속이고 적분값이 존재할 때 체적의 기하학적 개념을 도시하면, 다음과 같은 중요한 정리를 얻을 수 있다.

정리 6.1

어떤 폐영역 $D=\{(x,y) \mid a \le x \le b,\ y_1(x) \le y \le y_2(x)\}$에서 연속함수일 때(형태I)

$$\int_D\int f(x,y)dA = \int_a^b \int_{y_1(x)}^{y_2(x)} f(x,y)\,dy\,dx$$

어떤 폐영역 $D=\{(x,y) \mid c \le y \le d,\ \ x_1(y) \le x \le x_2(y)\}$에서 연속함 수일 때(형태II)

$$\int_D\int f(x,y)dA = \int_c^d \int_{x_1(y)}^{x_2(y)} f(x,y)dx\,dy$$

이다.

예제 6.2

폐영역 D가 그림 6.3와 같을 때 $\int_D\int (x^2-y)dx\,dy$ 을 구하여라.

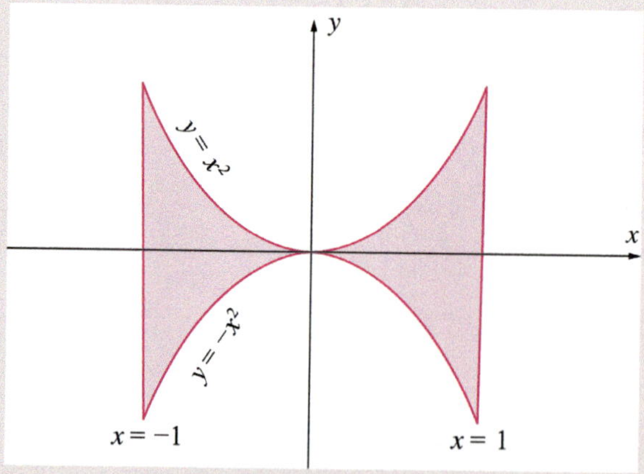

[그림 6.3]

풀이

D를 x축에 사영하면 [-1, 1]로 된다. D는 $-1 \le x \le 1, \quad -x^2 \le y \le x^2$ 으로 정의된다. 이 영역은 형태 I에 해당되므로

$$\begin{aligned}\int_D\int (x^2-y)\,dxdy &= \int_{-1}^{1}\left(\int_{-x^2}^{x^2}(x^2-y)\,dy\right)dx \\ &= \int_{-1}^{1}\left[x^2y-\frac{1}{2}y^2\right]_{-x^2}^{x^2}dx \\ &= \int_{-1}^{1}\left[(x^4-\frac{1}{2}x^4)-(-x^4-\frac{1}{2}x^4)\right]dx \\ &= \int_{-1}^{1}2x^4dx=\left[\frac{2}{5}x^5\right]_{-1}^{1}=\frac{4}{5}\end{aligned}$$

예제 6.3

직선 $y=x$와 $x=-1$, $y=1$, $y=0$에 의해 유계된 영역 D에 대해 $\int_D\int(xy-y^3)\,dx\,dy$를 구하여라.

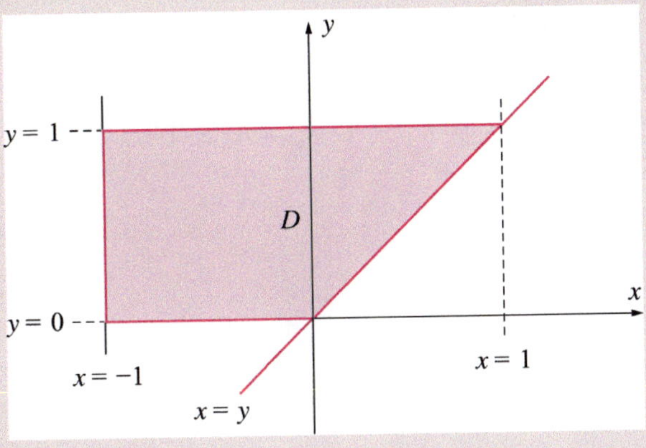

[그림 6.4]

풀이

D를 y축에 사영하면 구간 [0,1]을 얻는다. 따라서 D는

$$0 \le y \le 1, \quad -1 \le x \le y$$

로 정의된다. 이는 형태 II의 경우이므로

$$\int_D\int(xy-y^3)dxdy=\int_0^1\left(\int_{-1}^{y}(xy-y^3)dx\,dy=\int_0^1\left[\frac{1}{2}x^2y-xy^3\right]_{-1}^{y}dy\right.$$
$$=\int_0^1(-\frac{1}{2}y-\frac{1}{2}y^3-y^4)dy=\left[-\frac{1}{4}y^2-\frac{1}{8}y^4-\frac{1}{5}y^5\right]_0^1=-\frac{23}{40}$$

문제 6.2

다음 이중적분을 구하여라.

(1) $\iint_D(x^2+2y)dA$, D는 $y=x$, $y=x^3$, $x\geq 0$에 의해 유계된 영역

(2) $\iint_D xy^2dA$, D는 $x=0$, $x=\sqrt{1-y^2}$ 에 의해 유계된 영역

문제 6.3

다음 입체의 부피를 구하여라.

(1) 곡면 $z=2x+y^2$ 아래와 $x=y^2$, $x=y^3$에 의해 유계된 영역 위에 있는 입체

(2) 포물면 $z=x^2+3y^2$과 평면 $x=0, y=1, y=x$로 둘러싸인 입체

6.2 연속결합확률분포

분포함수 $F(x, y)$를 2차원 확률변수 (X, Y)에 대하여

$$F(x, y) = P(X \le x,\ Y \le y) = \int_{-\infty}^{x} \int_{-\infty}^{y} f(x, y)dydx$$

를 만족하는 음이 아닌 함수 $f(x, y)$가 존재할 때, 2차원 확률변수 (X, Y)를 연속형 2차원 확률변수라 하고, 함수 $f(x, y)$를 (X, Y)의 결합확률밀도함수라 한다.

연속형 확률변수 (X, Y)에 대하여 다음과 같은 성질을 살펴볼 수 있다.

(1) $\int_{-\infty}^{\infty} \int_{-\infty}^{\infty} f(x,y)dydx = 1$

(2) $F(x, y)$가 (x, y)에서 연속이면, $\frac{\partial^2 F(x, y)}{\partial x \partial y} = f(x, y)$이다.

(3) 연속확률변수 X와 Y에 대하여 $A = \{(x, y) | a \le x \le b, c \le y \le d\}$이라 할 때

$P[(X, Y) \in A] = \int\int_A f(x, y)dydx = \int_a^b \int_c^d f(x, y)dydx$이다.

(4) $f_X(x) = \int_{-\infty}^{\infty} f(x, y)dy$와 $f_Y(y) = \int_{-\infty}^{\infty} f(x, y)dx$이고 $f_X(x)$와 $f_Y(y)$를 각각 X와 Y의 주변확률밀도함수라 한다.

(5) X와 Y의 주변분포함수(marginal distribution function)는 각각 다음과 같이 정의된다.

$$F_X(x) = \int_{-\infty}^{x} f_X(x)dx = \int_{-\infty}^{x} \int_{-\infty}^{\infty} f(x,y)dydx$$

$$F_Y(y) = \int_{-\infty}^{y} f_Y(y)dy = \int_{-\infty}^{y} \int_{-\infty}^{\infty} f(x,y)dxdy$$

예제 6.4

$(X,\ Y)$의 결합확률밀도함수가 다음과 같이 정의된다고 하자.

$$f(x,y)=\begin{cases} e^{-(x+y)}, & 0<x<\infty, 0<y<\infty \\ 0, & \text{기타} \end{cases}$$

(1) $(X,\ Y)$의 결합분포함수 $F(x,y)$을 구하여라.

(2) X의 주변분포함수 $F_X(x)$를 구하여라.

(3) X의 주변확률밀도함수 $f_X(x)$를 구하여라.

(4) $P[0<X<1, 0<Y<1]$을 구하여라.

풀이

(1) $F(x,y)=\int_0^x\int_0^y f(x,y)dydx=\int_0^x\int_0^y e^{-x}e^{-y}dydx=(1-e^{-x})(1-e^{-y})$

(2) $F_X(x)=\int_0^x\int_0^\infty e^{-(x+y)}dydx=\int_o^x e^{-x}dx=1-e^{-x}\quad(0<x<\infty)$

(3) $f_X(x)=\dfrac{dF_X(x)}{dx}=e^{-x}\quad(0<x<\infty)$

(4) $P[0<X<1, 0<Y<1]=\int_0^1\int_0^1 e^{-(x+y)}dxdy=(1-e^{-1})^2$

문제 6.4

$(X,\ Y)$의 결합확률밀도함수가 다음과 같을 때, x 와 y의 주변확률밀도함수를 구하여라.

$$f(x,y)=\begin{cases} \dfrac{1}{4}(1+xy), & -1\le x\le 1, -1\le y\le 1 \\ 0, & \text{기타} \end{cases}$$

문제 6.5

$f(x,y)=e^{-(x+y)}\quad(-\infty<x, y<\infty)$를 X와 Y의 결합확률밀도함수라 하자. $P(1<X\le 2, 0\le Y\le 2)$를 구하여라.

예제 6.5

다음 $f(x, y)$가 2차원 확률변수(X, Y)의 결합확률밀도함수가 되도록 상수 k를 정하고, 또한 각각의 주변확률밀도함수를 구하여라.

$$f(x,y) = \begin{cases} ke^{-x-y}, & x \geq 0, y \geq 0 \\ 0, & \text{기타} \end{cases}$$

풀이

$\int_{-\infty}^{\infty}\int_{-\infty}^{\infty} f(x,y)dxdy = 1$에 의하여

$$\int_0^{\infty}\int_0^{\infty} ke^{-x-y}dxdy = k\int_0^{\infty} e^{-x}dx\int_0^{\infty} e^{-y}dy = k,\ k = 1$$

$$f_X(x) = \int_{-\infty}^{\infty} f(x,y)dy = e^{-x}\int_0^{\infty} e^{-y}dy = e^{-x}$$

$$f_Y(y) = \int_{-\infty}^{\infty} f(x,y)dx = e^{-y}\int_0^{\infty} e^{-x}dx = e^{-y}$$

문제 6.6

(X, Y)의 결합확률밀도함수가 $f(x, y) = k(xy^2 + e^x),\ 0 < x < 1,\ 0 < y < 1$일 때,

(1) k의 값을 구하여라.

(2) X의 주변확률밀도함수 $f_X(x)$를 구하여라.

(3) X와 Y는 독립인가?

문제 6.7

$$f(x,y) = \begin{cases} \theta xy, & 0 < x < 1, 0 < y < 1 \\ 0, & \text{기타} \end{cases}$$ 이라 하자.

(1) $f(x, y)$가 확률변수 X와 Y의 결합확률밀도함수일 때, θ의 값을 구하여라.

(2) $P(X \leq 0.5,\ Y \leq 0.5)$를 구하여라.

예제 6.6

$f(x,y)=\begin{cases}8xy, & 0\le y\le x\le 1\\ 0, & \text{기타}\end{cases}$ 일 때, $(X,\ Y)$의 주변확률밀도함수를 구하여라.

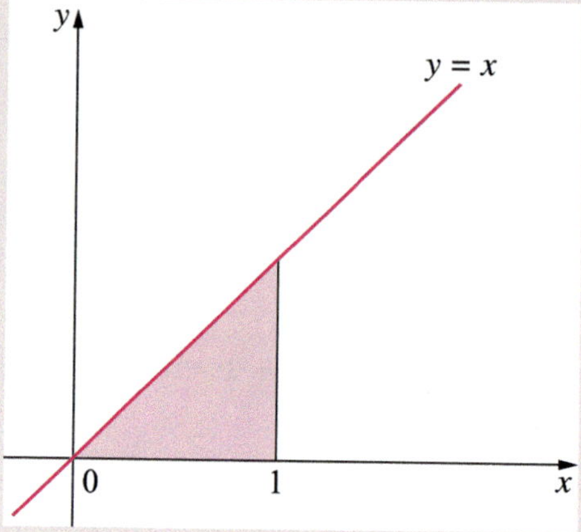

[그림 6.5]

풀이

$$f_X(x)=\begin{cases}\displaystyle\int_0^x 8xydy=4x^3, & 0\le x\le 1\\ 0, & x<0,\ x>1\end{cases}$$

$$f_Y(y)=\begin{cases}\displaystyle\int_y^1 8xydx=4y(1-y^2), & 0\le y<1\\ 0, & y<0,\ y>1\end{cases}$$

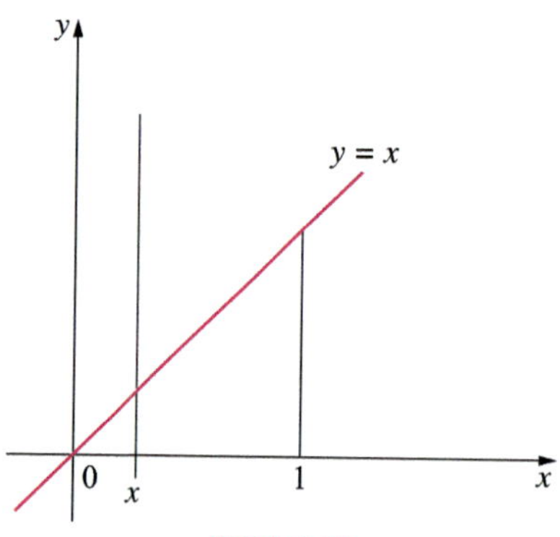

[그림 6.6]

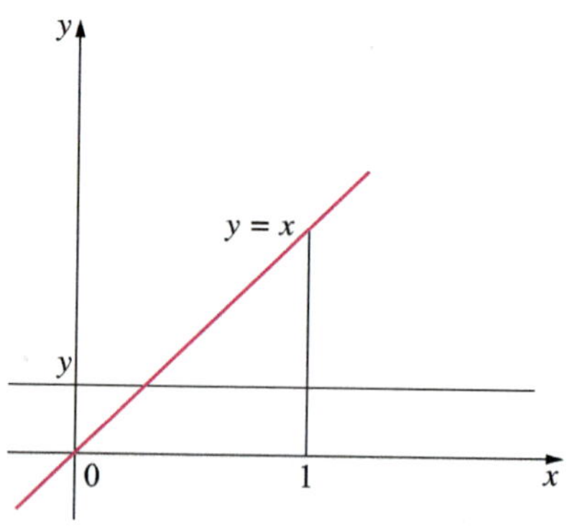

[그림 6.7]

예제 6.7

다음과 같은 결합확률밀도함수를 가지는 경우 $X \geq Y \geq 2$ 될 확률을 구하여라.

$$f(x, y) = \begin{cases} e^{-(x+y)}, & x, y \geq 0 \\ 0, & \text{기타} \end{cases}$$

풀이

$$P\{X \geq Y \geq 2\} = \int_{X \geq Y \geq 2}\int f(x, y)dxdy = \int_2^{\infty}\int_2^{x} e^{-x-y}dydx$$
$$= \int_2^{\infty} e^{-x}(e^{-2} - e^{-x})dx = e^{-4} - \frac{1}{2}e^{-4} = \frac{1}{2}e^{-4}$$

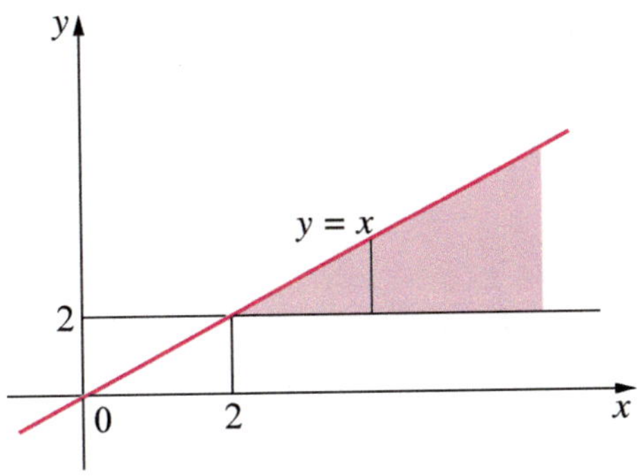

[그림 6.8]

문제 6.8

$f(x, y) = e^{-(x+y)}, x > 0, y > 0$ 일 때, 다음 사상의 확률을 구하여라.

(1) $X < 2$

(2) $X < Y$

(3) $X + Y < 2$

예제 6.8

어느 제과점에서는 크림, 토피, 그리고 땅콩에 각각 연한 초콜릿과 진한 초콜릿을 입힌 과자를 취급하고 있다. 임의로 하나의 과자를 선택했을 때, X와 Y를 각각 크림초콜릿 중 연한 초콜릿과 진한 초콜릿의 비율이라 하면, 결합확률분포는 다음과 같이 주어진다.

$$f(x,y)=\begin{cases}\frac{2}{5}(2x+3y), & 0\le x\le 1, 0\le y\le 1\\ 0, & \text{기타}\end{cases}$$

(1) $\int_{-\infty}^{\infty}\int_{-\infty}^{\infty} f(x,y)dxdy=1$ 임을 보여라.

(2) $A=\left\{(x,y)|\frac{1}{2}< x<1, \frac{1}{4}< y<\frac{1}{2}\right\}$일 때 $P[(X,Y)\in A]$를 구하라.

(3) 결합분포에 대하여 $f_X(x)$와 $f_Y(y)$를 구하라.

풀이

(1) $\int_{-\infty}^{\infty}\int_{-\infty}^{\infty} f(x,y)dx\,dy=\int_0^1\int_0^1\frac{2}{5}(2x+3y)dxdy=1$

(2) $P[(X,Y)\in A]=P(\frac{1}{2}< x<1, \frac{1}{4}< y<\frac{1}{2})$

$$=\int_{\frac{1}{4}}^{\frac{1}{2}}\int_{\frac{1}{2}}^{1}\frac{2}{5}(2x+3y)dxdy=\frac{81}{160}$$

$$f_X(x)=\int_{-\infty}^{\infty} f(x,y)dy=\int_0^1\frac{2}{5}(2x+3y)dy=\frac{4x+3}{5}$$

(3) 정의에 의하여 그 외의 영역에서는 $f_X(x)=0$이 된다. 같은 방법으로

$$f_Y(y)=\int_{-\infty}^{\infty} f(x,y)\,dx=\int_0^1\frac{2}{5}(2x+3y)dx=\frac{2(1+3y)}{5}$$

그 외의 영역에서는 $f_Y(y)=0$이 된다.

문제 6.9

어떤 주류대리점에서는 고객들이 차를 탄 채로 이용할 수 있는 시설과 차에서 내려야만 이용할 수 있는 시설 모두를 운영하고 있다. 어느 날의 차를 탄 채로 이용할 수 있는 시설과 다른 시설의 이용시간의 비율을 각각 X, Y라 할 때, 확률변수의 결합확률밀도함수는 다음과 같이 주어진다.

$$f(x,y)=\begin{cases}\frac{2}{3}(x+2y), 0<x\le 1, 0\le y<1 \\ 0, \quad \text{기타}\end{cases}$$

(1) X의 주변확률밀도함수를 구하여라.

(2) Y의 주변확률밀도함수를 구하여라.

(3) 차를 탄 채로 이용할 수 있는 시설의 이용시간이 30분 미만일 확률을 구하여라.

6.3 조건부 연속 확률결합분포

주어진 조건부 확률의 정의를 사용하면 $P(B|A)=\dfrac{P(A\cap B)}{P(A)}$, $P(A)>0$이 되는데, 여기서 A와 B를 각각 $X=x$, $Y=y$에 의해서 정의되는 사상이라고 하자. 그리고 X와 Y를 이산형 확률분포라 할 때

$$P(Y=y|X=x)=\frac{P(X=x,\ Y=y)}{P(X=x)}=\frac{f(x,y)}{f_X(x)},\quad f_X(x)>0$$

이 된다.

X와 Y를 이산형 또는 연속형인 두 확률변수라고 하자. $X=x$로 주어졌을 때 확률변수 Y의 조건부 분포(conditional distribution)는 다음과 같이 주어진다.

$$f(y|x)=\frac{f(x,y)}{f_X(x)},\ f_X(x)>0$$

같은 방법으로 $Y=y$로 주어졌을 때 확률변수 X의 조건부 분포는 다음과 같이 주어진다.

$$f(x|y)=\frac{f(x,y)}{f_Y(y)},\ f_Y(y)>0$$

연속형 확률변수가 $Y=y$라고 주어졌을 때 연속형 확률변수 X가 a와 b 사이의 값을 가질 확률을 구하고자 한다면 X와 Y가 연속형일 때에는 다음과 같이 하면 된다.

$$P(a<X<b|\ Y=y)=\int_a^b f(x\,|\,y)\,dx$$

예제 6.9

X와 Y를 각각 단위온도변화량과 어떤 원자가 방출하는 스펙트럼변화량을 나타내는 확률변수라 할 때, 확률변수 $(X,\ Y)$에 대한 결합밀도함수는 다음과 같다고 한다.

$$f(x,y)=\begin{cases}10xy^2, & 0<x<y<1\\ 0, & \text{기타}\end{cases}$$

(1) 주변확률밀도함수 $f_X(x)$, $f_Y(y)$와 조건부확률밀도함수 $f(y|x)$를 구하라.

(2) 온도가 0.2 단위일 때, 스펙트럼변화량이 $\frac{1}{2}$ 보다 클 확률을 구하라.

풀이

(1) 정의에 의하여

$$f_X(x)=\int_{-\infty}^{\infty}f(x,y)dy=\int_x^1 10xy^2dy=\frac{10}{3}x(1-x^3),\ 0<x<1$$

$$f_Y(y)=\int_{-\infty}^{\infty}f(x,y)dx=\int_0^y 10xy^2dx=5y^4,\ 0<y<1$$

따라서,

$$f(y\,|\,x)=\frac{f(x,y)}{f_X(x)}=\frac{3y^2}{1-x^3},\ 0<x<y<1$$

(2) $P(Y>\frac{1}{2}\,|X=0.2)=\int_{1/2}^1 f(y\,|\,x=0.2)dy=\int_{\frac{1}{2}}^1\frac{3y^2}{1-0.2^3}dy=\frac{875}{992}$

문제 6.10

어느 날 영업을 시작하기 전에 탱크 안에 들어있는 등유의 양(단위: 1000리터)을 Y, 그 날 판매된 등유의 양을 X라고 하자. 당일에는 탱크에 등유를 재공급 받지 않는다고 하므로 $x \leq y$가 된다. X와 Y의 결합확률밀도함수가 다음과 같다고 할 때 다음을 구하라.

$$f(x, y) = \begin{cases} 2, & (0 \leq x \leq y \leq 1) \\ 0, & (\text{그 밖에서}) \end{cases}$$

(1) X와 Y가 독립인지 보여라.

(2) $P(\frac{1}{4} \leq X \leq \frac{1}{2} \mid Y = \frac{3}{4})$를 구하여라.

예제 6.10

X, Y의 결합밀도함수가

$$f(x, y) = \begin{cases} 2e^{-(2x+y)} & (x > 0,\ y > 0) \\ 0 & (\text{그 밖에서}) \end{cases}$$

일 때, $P(X < 1 \mid Y < 2)$를 구하라.

풀이

$$P(X < 1 \mid Y < 2) = \frac{P(X < 1,\ Y < 2)}{P(Y < 2)} = \frac{2\int_0^2 \int_0^1 e^{-(2x+y)} dx dy}{2\int_0^2 \int_0^\infty e^{-(2x+y)} dx dy} = 1 - e^{-2}$$

문제 6.11

X, Y의 결합밀도함수 $f(x,\ y)$는 다음과 같다.

$$f(x, y) = \begin{cases} e^{-y}, & (0 \leq x \leq y) \\ 0, & (\text{그 밖에서}) \end{cases}$$

일 때, X가 주어진 Y의 조건부밀도함수 $f(y \mid x)$와 $P(Y \leq y \mid X = x)$를 구하라.

문제 6.12

X, Y의 결합밀도함수가 다음과 같다.

$$f(x, y) = \begin{cases} \dfrac{3}{4} + xy, & (0 < x < 1,\ 0 < y < 1) \\ 0, & (\text{그 밖에서}) \end{cases}$$

(1) $f(y \mid x)$를 구하라.

(2) $P\left(Y > \frac{1}{2} \,\middle|\, X = \frac{1}{2}\right)$을 구하라.

6.4 연속결합확률변수와 평균

이제 수학적 기댓값의 개념을 결합확률분포 $f(x,y)$를 가지는 두 확률변수 X와 Y의 경우로 확장하여보자.

X와 Y를 결합확률분포 $f(x,y)$를 가지는 확률변수라고 하자. 확률변수 $g(x, y)$의 평균 혹은 기댓값은 X와 Y가 연속형인 경우에는

$$\mu_{g(X,Y)} = E[g(X, Y)] = \int_{-\infty}^{\infty}\int_{-\infty}^{\infty} g(x,y)f(x,y)\,dx\,dy$$

가 된다.

예제 6.11

X와 Y의 결합확률분포가

$$f(x, y) = \begin{cases} xy/96, & (0 < x < 4,\ 1 < y < 5) \\ 0, & (\text{그 밖에서}) \end{cases}$$

일 때, 다음을 구하여라.

(1) $E(X)$ (2) $E(Y)$

(3) $E(XY)$ (4) $E(2X + 3Y)$

풀이

$$E(X) = \int_{-\infty}^{\infty}\int_{-\infty}^{\infty} xf(x,\, y)dxdy = \int_{x=0}^{4}\int_{y=1}^{5} x\left(\frac{xy}{96}\right)dxdy = \frac{8}{3}$$

$$E(Y) = \frac{31}{9},\quad E(XY) = \int_{x=0}^{4}\int_{y=1}^{5} xy\left(\frac{xy}{96}\right)dx\,dy = \frac{248}{27}$$

$$E(2X+3Y) = \int_{x=0}^{4}\int_{y=1}^{5}(2x+3y)\left(\frac{xy}{96}\right)dx\,dy = \frac{47}{3}$$

문제 6.13

X와 Y의 결합밀도함수가

$$f(x,\, y) = \begin{cases} 4xy & (0 \le x \le 1,\ 0 \le y \le 1) \\ 0 & (\text{그 밖에서}) \end{cases}$$

일 때, $E[X+Y]$를 구하여라.

문제 6.14

다음과 같은 결합밀도함수에 대하여 $E\left(\frac{Y}{X}\right)$를 구하라.

$$f(x,y) = \begin{cases} \frac{x(1+3y^2)}{4}, & 0<x<2, 0<y<1 \\ 0, & \text{기타} \end{cases}$$

6.5 연속결합확률분포에서 공분산과 상관계수

6.5.1 공분산

공분산은 두 개의 확률변수 X, Y가 상호 어떤 관계를 가지며 변화하는가를 나타내는 척도로서, $(X-\mu_X)(Y-\mu_Y)$의 기댓값으로 정의된다. X와 Y를 결합확률분포 $f(x,\, y)$를 가지는 확률변수라고 할 때, X와 Y의 공분산은 X와 Y가 연속형인 경우에는

$$\sigma_{XY} = \int_{-\infty}^{\infty}\int_{-\infty}^{\infty}(x-\mu_X)(y-\mu_Y)f(x,y)\,dx\,dy$$

공분산은 두 확률변수 간의 관련성의 척도이다. μ_X와 μ_Y를 평균으로 하는 두 확률변수 X와 Y의 공분산은 다음과 같다.

$$\sigma_{XY} = E(XY) - \mu_X\mu_Y$$

예제 6.12

전자회사의 남자의 비율 X와 여자의 비율 Y의 결합확률분포가 다음과 같다. X와 Y의 공분산을 구하라.

$$f(x,y) = \begin{cases} 8xy, & 0 \le y \le x \le 1 \\ 0, & \text{기타} \end{cases}$$

풀이

먼저 주변확률밀도함수를 구하면 다음과 같다.

$$f_X(x) = \begin{cases} 4x^3, & 0 \le x \le 1 \\ 0, & \text{기타} \end{cases}$$

앞에서 주어진 주변확률밀도함수로부터

$$f_Y(y) = \begin{cases} 4y(1-y^2), & 0 \le y \le 1 \\ 0, & \text{기타} \end{cases}$$

을 구할 수 있고, 또한 결합밀도함수로부터 $\mu_X = \int_0^1 4x^4 dx = \frac{4}{5}$

$\mu_Y = \int_0^1 4y^2(1-y^2)dy = \frac{8}{15}$이 되므로

$E(XY) = \int_0^1\int_y^1 8x^2y^2\,dx\,dy = \frac{4}{9}$ 가 된다.

따라서, $\sigma_{XY} = E(XY) - \mu_X\mu_Y = \frac{4}{225}$

문제 6.15

확률변수 X와 Y의 결합분포가 다음과 같다.

$$f(x)=\begin{cases}\frac{3}{2}(x^2+y^2), 0 \le x, y \le 1 \\ 0, \qquad\qquad 기타\end{cases}$$

(1) X와 Y는 서로 독립인가?

(2) $E(X+Y)$와 $E(XY)$를 구하라.

(3) $V(X)$, $V(Y)$, $Cov(X, Y)$를 구하라.

(4) $V(X+Y)$를 구하라.

(5) ρ_{xy}를 구하라.

6.5.2 상관계수

공분산이 두 확률변수 사이의 관련성을 나타내기는 하지만, σ_{XY}값은 X와 Y의 측정 단위에 따라 달라지므로 이 값이 관련성의 강도를 나타내는 것은 아니다. 상관계수(correlation coefficient)는 측정단위와 무관하게 공분산과 같은 역할을 하는 측도로서 통계학에서 널리 사용된다.

확률변수 X와 Y의 공분산이 σ_{XY}이고, 표준편차가 각각 σ_X, σ_Y라고 하자. X와 Y의 상관계수는 다음과 같이 정의된다.

$$\rho_{XY}=\frac{\sigma_{XY}}{\sigma_X \sigma_Y}$$

위의 수식에서 ρ_{XY}는 X와 Y의 단위에 무관한 것을 쉽게 알 수 있다. 상관계수 값의 범위는 항상 -1과 1사이의 값을 갖는다. X와 Y의 상관계수는 각 확률변수에 영향을 받지 않으며 상수가 곱해지는 경우에는 그 부호에만 영향을 받는다. 또 ρ_{XY}는 단위에 무관한 것을 쉽게 알 수 있다. 상관계수는 뒤에서 다루게 될 회귀분석에서 좀 더 자세히 다루게 될 것이다.

예제 6.13

두 확률변수 X와 Y의 결합확률밀도함수가 다음과 같을 때,

$$f(x,\ y) = \begin{cases} x+y\ , & 0<x<1, \quad 0<y<1 \\ 0 \quad , & \text{기타} \end{cases}$$

(1) X와 Y의 공분산을 구하여라.

(2) X와 Y의 상관계수ρ_{XY}를 구하고, 설명하여라.

풀이

X와 Y의 주변확률밀도함수 $f_X(x)$와 $f_Y(y)$를 먼저 구한다.

$$f_X(x) = \int_0^1 (x+y)dy = x + \frac{1}{2},\ \ 0<x<1\ ;\ f_Y(y) = \int_0^1 (x+y)dx = y + \frac{1}{2},$$

$$0<y<1$$

(1) X와 Y의 기댓값과 XY의 기댓값은

$$E(XY) = \int_0^1 \int_0^1 xy(x+y)dx\,dy = \frac{1}{3},$$

$$E(X) = \int_0^1 x(x+\frac{1}{2})dx = \frac{7}{12},\ \ E(Y) = \int_0^1 y(y+\frac{1}{2})dy = \frac{7}{12}$$

이므로 공분산은 $\sigma_{XY} = E(X\,Y) - E(X)\ E(Y) = -\frac{1}{144}$ 이다.

(2) X와 Y의 분산은

$$E(X^2) = \int_0^1 x^2\left(x+\frac{1}{2}\right)dx = \frac{5}{12} \qquad E(Y^2) = \int_0^1 y^2\left(y+\frac{1}{2}\right)dy = \frac{5}{12}$$ 이므로

$$\sigma_X^2 = E(X^2) - E(X)^2 = \frac{5}{12} - \frac{49}{144} = \frac{11}{144},$$

$$\sigma_Y^2 = E(Y^2) - E(Y)^2 = \frac{5}{12} - \frac{49}{144} = \frac{11}{144}$$

이다.

즉$\sigma_X = \sigma_Y = \sqrt{11}/12$이고,

상관계수는 $\rho_{XY} = \frac{\sigma_{XY}}{\sigma_X \sigma_Y} = \frac{-1/144}{(\sqrt{11}/12)\cdot(\sqrt{11}/12)} = -\frac{1}{11}$ 이다.

음의 상관관계를 갖는다.

문제 6.16

두 확률변수 X, Y의 결합확률밀도함수가 다음과 같을 때,

$$f(x, y) = \begin{cases} 8xy, & 0 < x < 1, 0 < y < 1/\sqrt{2} \\ 0, & \text{기타} \end{cases}$$

$f_X(x), f_Y(x), E(X), E(Y), V(X), V(Y)$ 및 $Cov(X, Y), \rho_{XY}$를 구하여라.

6.6 연속결합밀도함수의 변수변환

이제 2개 이상의 확률변수들을 포함하는 결합분포의 경우에 대하여 알아보자. X공간과 Y공간이 1대 1로 대응할 때 2변수인 경우에 예를 들어보자. X_1, X_2의 결합 확률함수가 $f(x_1, x_2)$로 주어졌을 때, $Y_1 = U_1(X_1, X_2)$, $Y_2 = U_2(X_1, X_2)$의 결합 확률함수 $g(y_1, y_2)$를 구해보자. $y_1 = u_1(x_1, x_2)$, $y_2 = u_2(x_1, x_2)$를 x_1, x_2에 관하여 연립으로 풀었을 때, $x_1 = w_1(y_1, y_2)$, $x_2 = w_2(y_1, y_2)$의 유일한 해가 존재한다고 하면 Y_1, Y_2의 결합 확률함수는 이산형 확률변수인 경우에는

$$g(y_1, y_2) = f[w_1(y_1, y_2), w_2(y_1, y_2)]$$

가 되고, 연속형 확률변수인 경우에는

$$g(y_1, y_2) = f[w_1(y_1, y_2), w_2(y_1, y_2)]\,|J|$$

가 된다. 여기서 J는 자코비안으로서 행렬식

$$J = \begin{vmatrix} \dfrac{\partial x_1}{\partial y_1} & \dfrac{\partial x_1}{\partial y_2} \\ \dfrac{\partial x_2}{\partial y_1} & \dfrac{\partial x_2}{\partial y_2} \end{vmatrix}$$

은 나타낸다. 3변수 이상인 경우도 위와 동일한 방법으로 확장할 수 있다.

예제 6.14

주어진 변환 식의 자코비안을 구하여라.

(1) $x = ue^{v}, y = ue^{-v}$

(2) $x = u/v, y = v^2$

풀이

(1) $x = ue^{v}, y = ue^{-v}$

$$\frac{\partial(x,y)}{\partial(u,v)} = \begin{vmatrix} e^{v} & ue^{v} \\ e^{-v} & -ue^{-y} \end{vmatrix}$$

$$= -2u$$

(2) $x = \frac{u}{v}, y = v^2$

$$\frac{\partial(x,y)}{\partial(u,v)} = \begin{vmatrix} \frac{1}{v} & -\frac{u}{v^2} \\ 0 & 2v \end{vmatrix}$$

$$= 2$$

문제 6.17

주어진 변환 식의 자코비안을 구하여라.

(1) $x = 5u - v, y = u + 3v$

(2) $x = \dfrac{u}{u+v}, y = \dfrac{u}{u-v}$

(3) $x = uv,\ y = vw,\ z = uw$

예제 6.15

$X,\ Y$의 결합밀도함수

$$f(x,\ y) = \begin{cases} 24xy, & 0 \le x \le 1,\ 0 \le y \le 1,\ 0 \le x+y \le 1 \\ 0, & \text{기타} \end{cases}$$

일 때, $u = x,\ v = x + y$이라 하고

(1) $u,\ v$의 결합밀도함수 $g(u,\ v)$를 구하여라.

(2) v의 주변밀도함수 $g(v)$를 구하여라.

풀이

(1) $u=x,\ v=x+y$에서 $x=u,\ y=v-u,\ 0<u<v,\ 0<v<1,\ J=\begin{vmatrix} 1 & 0 \\ -1 & 1 \end{vmatrix}=1$

$$g(u,\ v)=f(u,\ v-u)|J|=24u(v-u),\ \ 0<u<v,\ 0<v<1$$

(2) $g(v)=\int_0^v 24u(v-u)du=4v^3, 0<v<1$

예제 6.16

$X,\ Y$가 서로 독립인 $N(0,\ 1)$일 때, 이들로부터 추출된 확률표본 $\dfrac{X}{Y}$의 확률밀도함수를 구하여라.

풀이

$f_X(x)=\dfrac{1}{\sqrt{2\pi}}e^{-x^2/2}, f_Y(y)=\dfrac{1}{\sqrt{2\pi}}e^{-y^2/2} \Rightarrow f(x,y)=\dfrac{1}{2\pi}e^{-(x^2+y^2)/2}$

Let $U=\dfrac{X}{Y}, V=Y \Rightarrow x=uv, y=v \Rightarrow J=\begin{vmatrix} \dfrac{\partial x}{\partial u} & \dfrac{\partial x}{\partial v} \\ \dfrac{\partial y}{\partial u} & \dfrac{\partial y}{\partial v} \end{vmatrix}=\begin{vmatrix} v & u \\ 0 & 1 \end{vmatrix}=v$

$\therefore g(u,v)=f(x,y)|J|]_{x=uv,y=v}=\dfrac{1}{2\pi}e^{-(u^2v^2+v^2)/2}|v|$

$\therefore h(u)=\int_{-\infty}^{\infty} e^{-(u^2+1)v^2/2}|v|dv=\dfrac{1}{\pi}\int_0^{\infty} e^{-(u^2+1)v^2/2}\cdot vdv$

$$(\text{Let } v^2/2=t \Rightarrow vdv=dt)$$

$\Rightarrow h(u)=\dfrac{1}{\pi}\int_0^{\infty} e^{-(u^2+1)t}dt=\dfrac{1}{\pi}\dfrac{-1}{(u^2+1)}\left[e^{-(u^2+1)t}\right]_0^{\infty}=\dfrac{1}{\pi(u^2+1)}$

문제 6.18

2변수의 확률변수 $(X,\ Y)$의 확률밀도함수가

$$f(x,\ y)=\frac{1}{2\pi}e^{-(1/2)(x^2+y^2)},\ -\infty<x,\ y<\infty$$

로 주어질 때, 다음 식으로 주어지는 확률변수 $(Z,\ W)$의 확률밀도함수를 구하여라.

$$Z=X+Y,\ W=X-Y$$

문제 6.19

$X,\ Y$가 독립이고, 각 확률밀도함수가

$$f_X(x)=e^{-x}(x>0),\ f_Y(y)=e^{-y}(y>0)$$

일 때 $Z=Y/X$의 확률밀도함수를 구하여라.

문제 6.20

X와 Y가 서로 독립이고 평균이 1인 지수분포 $f(x)=e^{-x}$를 따를 때 $f_{UV}(u,v)$와 $f_V(v)$, $f_u(u)$ 분포를 구하여라.

$$U=X+Y$$

$$V=X/(X+Y)$$

6.7 극좌표로 나타낸 반복적분

f를 폐영역 D에서 연속함수라 하자. $f(x,y)$를

$$f(r\cos\theta,\ r\sin\theta) = F(r,\ \theta)$$

와 같이 극좌표로 표시하면 D에서 f의 2중적분을 다음과 같이 쓸 수 있다.

$$\iint_{(D)} f(x,\ y)dA$$

또는

$$\iint_{(D)} F(r,\ \theta)dA \tag{1}$$

폐영역 $E = \{(r,\theta) \mid a \le r \le b,\ \alpha \le \theta \le \beta\}$ 는 D를 포함한다고 하자.

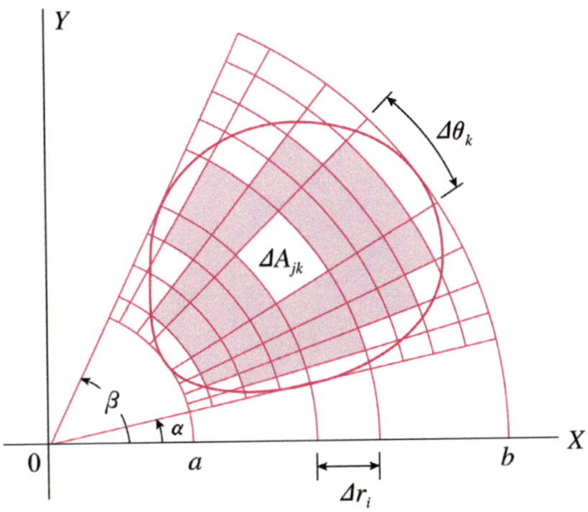

[그림 6.9]

이제 [a, b]의 분할 $P = \{r_0, \cdots, r_n\}$과 $[\alpha,\ \beta]$의 분할 $Q = \{\theta_0, \cdots, \theta_m\}$에 대하여 E를 mn개의 작은 영역 $E_{ik} = \{(r,\ \theta) \mid r_{i-1} \le r \le r_i,\ \theta_{k-1} \le \theta \le \theta_k\}$, $(i = 1, \cdots,\ n,$ $k = 1,\ \cdots,\ m)$로 나누고 (r'_i, θ'_k)을 E_{ik}의 임의이 점이라 하자. 만일 극한값

$$\lim_{n,m \to \infty} \sum_{i=1}^{n} \sum_{k=1}^{m} F(r_i', \ \theta_k') \Delta A_{ik} \tag{2}$$

가 존재하면 그것은 2중적분(1)과 같다. 즉

$$\iint_{(D)} F(r, \theta) dA = \operatorname{Lim}_{n,m \to \infty} \sum_{i=1}^{n} \sum_{k=2}^{m} F(r_i', \theta_k') \Delta A_{ik.}$$

여기서 ΔA_{ik}는 E_{ik}의 면적이며 총합은 물론 D의 내부와 주변전체에 걸쳐서 i 와 k 에 대하여 취한 것이다.

$$\Delta A_{ik} = \frac{1}{2}\left[(r_i + \Delta r_i)^2 - r_i{}^2\right] \Delta \theta_k$$

$$= (r_i + \frac{1}{2} \Delta r_i) \Delta r_i \Delta \theta_k$$

이므로 (2)에서의 r_i'을 $r_i + \frac{1}{2} \Delta r_i$ 로 취하면

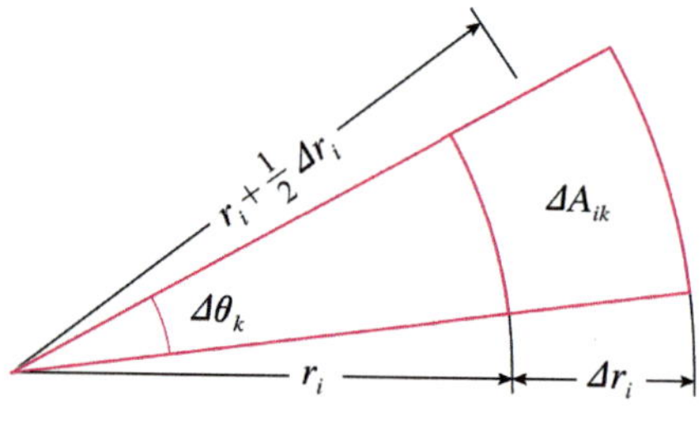

[그림 6.10]

$$\Delta A_{ik} = r_i' \Delta r_i \Delta \theta_k$$

가 되고

$$\iint_{(D)} F(r, \theta) dA = \int_{\alpha}^{\beta} \int_{r_1(\theta)}^{r_2(\theta)} F(r, \theta)\, r\, dr\, d\theta = \int_{\alpha}^{\beta} \int_{r_1(\theta)}^{r_2(\theta)} f(r\cos\theta, r\sin\theta) r dr d\theta$$

예제 6.17

원 $x^2+y^2=1, x^2+y^2=4$에 의해 둘러싸이고 x축 위쪽 반 평면에 있는 영역을 R이라 할 때 $\int\int_R (3x+4y^2)dxdy$를 계산하여라.

풀이

$$\int\int_R (3x+4y^2)dydx = \int_0^\pi \int_1^2 (3r\cos\theta + 4r^2\sin^2\theta\ )rdrd\theta = \int_0^\pi (7\cos\theta + 15\sin^2\theta)d\theta = \frac{15\pi}{2}$$

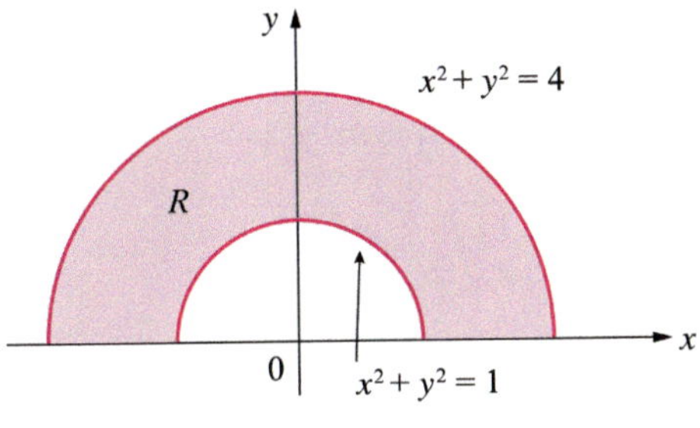

[그림 6.11]

예제 6.18

$x^2+y^2=1, x^2+y^2=9$로 둘러싸인 제1사분면 R에서 $\int\int_R e^{x^2+y^2}dxdy$를 구하여라.

풀이

적분영역 R을 극좌표로 변형하면

$$R' = \left\{(r,\theta)|1 \le r \le 3, 0 \le \theta \le \frac{\pi}{2}\right\}$$

이고 $dxdy = rdrd\theta, x^2+y^2=r^2$ 이므로

$$\int\int_R e^{x^2+y^2}dxdy = \int\int_{R'} e^{r^2}rdrd\theta = \frac{1}{2}\int_0^{\frac{\pi}{2}}\int_1^3 2re^{r^2}drd\theta = \frac{1}{2}\int_0^{\frac{\pi}{2}}(e^9-e)d\theta = \frac{\pi(e^9-e)}{4}$$

이다.

예제 6.19

정규분포 확률밀도함수 $f(x) = \dfrac{1}{\sqrt{2\pi}\,\sigma} e^{-(x-\mu)^2/2\sigma^2}$ 일 때, X는 정규분포를 따른다고 한다. $y = f(x)$ 아래의 면적이 1임을 보여라.

풀이

$I = \int_{-\infty}^{\infty} e^{-x^2} dx$ 이라면

$$I^2 = \int_{-\infty}^{\infty} e^{-x^2} dx \int_{-\infty}^{\infty} e^{-y^2} dy = \int_{-\infty}^{\infty}\int_{-\infty}^{\infty} e^{-(x^2+y^2)} dx dy$$

$x = r\cos\theta,\ y = r\sin\theta$인 극좌표로 변수변환하면

$$I^2 = \int_0^{2\pi} d\theta \int_0^{\infty} re^{-r^2} dr = -\frac{1}{2}\int_0^{2\pi} d\theta \int_0^{\infty} -2re^{-r^2} dr = -\frac{1}{2}\int_0^{2\pi} d\theta \left[e^{-r^2}\right]_0^{\infty} = \pi$$

따라서 $I = \int_{-\infty}^{\infty} e^{-x^2} dx = \sqrt{\pi}$

$y = \dfrac{x-\mu}{\sqrt{2}\,\sigma}$ 이라면, $dy = \dfrac{1}{\sqrt{2}\,\sigma} dx,\ dx = \sqrt{2}\,\sigma\, dy$ 에서

$$\int_{-\infty}^{\infty} \frac{1}{\sqrt{2\pi}\,\sigma} e^{-(x-\mu)^2/2\sigma^2} dx = \int_{-\infty}^{\infty} \frac{1}{\sqrt{\pi}} e^{-y^2} dy = \frac{1}{\sqrt{\pi}} \sqrt{\pi} = 1$$

따라서 $f(x)$는 확률밀도함수이다.

문제 6.21

극좌표계를 사용하여 이중적분을 계산하여라.

(1) R이 $x^2 + y^2 \le 9$일 때, $\iint_R \sqrt{x^2+y^2}\, dA$

(2) R이 $x^2 + y^2 \le 4$일 때, $\iint_R e^{-x^2-y^2} dA$

(3) R이 $r = 2 - \cos\theta$의 내부일 때, $\iint_R y dA$

(4) R이 $x^2 + y^2 = 9$의 내부일 때, $\iint_R (x^2+y^2) dA$

6.8 삼중적분

6.8.1 삼중적분

중적분의 개념을 삼중적분으로 일반화할 수 있다. 이제 $\mu = f(x, y, z)$가 공간상의 직육면체 B에서 x, y, z 각각에 대하여 연속이라 하자.

그리고 직육면체 $B = \{(x, y, z) | a \le x \le b, c \le y \le d, r \le z \le s\}$를 x, y, z축 방향으로 각각 l, m, n개로 분할하여 만들어지는 부분 직육면체를 $B_{ijk} = [x_{i-1}, x_i] \times [y_{j-1}, y_j] \times [z_{k-1}, z_k]$라고 하면 직육면체 B는 lmn개의 작은 직육면체들로 분할된다. (그림 6.12 참조)

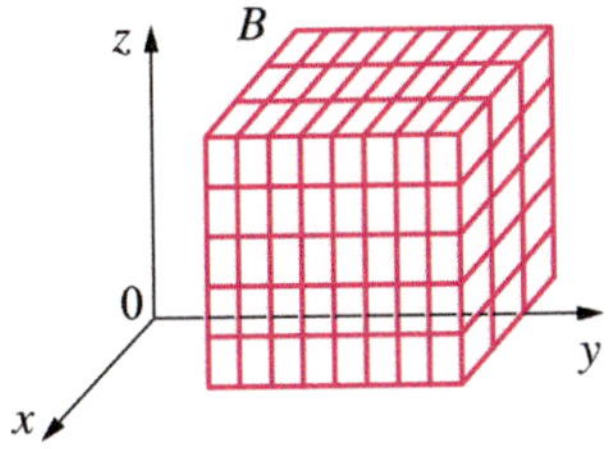

[그림 6.12(a)]

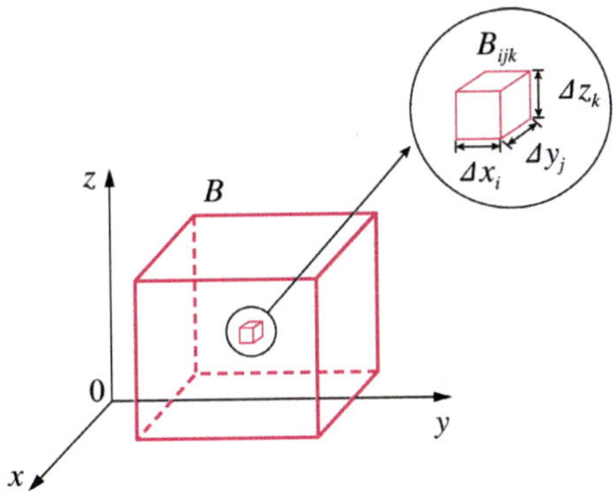

[그림 6.12(b)]

이 때, B_{ijk}의 부피는 $\triangle V_{ijk} = \triangle x_i \triangle y_j \triangle z_k$이다.

이제 B_{ijk} 내부의 임의의 점 $(x_{ijk}^*, y_{ijk}^*, z_{ijk}^*)$에 대한

$$\sum_{i=1}^{l} \sum_{j=1}^{m} \sum_{k=1}^{n} f(x_{ijk}^*, y_{ijk}^*, z_{ijk}^*) \triangle V$$

에 대하여 $l, m, n \to \infty$ 일 때, 유한 확정값에 수렴한다면 그 수렴값을 3중적분(triple integral)이라 한다. 즉,

$$\int\int\int_B f(x,y,z)dV = \int\int\int_B f(x,y,z)\,dxdydz$$

$$= \lim_{l,m,n\to\infty}\sum_{i=1}^{l}\sum_{j=1}^{m}\sum_{k=1}^{n} f(x_i{}^*, y_j{}^*, z_k{}^*)\Delta V_{ijk}$$

그리고 이러한 3중적분의 계산도 역시 2중적분의 계산 방법에 따른다.

중적분과 같이 삼중적분을 계산하는 실제적인 방법은 다음과 같이 삼중적분을 반복적분으로 표현하는 것이다.

> f가 $B=[a,\,b]\times[c,\,d]\times[r,\,s]$ 위에서 적분가능한 경우,
>
> $$\iiint_B f(x,\,y,\,z)dV = \int_r^s\int_c^d\int_a^b f(x,\,y,\,y)\,dx\,dy\,dz$$

예제 6.20

$B=\{(x,y,z)\mid 0\le x\le 1,\,-1\le y\le 2,\,0\le z\le 3\}$일 때 $\int\int\int_B xyz^2dxdydz$를 계산하여라.

풀이

$$\int_0^3\int_{-1}^2\int_0^1 xyz^2dxdydz = \int_0^3\int_{-1}^2\frac{1}{2}yz^2dydz = \int_0^3\frac{3z^2}{4}dz = \frac{27}{4}$$

예제 6.21

$Q=\{(x,y,z)|1\le x\le 2,\,0\le y\le 1,\,0\le z\le \pi\}$에서

삼중적분 $\int\int_Q\int 2xe^y\sin z\,dxdydz$을 계산하여라.

풀이

$$\int_0^\pi \int_0^1 \int_1^2 2xe^y \sin z dx dy dz = \int_0^\pi \int_0^1 x^2 e^y \sin z |_{x=1}^{x=2} dy dz = 3\int_0^\pi e^y \sin z |_{y=0}^{y=1} dz$$

$$= 3(e-1)\int_0^\pi \sin z dz = 3(e^1-1)(-\cos z)|_{z=0}^{z=\pi}$$

$$= 3(e-1)(-\cos\pi + \cos 0) = 6(e-1)$$

예제 6.22

다음 반복적분을 구하여라.

(1) $\int_0^2 \int_0^{z^2} \int_0^{y-z} (2x-y) dx\, dy\, dz$

(2) $\int_1^2 \int_0^{2z} \int_0^{\ln x} xe^{-y} dy\, dx\, dz$

풀이

(1) $$\int_0^2 \int_0^{z^2} \int_0^{y-z} (2x-y) dx\, dy\, dz = \int_0^2 \int_0^{z^2} [x^2 - xy]_{x=0}^{x=y-z} [(y-z)^2 - (y-z)y] dy dz$$

$$= \int_0^2 \int_0^{z^2} (z^2 - yz)\, dy dz = \int_0^2 \left[yz^2 - \frac{1}{2}y^2 z \right]_{y=0}^{y=z^2} dx$$

$$= \int_0^2 (z^4 - \frac{1}{2}z^5) dz = \left[\frac{1}{5}z^5 - \frac{1}{12}z^6 \right]_0^2 = \frac{32}{5} - \frac{64}{12} = \frac{16}{15}$$

(2) $$\int_1^2 \int_0^{2z} \int_0^{\ln x} xe^{-y} dy\, dx\, dz = \int_1^2 \int_0^{2z} [-xe^{-y}]_{y=0}^{y=\ln x} dx\ dz = \int_1^2 \int_0^{2z} (-xe^{-\ln x} + xe^0) dx\, dz$$

$$= \int_1^2 \int_0^{2z} (-1+x) dx\, dz = \int_1^2 \left[-x + \frac{1}{2}x^2 \right]_{x=0}^{x=2z} dz$$

$$= \int_1^2 (-2z + 2z^2) dz = \left[-z^2 + \frac{2}{3}z^3 \right]_1^2 = -4 + \frac{16}{3} + 1 - \frac{2}{3} = \frac{5}{3}$$

문제 6.22

적분값을 구하시오.

(1) $\int_0^1 \int_0^1 \int_0^1 (x^2 + y^2 + z^2)\, dzdydx$

(2) $\int_1^e \int_1^e \int_1^e \frac{1}{xyz} dxdydz$

(3) $\int_0^1 \int_0^\pi \int_0^\pi y\sin z\, dxdydz$

(4) $\int_0^3 \int_0^{\sqrt{9-x^2}} \int_0^{\sqrt{9-x^2}} dzdydx$

(5) $\int_0^1 \int_0^{2-x} \int_0^{2-x-y} dzdydx$

(6) $\int_0^\pi \int_0^\pi \int_0^\pi \cos(u+v+w)\, dudvdw$

(7) $\int_1^e \int_1^e \int_1^e \ln r \ln s \ln t\; dtdrds$

6.8.2 3차원 확률변수 (X, Y, Z)의 연속결합확률분포

분포함수 $F(x, y, z)$를 3차원 확률변수 (X, Y, Z)에 대하여

$$F(x, y, z) = P(X \le x,\ Y \le y, Z \le z) = \int_{-\infty}^{x} \int_{-\infty}^{y} \int_{-\infty}^{z} f(x, y, z) dzdydx$$

를 만족하는 음이 아닌 함수 $f(x, y, z)$가 존재할 때, 3차원 확률변수 (X, Y, Z)를 연속형 3차원 확률변수라 하고, 함수 $f(x, y, z)$를 (X, Y, Z)의 결합확률밀도함수라 한다.

연속형 확률변수 (X, Y, Z)에 대하여 다음과 같은 성질을 살펴볼 수 있다.

(1) $\int_{-\infty}^{\infty}\int_{-\infty}^{\infty}\int_{-\infty}^{\infty} f(x,y,z)dzdydx = 1$

(2) $F(x,y,z)$가 (x,y,z)에서 연속이면, $\dfrac{\partial^3 F(x,y,z)}{\partial x \partial y \partial z} = f(x,y,z)$이다.

(3) 연속확률변수 X와 Y와 Z에 대하여

$A = \{(x,y,z) | a \le x \le b, c \le y \le d, e \le z \le f\}$이라 할 때

$P[(X, Y, Z) \in A] = \int\int\int_A f(x,y,z)dzdydx = \int_a^b \int_c^d \int_e^f f(x,y,z)dzdydx$ 이다.

(4) $f_X(x) = \int_{\infty}^{\infty}\int_{-\infty}^{\infty} f(x,y,z)dzdy$와 $f_Y(y) = \int_{-\infty}^{\infty}\int_{\infty}^{\infty} f(x,y,z)dzdx$이고

$f_Z(z) = \int_{-\infty}^{\infty}\int_{\infty}^{\infty} f(x,y,z)dydx$ $f_X(x)$와 $f_Y(y)$와 $f_Z(z)$를 각각 X와 Y와 Z의 주변확률밀도함수라 한다.

(5) X와 Y의 주변분포함수(marginal distribution function)는 각각 다음과 같이 정의된다.

$$F_{XY}(x,y) = \int_{-\infty}^{x}\int_{-\infty}^{y} f_{XY}(x,y)dydx = \int_{-\infty}^{x}\int_{-\infty}^{y}\int_{-\infty}^{\infty} f(x,y,z)dzdydx$$

(6) X와 Z의 주변분포함수(marginal distribution function)는 각각 다음과 같이 정의된다.

$$F_{XZ}(x,z) = \int_{-\infty}^{x}\int_{-\infty}^{z} f_{XZ}(x,z)dzdx = \int_{-\infty}^{x}\int_{-\infty}^{z}\int_{-\infty}^{\infty} f(x,y,z)dydzdx$$

(7) Y와 Z의 주변분포함수(marginal distribution function)는 각각 다음과 같이 정의된다.

$$F_{YZ}(y,z) = \int_{-\infty}^{y}\int_{-\infty}^{z} f_{YZ}(y,z)dzdy = \int_{-\infty}^{y}\int_{-\infty}^{z}\int_{-\infty}^{\infty} f(x,y,z)dxdzdy$$

예제 6.23

확률변수들 $X,\ Y,\ Z$의 결합확률밀도함수가 아래와 같이 정의된다고 하자.

$$f(x, y, z) = \begin{cases} e^{-(x+y+z)}, & 0 < x, y, z < \infty \\ 0, & \text{기타} \end{cases}$$

(1) $(X,\ Y,\ Z)$의 결합분포함수 $F(x, y, z)$를 구하여라.

(2) $(X,\ Y)$의 결합밀도함수 $f_{XY}(x, y)$를 구하여라.

(3) $(X,\ Y)$의 주변분포함수 $F_{XY}(x, y)$를 구하여라.

풀이

(1) $$F(x,y,z) = \int_0^x \int_0^y \int_0^z f(x,y,z)dzdydx = \int_0^x \int_0^y \int_0^z e^{-x}e^{-y}e^{-z}dzdydx$$
$$= (1-e^{-x})(1-e^{-y})(1-e^{-z})$$

(2) $$f_{XY}(x,y) = \int_0^\infty e^{-x}e^{-y}e^{-z}dz = e^{-(x+y)}$$

(3) $$F_{XY}(x,y) = \int_0^x \int_0^y f_{XY}(x,y)dydx$$
$$= \int_0^x \int_0^y \int_0^\infty f(x, y, z)\, dzdydz = (1-e^{-x})(1-e^{-y})$$

문제 6.23

확률변수들 $X,\ Y,\ Z$의 결합확률밀도함수가 아래와 같이 정의된다고 하자.

$$f(x, y, z) = \begin{cases} e^{-(x+y+z)}, & 0 < x, y, z < \infty \\ 0, & \text{기타} \end{cases}$$

(1) $(X,\ Z)$의 결합밀도함수 $f_{XZ}(x, z)$를 구하여라.

(2) $(X,\ Z)$의 주변분포함수 $F_{XZ}(x, z)$를 구하여라.

(3) $(Y,\ Z)$의 주변분포함수 $F_{YZ}(y, z)$를 구하여라.

예제 6.24

확률변수들 $X,\ Y,\ Z$의 결합확률밀도함수가 아래와 같이 정의된다고 하자.

$$f(x,y,z)=\frac{x+y+1}{2},0<x<1,0<y<1,0<z<1$$

(1) $(X,\ Y)$의 주변확률밀도함수를 구하여라.

(2) $(X,\ Z)$의 주변확률밀도함수를 구하여라.

(3) Z의 확률밀도함수를 구하여라.

(4) X의 확률밀도함수를 구하여라.

풀이

(1) $f_{XY}(x,y)=\int_0^1 \frac{x+y+1}{2}dz=\frac{x+y+1}{2}$, $0<x<1,0<y<1$

(2) $f_{XZ}(x,z)=\int_0^1 \frac{x+y+1}{2}dy=\frac{2x+3}{4}$, $0<x<1,0<z<1$

(3) $f_Z(z)=\int_0^1 f(x,z)dx=\int_0^1 \frac{2x+3}{4}dx=1,\ 0<z<1$

(4) $f_X(x)=\int_0^1 f(x,z)dz=\int_0^1 \frac{2x+3}{4}dz=\frac{2x+3}{4},0<x<1$

문제 6.24

확률변수들 $X,\ Y,\ Z$의 결합확률밀도함수가 아래와 같이 정의된다고 하자.

$$f(x,y,z)=\frac{x+y+1}{2},0<x<1,0<y<1,0<z<1$$

(1) $(Y,\ Z)$의 주변확률밀도함수를 구하여라.

(2) $(X,\ Z)$의 주변분포함수를 구하여라.

(3) Y의 확률밀도함수를 구하여라.

(4) $X,\ Y,\ Z$는 독립인지를 판정하여라.

문제 6.25

X, Y, Z의 결합밀도 함수는 다음과 같다.

$$f(x,y,z) = \begin{cases} kxy^2z, 0 < x, y < 1, 0 < z < 2 \\ 0, \qquad\qquad \text{다른곳에서} \end{cases}$$

(1) k를 구하라.

(2) $P\left(X < \frac{1}{4},\ Y > \frac{1}{2},\ 1 < Z < 2\right)$를 구하라.

APPENDIX

확률응용을 위한 미분적분기초

A.1 미분기초

미분의 정의를 알아보고 미분을 계산할 때 가장 많이 사용되는 연쇄법칙을 적용하는 방법을 설명하고 양함수, 음함수, 역함수, 삼각함수, 지수, 로그함수 등의 미분방법을 살펴보도록 한다. 하나의 함수를 두 번 이상 미분하는 고계도 함수와 로피탈정리 등을 익히도록 한다.

A.1.1 미분계수와 도함수

$x=a$에서 $y=f(x)$의 미분은 $f'(a)$ 또는 $y'(a)$로 나타내고, 다음과 같이 정의한다.

$$f'(a)=\lim_{h\to 0}\frac{f(a+h)-f(a)}{h} \tag{1}$$

f가 a에서 $a+h$로 변하는 평균변화율은

$$\frac{\triangle y}{\triangle x}=\frac{f(a+h)-f(a)}{h}$$

기하학적으로 $y=f(x)$선의 점 $P(a,\ f(a))$와 $Q(a+h,\ f(a+h))$를 지나는 할선 PQ의 기울기다. $f'(a)$는 점 a에서의 f가 변하는 순간변화율(미분계수)이다. 기하학적으로, 미분계수 $f'(a)$는 Q가 P에 접근할 때 할선 PQ 기울기의 극한치이다. [그림 1.1]에서 PQ는 $P(a,\ f(a))$와 $Q(a+h,\ f(a+h))$를 지나는 할선이다. a에서 $a+h$로 변하는 평균변화율은 할선 PQ의 기울기인 $\frac{RQ}{PR}$와 같다. PT는 P에서 곡선의 접선이다. h가 0으로 가까워질 때, 점 Q는 곡선을 따라 P로 접근하고, PQ는 PT로 접근하고, PQ의 기울기는 PT로 접근한다. 이는 $f'(a)$와 같다.

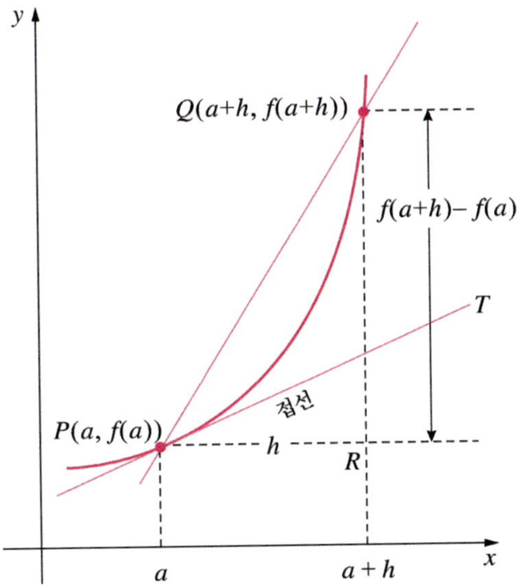

[그림 1.1]

예제 A.1

함수 $f(x)=x^2-3x$ 에서 x 의 값이 a 에서 $a+\triangle x$ 까지 변할 때의 평균변화율을 구하시오 (단, a 는 상수이다).

풀이

$$\frac{f(a+\triangle x)-f(a)}{(a+\triangle x)-a}=\frac{(a+\triangle x)^2-3(a+\triangle x)-(a^2-3a)}{\triangle x}$$

$$=\frac{\triangle x(\triangle x+2a-3)}{\triangle x}=2a-3+\triangle x$$

예제 A.2

함수 $f(x)=x^3+3x^2-x+2$ 에서 x 의 값이 -1 에서 2까지 변할 때의 평균변화율과 x 의 값이 2에서 순간변화율을 구하여라.

풀이

$$\frac{\triangle y}{\triangle x}=\frac{f(2)-f(-1)}{2-(-1)}=\frac{(8+12-2+2)-(-1+3+1+2)}{3}=\frac{20-5}{3}=\frac{15}{3}=5$$

$$f'(2)=\lim_{h\to 0}\frac{f(2+h)-f(2)}{h}=\lim_{h\to 0}\frac{(2+h)^3+3(2+h)^2-(2+h)+2-(8+12-2+2)}{h}$$
$$=\lim_{h\to 0}(h^3+9h^2+23h)/h=\lim_{h\to 0}(h^2+9h+23)=23$$

이 도함수를, f의 정의역과 각 점에서 극한을 고려함으로써 f로부터 유도된함수로 생각하고 다음과 같이 도함수를 정의한다. 변수 x에 관한 함수 $f(x)$의 도함수는

$$f'(x)=\lim_{h\to 0}\frac{f(x+h)-f(x)}{h}$$

로 주어지는 함수 f'이다. 이 미분을 $f'(x)$, y', $\frac{dy}{dx}$ 또는 $D_x y$로 나타낸다.

예제 A.3

다음 함수를 정의에 의해 미분하여라.

(1) $y=1-x^2$

(2) $f(x)=\frac{1}{x^2}$

(3) $y=\frac{3x}{x+1}$

(4) $f(x)=\sqrt{x^2+1}$

풀이

(1) $$f'(x)=\lim_{h\to 0}\frac{f(x+h)-f(x)}{h}=\lim_{h\to 0}\frac{1-(x+h)^2-[1-x^2]}{h}$$
$$=\lim_{h\to 0}\frac{1-x^2-2xh-h^2-1+x^2}{h}=\lim_{h\to 0}(-2x-h)=-2x$$

(2) $$f'(x)=\lim_{h\to 0}\frac{f(x+h)-f(x)}{h}=\lim_{h\to 0}\frac{\left[\frac{1}{(x+h)^2}-\frac{1}{x^2}\right]\cdot x^2(x+h)^2}{h\cdot x^2(x+h)^2}$$
$$=\lim_{h\to 0}\frac{-2xh-h^2}{h\cdot x^2(x+h)^2}=\lim_{h\to 0}\frac{-2x-h}{x^2(x+h)^2}=\frac{-2x}{x^2(x)^2}=\frac{-2}{x^3}$$

(3) $f'(x)=\lim_{h\to 0}\frac{f(x+h)-f(x)}{h}=\lim_{h\to 0}\frac{\left(\frac{3(x+h)}{x+h+1}-\frac{3x}{x+1}\right)\cdot(x+h+1)(x+1)}{h\cdot(x+h+1)(x+1)}$

$=\lim_{h\to 0}\frac{3(x+h)(x+1)-3x(x+h+1)}{h\cdot(x+h+1)(x+1)}=\lim_{h\to 0}\frac{3x^2+3x+3xh+3h-3x^2-3xh-3x}{h\cdot(x+h+1)(x+1)}$

$=\lim_{h\to 0}\frac{3h}{h\cdot(x+h+1)(x+1)}=\lim_{h\to 0}\frac{3}{(x+h+1)(x+1)}=\frac{3}{(x+1)^2}$

(4) $f'(x)=\lim_{h\to 0}\frac{f(x+h)-f(x)}{h}$

$=\lim_{h\to 0}\frac{(\sqrt{(x+h)^2+1}-\sqrt{x^2+1})\cdot(\sqrt{(x+h)^2+1}+\sqrt{x^2+1})}{h\cdot(\sqrt{(x+h)^2+1}+\sqrt{x^2+1})}$

$=\lim_{h\to 0}\frac{(x+h)^2+1-(x^2+1)}{h\cdot(\sqrt{(x+h)^2+1}+\sqrt{x^2+1})}=\lim_{h\to 0}\frac{2x+h}{2\sqrt{x^2+1}}$

$=\frac{2x}{2\sqrt{x^2+1}}=\frac{x}{\sqrt{x^2+1}}$

연습문제 A.1

1. 주어진 구간에서 각 함수의 평균 변화율을 구하여라.

   (1) $f(x) = x^2 + 2x$ [2,4]

   (2) $f(x) = x^3$ [1,3]

   (3) $f(x) = \sqrt{2x-1}$ [1,5]

   (4) $f(x) = \log x$ [1,10]

   (5) $f(x) = \dfrac{1}{x}$ $[a,\ a+h]$

   (6) $f(x) = \sin x + \cos x$ $\left[-\dfrac{\pi}{6}, \dfrac{\pi}{3}\right]$

2. (a) 다음 방법을 사용하여 주어진 점에서 기울기를 구하여라.

$$f'(a) = \lim_{h \to 0} \frac{f(a+h) - f(a)}{h}$$

   (b) $y - y_1 = m(x - x_1)$ 형식의 접선의 방정식을 구하여라. $(m = f'(x_1))$

   (1) $f(x) = x^2 + 2x,\ (1,3)$

   (2) $f(x) = \dfrac{1}{x+1},\ \left(1, \dfrac{1}{2}\right)$

   (3) $f(x) = \sqrt{x-2},\ (6,2)$

3. 함수 $f(x) = x^2 - 6x$가 $x = 2$에서 미분계수와 접선을 구하여라.

4. 함수 $f(x) = x^2 + 1$이 구간 $[1,\ 3]$에서 평균변화율을 구하여라.

A.1.2 다항식, 곱과 나눗셈에 대한 미분

이 단원에서는 여러 함수들을 미분할 수 있는 몇 가지 공식을 설명한다. 이 공식들을 설명함으로써 도함수의 정의를 사용하지 않고 함수를 미분할 수 있다. 미분의 첫 번째 공식은 모든 상수함수의 도함수는 0이다.

▪ 상수함수의 도함수

f가 상수값 $f(x)=c$를 갖는다면 도함수는 다음과 같다.

$$\frac{df(x)}{dx}=\frac{d}{dx}(c)=0$$

예제 A.4

(1) $y=7$

(2) $y=100$

(3) $y=k$

풀이

(1) $y=0$

(2) $y=0$

(3) $y=0$

두 번째 공식은 n이 양의 정수일 때 x^n을 어떻게 미분할 수 있는가를 보여준다.

▪ 실수에 대한 거듭제곱공식

n이 정수이면, 다음 공식이 미분공식이다.

$$\frac{dx^n}{dx}=nx^{n-1}$$

예제 1.1

다음 함수를 미분하시오.

(1) $y = x^3$

(2) $y = \dfrac{1}{x^4}$

(3) $y = x^{\frac{2}{3}}$

(4) $y = x^{\sqrt{2}}$

풀이

(1) $y = 3x^2$

(2) $y = -4x^{-5}$

(3) $y = \dfrac{2}{3}x^{-\frac{1}{3}}$

(4) $y = \sqrt{2}\,x^{\sqrt{2}-1}$

세 번째 공식은 미분 가능한 함수에 상수가 곱해지면, 이것의 도함수에 상수가 곱해진다.

■ 상수배 공식

$f(x)$가 미분가능한 함수이고, c는 상수라면, 다음 식이 성립한다.

$$\frac{d}{dx}(cf(x)) = cf'(x)$$

예제 A.6

다음 함수를 미분하여라.

(1) $y = 3x^2$

(2) $y = -4x^{-\frac{1}{2}}$

풀이

(1) $y' = 3(2x) = 6x$

(2) $y' = -4\left(-\dfrac{1}{2}\right)x^{-\frac{1}{2}-1} = 2x^{-\frac{3}{2}}$

다음 공식은 2개의 미분 가능한 함수들의 합·차의 도함수는 그들의 도함수의 합·차임을 말한다.

■ 도함수의 합 · 차의 공식

$$\frac{d}{dx}(f(x) \pm g(x)) = \frac{d}{dx}f(x) \pm \frac{d}{dx}g(x) = f'(x) \pm g'(x)$$

예제 A.7

다음 함수를 미분하여라.

(1) $y = x^3 + \frac{4}{3}x^2 - 5x$

(2) $y = 3x^3 - 6x^{\frac{1}{2}} + 4$

풀이

(1) $y' = 3x^2 + \frac{4}{3}(2x) - 5$

$= 3x^2 + \frac{8}{3}x - 5$

(2) $y' = 3(3x^2) - 6\left(\frac{1}{2}x^{-\frac{1}{2}}\right)$

$= 9x^2 - 3x^{-\frac{1}{2}}$

예제 A.8

주어진 점에서 다음 함수의 접선의 방정식을 구하여라.

(1) $y = x^3 - 2x^2 + x - 4, \quad (2, -2)$

(2) $y = \frac{3}{4}x^2 - \frac{2}{4}, \quad \left(2, \frac{5}{2}\right)$

(3) $y = 4\sqrt{x} - \frac{1}{x}, \quad (1, 3)$

(4) $y = \frac{8}{x^2} + \frac{2}{\sqrt{x}}, \quad \left(4, \frac{3}{2}\right)$

풀이

(1) $y' = 3x^2 - 4x + 1$

$f'(2) = 12 - 8 + 1 = 5$

$\therefore y + 2 = 5(x - 2)$

(2) $y = \frac{3}{4}x^2 - \frac{2}{4}$

$y' = \frac{3}{2}x$

$y'(2) = 3 \qquad \therefore y - \frac{5}{2} = 3(x - 2)$

(3) $f'(x) = 4 \cdot \frac{1}{2\sqrt{x}} + \frac{1}{x^2} = \frac{2}{\sqrt{x}} + \frac{1}{x^2}$

$f'(1) = 3$

$\therefore y - 3 = 3(x - 1)$

(4) $g(x) = 8x^{-2} + 2x^{-1/2}$

$g'(x) = -16x^{-3} - x^{-3/2} = \frac{-16}{x^3} - \frac{1}{x\sqrt{x}}$

$g'(4) = -\frac{16}{64} - \frac{1}{4\sqrt{4}} = -\frac{1}{4} - \frac{1}{8} = -\frac{3}{8}$

$\therefore y - \frac{3}{2} = -\frac{3}{8}(x - 4)$

두함수의 곱의 도함수는 각각의 도함수의 곱이 아니다.

■ 도함수 곱의 공식

$f(x)$와 $g(x)$가 x에 대하여 미분가능하고 $f(x)g(x)$도 미분가능하다면

$$\frac{d}{dx}(f(x) \cdot g(x)) = f'(x)g(x) + f(x)g'(x)$$

예제 A.9

$f(x)=(2x^4-3x+5)\left(x^2-\sqrt{x}+\dfrac{2}{x}\right)$일 때 $f'(x)$를 구하라.

풀이

식을 전개해서 미분할 수도 있고 곱의 법칙을 이용할 수 도 있다. 곱의 법칙을 이용하면

$$f'(x)=\frac{d}{dx}(2x^4-3x+5)\left(x^2-\sqrt{x}+\frac{2}{x}\right)+(2x^4-3x+5)\frac{d}{dx}\left(x^2-\sqrt{x}+\frac{2}{x}\right)$$

$$=(8x^3-3)\left(x^2-\sqrt{x}+\frac{2}{x}\right)+(2x^4-3x+5)\left(2x-\frac{1}{2\sqrt{x}}-\frac{2}{x^2}\right)$$

예제 A.10

함수 $y=(x^2-2)(x^2-3x-1)$에서 $x=-1$의 접선의 방정식을 구하여라.

풀이

$f(-1)=(1-2)(1+3-1)=-3 \quad \Rightarrow \quad \therefore(-1,\ -3)$

$y'=(2x)(x^2-3x-1)+(x^2-2)(2x-3)$

$f'(-1)=-2(1+3-1)+(1-2)(-2-3)=-2(3)+(-1)(-5)=-1$

$\therefore y+3=-(x+1)$

▪ 도함수 몫의 공식

다음 정리는 미분가능한 두 함수의 몫의 도함수를 구하는 일반적인 법칙이다.

f와 g가 x에서 미분가능하고, $\dfrac{f}{g}$도 미분가능하면

$$\frac{d}{dx}\left(\frac{f(x)}{g(x)}\right)=\frac{f'(x)g(x)-f(x)g'(x)}{g^2(x)}$$

예제 A.11

다음 함수를 미분하여라.

(1) $y=\dfrac{2x-1}{x+2}$ (2) $y=\dfrac{x^2}{\sqrt{x}-2}$

풀이

(1) $$y'=\frac{2(x+2)-(2x-1)\cdot 1}{(x+2)^2}=\frac{2x+4-2x+1}{(x+2)^2}=\frac{5}{(x+2)^2}$$

(2) $$y'=\frac{2x(\sqrt{x}-2)-x^2\cdot\dfrac{1}{2\sqrt{x}}}{(\sqrt{x}-2)^2}=\frac{\left[2x\sqrt{x}-4x-\dfrac{x^2}{2\sqrt{x}}\right]\cdot 2\sqrt{x}}{(\sqrt{x}-2)^2\cdot 2\sqrt{x}}$$

$$=\frac{4x^2-8x\sqrt{x}-x^2}{2(\sqrt{x}-2)^2\cdot\sqrt{x}}=\frac{3x^2-8x\sqrt{x}}{2(\sqrt{x}-2)^2\sqrt{x}}$$

예제 A.12

함수 $y=\dfrac{x}{\sqrt{x}-3}$ 에서 $x=4$ 의 법선의 방정식을 구하여라.

풀이

$$f(4)=\frac{4}{2-3}=-4 \quad\Rightarrow\quad (4,\ -4)$$

$$y'=\frac{1\cdot(\sqrt{x}-3)-x\cdot\dfrac{1}{2\sqrt{x}}}{(\sqrt{x}-3)^2}$$

$$f'(4)=\frac{-1-1}{1}=-2$$

법선의 방정식은 접선에 수직인 직선이다. 즉, $y+4=\dfrac{1}{2}(x-4)$

■ 고계 도함수

도함수를 알고 있으면 도함수의 도함수를 계산할 수 있다. 이러한 고계 도함수는 중요하게 응용된다.

함수 $f(x)$가 주어지고 도함수 $f'(x)$를 계산했다고 하자. 그러면 $f'(x)$의 도함수를 계산할 수 있다. 이것을 f의 2계 도함수라 하고 $f''(x)$라 나타낸다. 이 $f''(x)$의 도함수를 다시 계산할 수 있는데 이것을 f의 3계 도함수라고 하고 $f'''(x)$라 나타낸다. 이러한 과정을 반복할 수 있다. 아래의 표는 f의 n계 도함수까지 흔히 쓰이는 기호를 나타낸 것이다.

$$y' = \frac{dy}{dx}, \qquad y'' = \frac{dy'}{dx} = \frac{d}{dx}\left(\frac{dy}{dx}\right) = \frac{d^2y}{dx^2}$$

$$y''' = \frac{dy''}{dx} = \frac{d}{dx}\left(\frac{d^2y}{dx^2}\right) = \frac{d^3y}{dx^3}, \qquad y^{(4)} = \frac{dy'''}{dx} = \frac{d}{dx}\left(\frac{d^3y}{dx^3}\right) = \frac{d^4y}{dx^4}$$

$$\vdots$$

$$y^{(n)} = \frac{dy^{(n-1)}}{dx} = \frac{d}{dx}\left(\frac{d^{n-1}y}{dx^{n-1}}\right) = \frac{d^ny}{dx^n}$$

고계 도함수의 계산은 1계 도함수를 계산하는 것과 같은 방법으로 한다. 다음 예제에서 알아보자.

예제 A.13

$f(x) = 3x^4 - 2x^2 + 1$의 도함수 $f'(x), f''(x), f'''(x), f''''(x), f^{(5)}(x)$를 구하라.

풀이

1계 도함수를 구하면

$$f'(x) = \frac{df}{dx} = \frac{d}{dx}(3x^4 - 2x^2 + 1) = 12x^3 - 4x$$

이다. 더 미분하면

$$f''(x)=\frac{d^2f}{dx^2}=\frac{d}{dx}(12x^3-4x)=36x^2-4, \quad f'''(x)=\frac{d^3f}{dx^3}=\frac{d}{dx}(36x^2-4)=72x$$

$$f^{(4)}(x)=\frac{d^4f}{dx^4}=\frac{d}{dx}(72x)=72, \qquad f^{(5)}(x)=\frac{d^5f}{dx^5}=\frac{d}{dx}(72)=0$$

예제 A.14

다음을 각각 구하여라.

(1) 함수 $G(x)=x\,f(x^2)$에서 $\dfrac{d^2G(x)}{dx^2}$을 구하여라.

(2) $f(2)=-1,\ f'(2)=-2,\ f''(2)=3$
$F(x)=[\,f(x)\,]^2$에서 $F''(2)$의 값은?

풀이

(1) $G'(x)=f(x^2)+x\,f'(x^2)\cdot 2x=f(x^2)+2x^2f'(x^2)$
$G''(x)=f'(x^2)\cdot 2x+4x\,f'(x^2)+2x^2f''(x^2)\cdot 2x=6xf'(x^2)+4x^3f''(x^2)$

(2) $F'(x)=2[f(x)]\cdot f'(x)$
$F''(x)=2f'(x)f'(x)+2f(x)f''(x)$
$F''(2)=2f'(2)f'(2)+2f(2)f''(2)=2(-2)(-2)+2(-1)(3)=2$

연습문제 1.2

1. 다음 각 함수를 정의에 의해 미분하여라.

(1) $f(x) = x^3 - 2x$

(2) $y = x^4$

(3) $f(x) = \dfrac{1}{\sqrt{x}}$

(4) $f(x) = \dfrac{1}{x^2 + 1}$

2. 미분하여라.

(1) $y = 0$

(2) $y = -3x^4 + \dfrac{1}{2}x + \pi$

(3) $f(x) = 1 - \dfrac{x}{15} + \dfrac{x^3}{15} - \dfrac{x^5}{15}$

(4) $y = \dfrac{2 - \sqrt{x}}{3}$

(5) $g(x) = \dfrac{3}{\sqrt[3]{x^2}} - \dfrac{2}{\sqrt{x^3}}$

(6) $y = \dfrac{3x^4 + 2x^2 - 1}{x^3}$

(7) $y = \dfrac{3x^{-3} + 2x^{-1} - 1}{x^{-2}}$

(8) $f(x) = \sqrt{x^3}(x - 3x^2)$

연습문제 1.2

3. 미분하시오.

(1) $y = (3x^2 + 2)(2x^3 - 1)$

(2) $y = (x^2 - 2)(3x^2 - 2x)$

(3) $y = (2x - 1)\sqrt{x}$

(4) $y = (3 - 2x)\sqrt{x}$

4. 다음 함수를 미분하여라.

(1) $y = \dfrac{1 + 3x}{2x - 1}$

(2) $y = \dfrac{x}{x^2 + 1}$

(3) $y = \dfrac{\sqrt{x} - 3}{\sqrt{x} + 3}$

5. 다음 함수의 이계도함수를 구하여라.

(1) $f(x) = x^4 + 3x^2 - 2$

(2) $f(x) = x^3 - 6x + \dfrac{2}{x}$

A.1.3 연쇄법칙과 음함수 미분

(1) 연쇄법칙

$y=f(\mu)=\tan\mu$와 $\mu=g(x)=x^2-4x+1$를 미분할 수 있지만, $F(x)=f(g(x))$ $=\tan(x^2-4x+1)$와 같은 합성함수는 어떻게 미분할 것인가? 즉, $F=f\circ g$의 도함수를 구하는 방법인 연쇄법칙을 이용해 구한다.

연쇄법칙은 가장 중요하고 널리 이용되는 미분법중의 하나이다. 이 절에서 이 법칙을 설명하고 어떻게 이용하는지를 설명한다.

■ **연쇄법칙**

$f(\mu)$가 점 $\mu=g(x)$에서 미분가능하고, $g(x)$가 x에서 미분가능하면, 합성함수 $(f\circ g)(x)=f(g(x))$는 x에서 미분가능하면, $\frac{d}{dx}[f(g(x))]=f'(g(x))g'(x)$이다.

연쇄법칙을 라이프니쯔 기호로 표현하는 것이 도움이 될 경우가 많다. $y=f(\mu)$이고 $\mu=g(x)$라 하면 $y=f(g(x))$이고 연쇄법칙은

$$\frac{dy}{dx}=\frac{dy}{d\mu}\frac{d\mu}{dx}$$

로 나타낼 수 있다.

예제 A.15

다음 함수를 미분하여라.

(1) $y=(2x^2-1)^{13}$

(2) $y=\sqrt[3]{(x^2-1)^2}$

풀이

(1) $y'=13(2x^2-1)^{12}\cdot 4x=52(2x^2-1)^{12}$

(2) $y=(x^2-1)^{\frac{2}{3}}$

$$y'=\frac{2}{3}(x^2-1)^{-\frac{1}{3}}\cdot 2x=\frac{4x}{3(x^2-1)^{1/3}}$$

예제 A.16

다음 함수를 미분하시오.

(1) $y=\dfrac{1}{(2-3x)^4}$

(2) $y=(2-5x)^4(3x^2+1)^3$

(3) $y=\dfrac{1-2x}{\sqrt{4x+1}}$

(4) $y=\left(\dfrac{x+2}{2x-1}\right)^5$

풀이

(1) $y=(2-3x)^{-4}$

$$y'=-4x(2-3x)^{-5}\cdot(-3)=\frac{12}{(2-3x)^5}$$

(2)
$$\begin{aligned}y'&=4(2-5x)^3(-5)(3x^2+1)^3+(2-5x)^4\cdot 3(3x^2+1)^2\cdot 6x\\&=-20(2-5x)^3(3x^2+1)^3+18x(2-5x)^4(3x^2+1)^2\\&=2(2-5x)^2(3x^2+1)^2[-10(3x^2+1)+9x(2-5x)]\\&=2(2-5x)^3(3x^2+1)^2(-30x^2-10+18x-45x^2)\\&=2(2-5x)^3(3x^2+1)^2(-75x^2+18x-10)\end{aligned}$$

(3)
$$y'=\frac{-2\sqrt{4x+1}-(1-2x)\cdot\dfrac{1}{2\sqrt{4x+1}}\cdot 4}{4x+1}=\frac{\left[-2\sqrt{4x+1}-\dfrac{2(1-2x)}{\sqrt{4x+1}}\right]\cdot\sqrt{4x+1}}{(4x+1)\cdot\sqrt{4x+1}}$$
$$=\frac{-2(4x+1)-2(1-2x)}{(4x+1)\sqrt{4x+1}}=\frac{-4x-4}{(4x+1)\sqrt{4x+1}}$$

(4)
$$y'=5\left(\frac{x+2}{2x-1}\right)^4\frac{1\cdot(2x-1)-(x-2)2}{(2x-1)^2}=\left(\frac{x+2}{2x-1}\right)^4\cdot\frac{-25}{(2x-1)^2}$$

(2) 음함수 미분

지금까지 우리가 다루었던 대부분의 함수는 y가 변수 x의 구체적인 식으로 표현되는 $y=f(x)$의 꼴이었고, 이러한 함수들의 미분법에 대해서 배웠다. 여기서는 다음과 같은 형태의 방정식으로 주어지는 경우에 대해서 미분법을 생각해 보자.

$$x^2+y^2-9=0, \qquad y^2=4x, \qquad \cos(xy)=y^2-5$$

이와 같은 방정식들을 변수 x와 y의 음함수(implicit)라고 부른다. 이렇게 정의되는 음함수 중에서는 y가 x의 하나 또는 2개 이상의 구체적인 식으로 표현되는 것들도 있을 수 있다. 식 $F(x, y)=0$을 보통의 방법으로 미분할 수 있는 $y=f(x)$의 꼴로 표현할 수 없는 경우라고 해도 우리는 음함수의 미분법(implicit differentiation)을 이용하여 dy/dx를 구할 수 있다. 이는 양변을 각각 x에 대하여 미분한 다음 그 결과를 y'에 대하여 정리하는 단계를 거쳐서 구할 수 있다. 이 절에서는 음함수의 미분법을 소개한다. 예를 통해 음함수를 미분해보자.

예제 A.17

$x^2+y^2=25$일 때 x에 대해 미분 함수를 구하여라.

풀이

dy/dx를 구하기 위해서 음함수의 미분법을 이용해보자. $x^2+y^2=25$에서 y가 x에 대해 미분 가능한 함수 $y=f(x)$라고 간주하고 양변을 그대로 x에 대해 미분하면 된다.

$$x^2+y^2=25$$

$$2x+2yy'=0$$

$$2yy'=-2x$$

$$y'=-\frac{x}{y}$$

예제 A.18

다음 함수의 y'을 구하여라.

(1) $x^2 - xy + y^2 = 6$ (ellipse)

(2) $2x^3 - y^3 = xy^2$

풀이

(1) $\dfrac{d}{dx}(x^2 - xy + y^2) = \dfrac{d}{dx}(6)$

$2x - (1 \cdot y + x \cdot y') + 2y \cdot y' = 0$

$2x - y - xy' + 2yy' = 0$

$y'(2y - x) = y - 2x$

$\therefore \dfrac{dy}{dx} = \dfrac{y - 2x}{2y - x}$

(2) $\dfrac{d}{dx}(2x^3 - y^3) = \dfrac{d}{dx}(xy^2)$

$6x^2 - 3y^2 \cdot y' = 1 \cdot y^2 + x \cdot 2y \cdot y'$

$6x^2 - y^2 = 2xyy' + 3y^2y'$

$6x^2 - y^2 = y'(2xy + 3y^2)$

$\therefore \dfrac{dy}{dx} = \dfrac{6x^2 - y^2}{y(2x + 3y)}$

예제 A.19

주어진 점에서 접선의 방정식을 구하여라.

(1) $x^2y - x^3 - 4y^3 + 8 = 0$, $(2, 1)$

(2) $x = y^2\sqrt{y-1}$, $(4, 2)$

풀이

(1) $2xy + x^2y' - 3x^2 - 12y^2y' = 0$

점 $(2, 1)$ 에서, $4 + 4y' - 3(4) - 12y' = 0$, $-8 - 8y' = 0$

$y' = -1$, $\therefore \left.\dfrac{dy}{dx}\right|_{(2,\,1)} = -1$

$y - 1 = -1(x - 2)$

(2) $1 = 2yy'\sqrt{y-1} + y^2 \cdot \dfrac{1}{2\sqrt{y-1}} \cdot y'$

점 $(4, 2)$ 에서, $1 = 4y' + 4 \cdot \dfrac{1}{2} \cdot y'$, $1 = 6y'$, $y' = \dfrac{1}{6}$

$\therefore \left.\dfrac{dy}{dx}\right|_{(4,\,2)} = \dfrac{1}{6}$

$y - 2 = \dfrac{1}{6}(x - 4)$

연습문제 1.3

1. 다음 함수를 미분하여라.

(1) $y = (3x^2 - \sqrt{x})^4$

(2) $y = 5(x^2 + 4x - 1)^6$

(3) $y = 3x^3(2x + 3)^4$

(4) $y = \dfrac{(x+1)^2}{(2x+1)^3}$

2. 함수 $y = \dfrac{2}{(3x-2)^2}$ 에서 $x = 1$ 의 접선의 방정식은?

3. 다음 함수를 미분하시오.

(1) $y = [f(x)]^3$

(2) $y = [f(x^3)]^3$

(3) $y = \dfrac{1}{\sqrt{f(x)}}$

(4) $y = 3[f(x^2) + 2x]^4$

4. 다음 음함수를 미분하시오.

(1) $x^3 - 2xy + y^3 = 0$

(2) $x^2y^3 - x^3y^2 = -5$

A.1.4 삼각함수, 지수, log함수 미분법

정보를 얻기를 원하는 많은 현상은 주기적이다. 예를 들어, 전기 자기장 분야, 심장의 박동, 바다의 조수, 날씨 등이 그렇다. 사인과 코사인의 도함수는 주기의 변화를 서술하는데 중요한 역할을 한다. 이 절에서는 여섯 가지의 기본적인 삼각함수를 어떻게 미분하지를 보인다. 응용면에서 가장 흔히 만나는 함수 지수함수와 로그함수의 미분을 연구한다.

(1) 삼각함수의 미분

$$\frac{d}{dx}(\sin x) = \cos x \qquad \frac{d}{dx}(\tan x) = \sec^2 x$$

$$\frac{d}{dx}(\sec x) = \sec x \tan x \qquad \frac{d}{dx}(\cos x) = -\sin x$$

$$\frac{d}{dx}(\cot x) = -\csc^2 x \qquad \frac{d}{dx}(\csc x) = -\csc x \cot x$$

예제 A.20

다음 삼각함수를 미분하여라.

(1) $y = \sin 4x$

(2) $y = -\frac{1}{2}\sin(x^2)$

(3) $y = 2\cos(\sqrt{x-1})$

(4) $y = \tan(3x)$

(5) $y = \tan(ax^2 + b)$

(6) $y = -\frac{1}{5}\csc(5x)$

풀이

(1) $y' = \cos(4x) \cdot 4 = 4\cos 4x$

(2) $y' = -\frac{1}{2}\cos(x^2) \cdot 2x = -x\cos(x^2)$

(3) $y' = -2\sin(\sqrt{x-1}) \cdot \frac{1}{2\sqrt{x-1}} \cdot 1 = \frac{-\sin(\sqrt{x-1})}{\sqrt{x-1}}$

(4) $y' = \sec^2(3x) \cdot 3 = 3\sec^2(3x)$

(5) $y' = \sec^2(ax^2+b) \cdot 2ax = 2ax\sec^2(ax^2+b)$

(6) $y' = \frac{1}{5}\csc(5x)\cot(5x) \cdot 5 = \csc(5x)\cot(5x)$

예제 A.21

다음 함수를 미분하여라.

(1) $y = (\sin x - \cos x)^4$

(2) $y = 3\cos^2(x^2)$

(3) $y = 2\sec^3(\sqrt[3]{x})$

(4) $y = \sin^3(2x) + \cos^3(2x)$

풀이

(1) $y' = 4(\sin x - \cos x)^3(\cos x + \sin x)$

(2) $y = 3[\cos(x^2)]^2$

$y' = 6[\cos(x^2)] \cdot (-\sin(x^2)) \cdot 2x = -12x\cos(x^2)\sin(x^2)$

(3) $y = 2[\sec(x^{1/3})]^3$

$y' = 6[\sec(x^{1/3})]^2 \cdot \sec(x^{1/3})\tan(x^{1/3}) \cdot \frac{1}{3}x^{-2/3} = 2x^{-2/3}\sec^3(x^{1/3})\tan(x^{1/3})$

(4) $y = [\sin(2x)]^3 + [\cos(2x)]^3$

$y' = 3[\sin(2x)]^2 \cdot \cos(2x) \cdot 2 + 3[\cos(2x)]^2 \cdot (-\sin(2x)) \cdot 2$

$= 6\sin^2(2x)\cos(2x) - 6\cos^2(2x)\sin(2x)$

예제 A.22

다음 삼각함수를 각각 미분하시오.

(1) $y = x\sin x$

(2) $y = 3x\sqrt{\csc x}$

(3) $y = \sin 4x\cos^2 x$

(4) $y = \frac{\sin x}{1+\cos x}$

풀이

(1) $y' = \sin x + x\cos x$

(2) $y' = 3\sqrt{\csc x} + 3x \cdot \dfrac{1}{2\sqrt{\csc x}} \cdot (-\csc x \cot x) = \dfrac{6\csc x - 3x\csc x \cot x}{2\sqrt{\csc x}}$

(3) $y = \sin 4x(\cos x)^2$

$$y' = \cos 4x \cdot 4 \cdot (\cos x)^2 + \sin 4x \cdot 2(\cos x)(-\sin x)$$
$$= 4\cos 4x\cos^2 x - 2\sin 4x\cos x\sin x$$

(4) $y' = \dfrac{\cos x(1+\cos x) - \sin x(-\sin x)}{(1+\cos x)^2} = \dfrac{\cos x + \cos^2 x + \sin^2 x}{(1+\cos x)^2}$

$$= \frac{\cos x + 1}{(1+\cos x)^2} = \frac{1}{1+\cos x}$$

(2) 지수함수, 로그함수 미분

■ 지수함수 미분

$$\frac{d}{dx}(e^x) = e^x$$

$$\frac{d}{dx}(a^x) = a^x \cdot \ln a(a \neq 1,\ a > 0)$$

$$\frac{d}{dx}(e^{f(x)}) = e^{f(x)} \cdot f'(x)$$

$$\frac{d}{dx}(a^{f(x)}) = a^{f(x)} \cdot f'(x) \cdot \ln a(a \neq 1,\ a > 0)$$

예제 A.23

다음 함수를 미분하여라.

(1) $y = e^{3x^2}$

(2) $y = 3^{-x^2}$

(3) $y = x^{\sqrt{3}}$

(4) $y = -2^{\cot 3x}$

(5) $y = x^3 e^{2x}$

(6) $y = e^{x^2} \cos x$

풀이

(1) $y' = e^{3x^2} \cdot 6x = 6x e^{3x^2}$

(2) $y' = 3^{-x^2} \cdot (-2x) \cdot \ln 3 = -2x(3)^{-x^2} \ln 3$

(3) $y' = \sqrt{3} x^{\sqrt{3}-1}$

(4) $y' = -(2)^{\cot 3x} \cdot (-\csc^2 3x) \cdot 3 \cdot \ln 2 = 3(2)^{\cot 3x} \csc^2 3x \ln 2$

(5) $y' = 3x^2 \cdot e^{2x} + x^3 \cdot e^{2x} \cdot 2 = x^2 e^{2x}(3+2x)$

(6) $y' = e^{x^2} \cdot 2x \cdot \cos x + e^{x^2} \cdot (-\sin x) = e^{x^2}(2x \cos x - \sin x)$

■ 로그함수 미분

$$\frac{d}{dx}(\ln x) = \frac{1}{x}$$

$$\frac{d}{dx}(\ln f(x)) = \frac{1}{f(x)} \cdot f'(x)$$

$$\frac{d}{dx}(\log_a x) = \frac{1}{x} \cdot \frac{1}{\ln a}$$

$$\frac{d}{dx}(\log_a f(x)) = \frac{1}{f(x)} \cdot f'(x) \cdot \frac{1}{\ln a}$$

예제 A.24

다음 로그함수를 미분하시오.

(1) $y = \ln(x^2 + 3x + 1)$

(2) $y = \ln(\ln(x^2 - 1))$

(3) $y = (\ln x)^3$

(4) $y = \dfrac{\ln x}{x^2}$

(5) $y = e^{x \ln x}$

(6) $y = \log_5 \sqrt{x^2 + 1}$

풀이

(1) $y' = \dfrac{1}{x^2+3x+1} \cdot (2x+3) = \dfrac{2x+3}{x^2+3x+1}$

(2) $y' = \dfrac{1}{\ln(x^2-1)} \cdot \dfrac{1}{x^2-1} \cdot 2x = \dfrac{2x}{(x^2-1)\ln(x^2-1)}$

(3) $y' = 3(\ln x)^2 \cdot \dfrac{1}{x} = \dfrac{3(\ln x)^2}{x}$

(4) $y' = \dfrac{\dfrac{1}{x} \cdot x^2 - \ln x \cdot 2x}{x^4} = \dfrac{1-2\ln x}{x^3}$

(5) $y' = e^{x \ln x}(\ln x + 1) = e^{x \ln x}(\ln x + 1)$

(6) $y = \dfrac{1}{2}\log_5(x^2+1)$

$$y' = \frac{1}{2} \cdot \frac{1}{x^2+1} \cdot 2x \cdot \frac{1}{\ln 5} = \frac{x}{(x^2+1)\ln 5}$$

연습문제 1.4

1. 다음을 미분하여라.

(1) $y = \cos(-3x+2)$

(2) $y = \cot(3x^2+2x)$

(3) $y = \sin^3 x$

(4) $y = \sin^3(2x) + \cos^3(2x)$

(5) $y = \dfrac{(\cos x)^2}{\sin x}$

2. 다음 함수를 음함수 미분하시오.

(1) $\cos(x+y) + \sin(x-y) = 1$

(2) $x^2 + y^2 = \sec(xy)$

3. 다음 지수함수를 미분하여라.

(1) $y = e^{\sec x}$

(2) $y = a^{\cos x}$

(3) $y = e^{ax} \sin bx$

(4) $e^{xy^3} = x - y$

연습문제 1.4

4. 다음 로그함수를 미분하여라.

(1) $y = \ln(\ln x)$

(2) $y = \log_3(\sin x)$

(3) $y = \ln(x\cos x)$

(4) $y = x^2 \ln x$

5. 다음 각 관계식에서 $\frac{dy}{dx}$를 구하여라.

(1) $x = \sin 3y$

(2) $\sin x + \cos y = 1$

(3) $\sin x + \sin y = xy$

6. 다음 각 함수의 도함수를 구하여라.

(1) $y = x^x$ (단, $x > 0$)

(2) $y = (\ln x)^x$ (단, $x > 1$)

(3) $y = (\sin x)^x$ (단, $x > 0$)

연습문제 1.4

7. 다음 극한을 로피탈을 이용하여 구하여라.

(1) $\lim_{x \to 3} \frac{x^2 - 9}{x - 3}$

(2) $\lim_{x \to 0} \frac{\tan x}{x}$

(3) $\lim_{x \to -2} \frac{x^3 + 8}{x^2 - 4}$

(4) $\lim_{h \to 0} \frac{e^h - 1}{h}$

(5) $\lim_{x \to \infty} \frac{x^3 - 4x^2 + 7}{3 - 6x - 2x^3}$

(6) $\lim_{x \to \infty} \frac{\ln x}{x}$

(7) $\lim_{x \to \infty} x \sin \frac{1}{x}$

(8) $\lim_{x \to 0} (1 + x)^{1/x}$

(9) $\lim_{x \to \infty} x^{1/x}$

A.1.5 역삼각함수와 역함수미분

우리는 6개의 기본적인 삼각함수에 대해 다루었고, 역 사인함수와 역 코사인함수, 역 탄젠트함수 등에 대해서도 대학수학에서 다루었다. 여기서는 6개의 모든 역삼각함수와 도함수를 어떻게 구하는지에 대해 살펴본다. 여기서 역함수의 미분법에 대해서도 소개하기로 한다.

(1) 역삼각함수 미분

$$\frac{d}{dx}(\sin^{-1}x)=\frac{1}{\sqrt{1-x^2}} \qquad \frac{d}{dx}(\tan^{-1}x)=\frac{1}{1+x^2}$$

$$\frac{d}{dx}(\sec^{-1}x)=\frac{1}{|x|\sqrt{x^2-1}} \qquad \frac{d}{dx}(\cos^{-1}x)=-\frac{1}{\sqrt{1-x^2}}$$

$$\frac{d}{dx}(\cot^{-1}x)=-\frac{1}{1+x^2} \qquad \frac{d}{dx}(\csc^{-1}x)=-\frac{1}{|x|\sqrt{x^2-1}}$$

예제 A.25

다음 역 삼각함수를 미분하여라.

(1) $y=\sin^{-1}(x^2)$ (2) $y=2\sin^{-1}(\cos x)$

(3) $y=\tan^{-1}(3x)$ (4) $y=-\frac{1}{2}[\tan^{-1}(2x)]^4$

풀이

(1) $y'=\frac{1}{\sqrt{1-(x^2)^2}}\cdot 2x=\frac{2x}{\sqrt{1-x^4}}$

(2) $y'=2\cdot\frac{1}{\sqrt{1-(\cos x)^2}}\cdot(-\sin x)=\frac{-2\sin x}{\sqrt{1-\cos^2 x}}$

(3) $y'=\frac{1}{1+(3x)^2}\cdot 3=\frac{3}{1+9x^2}$

(4) $y'=-2[\tan^{-1}(2x)]^3\cdot\frac{1}{1+(2x)^2}\cdot 2=\frac{-4[\tan^{-1}(2x)]^3}{1+4x^2}$

(2) 역함수 미분

f는 정의역에서 일대일 대응함수이고 미분가능하면

$$\frac{d}{dx}[f^{-1}(x)] = (f^{-1})'(x) = \frac{1}{f'(f^{-1}(x))}$$

예제 A.26

다음 주어진 표에서 각각 다음을 구하여라.

x	f	f'	g	g'
1	−1	4	−1	−3
2	0	3	4	5
3	2	−1	1	2
4	3	1	3	7

(1) $(f^{-1})'(0)$

(2) $(f^{-1})'(3)$

(3) $(g^{-1})'(3)$

풀이

(1) $(f^{-1})'(0) = \dfrac{1}{f'(f^{-1}(0))} = \dfrac{1}{f'(2)} = \dfrac{1}{3}$

(2) $(f^{-1})'(3) = \dfrac{1}{f'(f^{-1}(3))} = \dfrac{1}{f'(4)} = 1$

(3) $(g^{-1})'(3) = \dfrac{1}{g'(g^{-1}(3))} = \dfrac{1}{g'(4)} = \dfrac{1}{7}$

예제 A.27

다음을 구하여라.

(1) $f(x)=2x^3-11$ 에서 $(f^{-1})'(5)$ 을 구하여라.

(2) $f(x)=x^3+5x^2+10x+3$ 이고 $g(x)=f^{-1}(x)$ 에서 $g'(3)$ 은?

풀이

(1) $f^{-1}(5)=x$

$5=f(x)$

$5=2x^3-11$

$16=2x^3$

$\therefore x=2$

$f'(x)=6x^2$

$f'(2)=24$

$$(f^{-1})'(5)=\frac{1}{f'(f^{-1}(5))}=\frac{1}{f'(2)}=\frac{1}{24}$$

(2) $f^{-1}(3)=x$

$3=f(x)$

$3=x^3+5x^2+10x+3$

$x^3+5x^2+10x=0$

$x(x^2+5x+10)=0$

$\therefore x=0$

$f'(x)=3x^2+10x+10$

$f'(0)=10$

$$g'(3)=(f^{-1})'(3)=\frac{1}{f'(f^{-1}(3))}=\frac{1}{f'(0)}=\frac{1}{10}$$

Derivative Formulas (미분 공식)

■ Basic Derivative Formulas (기본 미분)

$$\frac{d}{dx}(x^n) = nx^{n-1}, \quad \frac{d}{dx}(\sqrt{x}) = \frac{1}{2\sqrt{x}}, \quad \frac{d}{dx}\left(\frac{1}{x}\right) = -\frac{1}{x^2}$$

$$\frac{d}{dx}(f(x) \cdot g(x)) = f'(x)g(x) + f(x)g'(x),$$

$$\frac{d}{dx}\left(\frac{f(x)}{g(x)}\right) = \frac{f'(x)g(x) - f(x)g'(x)}{g^2(x)}$$

$$\frac{d}{dx}f(g(x)) = f'(g(x)) \cdot g'(x),$$

$$\frac{d}{dx}f(g(h(x))) = f'(g(h(x))) \cdot g'(h(x)) \cdot h'(x)$$

$$\frac{d}{dx}(\sqrt{f(x)}) = \frac{1}{2\sqrt{f(x)}} \cdot f'(x)$$

■ Derivatives of Trigonometric Formulas (삼각함수 미분)

$$\frac{d}{dx}(\sin x) = \cos x$$

$$\frac{d}{dx}(\tan x) = \sec^2 x$$

$$\frac{d}{dx}(\sec x) = \sec x \tan x$$

$$\frac{d}{dx}(\cos x) = -\sin x$$

$$\frac{d}{dx}(\cot x) = -\csc^2 x$$

$$\frac{d}{dx}(\csc x) = -\csc x \cot x$$

■ Derivatives of Inverse Trigonometric Formulas (역삼각함수 미분)

$$\frac{d}{dx}(\sin^{-1}x) = \frac{1}{\sqrt{1-x^2}}$$

$$\frac{d}{dx}(\tan^{-1}x) = \frac{1}{1+x^2}$$

$$\frac{d}{dx}(\sec^{-1}x)=\frac{1}{|x|\sqrt{x^2-1}}$$

$$\frac{d}{dx}(\cos^{-1}x)=-\frac{1}{\sqrt{1-x^2}}$$

$$\frac{d}{dx}(\cot^{-1}x)=-\frac{1}{1+x^2}$$

$$\frac{d}{dx}(\csc^{-1}x)=-\frac{1}{|x|\sqrt{x^2-1}}$$

■ Derivatives of Exponential and Logarithmic Fuctions Formulas (지수,로그함수 미분)

$$\frac{d}{dx}(e^x)=e^x$$

$$\frac{d}{dx}(e^{f(x)})=e^{f(x)}\cdot f'(x)$$

$$\frac{d}{dx}(\ln x)=\frac{1}{x}$$

$$\frac{d}{dx}(\ln f(x))=\frac{1}{f(x)}\cdot f'(x)$$

$$\frac{d}{dx}(a^x)=a^x\ln a \quad (a\neq 1,\ a>0)$$

$$\frac{d}{dx}(a^{f(x)})=a^{f(x)}\cdot f'(x)\cdot \ln a$$

$$\frac{d}{dx}(\log_a x)=\frac{1}{x}\cdot\frac{1}{\ln a}$$

$$\frac{d}{dx}(\log_a f(x))=\frac{1}{f(x)}\cdot f'(x)\cdot\frac{1}{\ln a}$$

■ Derivatives of Inverse Formulas (역함수 미분)

$$(f^{-1})'(x)=\frac{1}{f'(f^{-1}(x))}$$

연습문제 1.5

1. 다음 역삼각함수를 미분하시오.

(1) $\cos^{-1}(-3x+2)$

(2) $2\cos^{-1}(\sqrt{x-1})$

(3) $y=\cot^{-1}\left(\frac{1}{x}\right)$

(4) $y=\ln(x^2+4)-x\tan^{-1}\left(\frac{x}{2}\right)$

(5) $y=\cot^{-1}(\csc x^2)$

(6) $y=\sin^{-1}((1-x^2)^2)$

2. 다음 표에서 다음 값을 구하여라.

x	f	f'	g	g'
1	−1	4	−1	−3
2	0	3	4	5
3	2	−1	1	2
4	3	1	3	7

(1) $(f^{-1})'(2)$

(3) $(g^{-1})'(4)$

(2) $(g^{-1})'(1)$

연습문제 1.5

3. 다음을 구하여라.

(1) $f(x)=x^3+2x$에서 $(f^{-1})'(3)$을 구하여라.

(2) $f(x)=x^3+x-1$, $g(x)=f^{-1}(x)$에서 $g'(1)$은?

(3) $f(x)=e^x+x+1$, $f(g(x))=x$에서 $g'(2)=?$

4. 다음 함수는 역함수를 갖는다. 역함수를 구하지 않고 $x=a$에서의 역함수의 미분계수를 구하라.

(1) $f(x)=x^3+4x-1$, $a=-1$

(2) $f(x)=x^3+2x+1$, $a=1$

(3) $f(x)=x^5+4x-2$, $a=3$

(4) $f(x)=\sqrt{x^3+2x+1}$, $a=2$

A.2 적분기초

적분, 부정적분을 정의하고 여러 가지 부정적분의 계산방법을 알아보기로 한다.

복잡한 피적분함수를 갖는 부정적분을 계산하기 위해 치환적분과 분수함수를 부분분수로 바꾼 다음 적분, 부분적분법, 또한 삼각함수의 부정적분을 살펴보고자 한다. 정적분의 정의를 직사각형의 넓이의 합과 이 합에 대한 극한으로 정의하는 방법을 학습한다. 정적분은 어떤 구간에서 계산해야 하는데, 이 계산을 위해 정적분의 기본정리를 알아보고 치환정적분과 부분정적분을 알아본다.

A.2.1 부정적분

(1) 부정적분의 뜻

함수 $f(x)$에 대하여 $F'(x) = f(x)$를 만족시키는 함수 $F(x)$를 $f(x)$의 부정적분 또는 원시함수라 하고, $f(x)$의 부정적분을 구하는 것을 $f(x)$를 적분한다고 한다. 함수 $f(x)$의 부정적분 중의 하나를 $F(x)$라고 하면 $f(x)$의 임의의 부정적분은

$$F(x) + C \text{ (단, } C\text{는 상수)}$$

의 꼴로 나타낼 수 있다. 이것을 기호로

$$\int f(x)\,dx = F(x) + C$$

로 나타낸다. 이 때, $f(x)$를 피적분함수, C를 적분상수라고 한다.

예제 A.28

다음에서 다항함수 $f(x)$, $g(x)$를 구하여라. 단, C는 상수이다.

(1) $\int f(x)\,dx = x^3 + 4x^2 - 5x + C$

(2) $\int (3-x)g(x)\,dx = 6x - x^2 + 4x^3 - x^4 + C$

풀이

(1) $\int f(x)\,dx = x^3 + 4x^2 - 5x + C$에서

$f(x) = (x^3 + 4x^2 - 5x + C)' = 3x^2 + 8x - 5$

(2) $\int (3-x)g(x)\,dx = 6x - x^2 + 4x^3 - x^4 + C$에서

$(3-x)g(x) = (6x - x^2 + 4x^3 - x^4 + C)' = 6 - 2x + 12x^2 - 4x^3 = (3-x)(4x^2+2)$

$\therefore\ g(x) = 4x^2 + 2$

예제 A.29

함수 $f(x)$에 대하여 등식 $\int f(x)\,dx = x^3 + 4x + C$가 성립할 때, $f(1)$의 값은?
(단, C는 적분상수)

풀이

$\int f(x)\,dx = x^3 + 4x + C$에서 양변을 x에 대하여 미분하면 $f(x) = 3x^2 + 4$

$\therefore\ f(1) = 3 + 4 = 7$

예제 A.30

함수 $f(x)$에 대하여 등식 $\int (3x^2-2)\,dx = f(x)+C$가 성립할 때, $f'(1)$의 값은?
(단, C는 적분상수)

풀이

$\int (3x^2-2)\,dx = f(x)+C$에서 양변을 x에 대하여 미분하면 $3x^2-2=f'(x)$

$\therefore\ f'(1)=3-2=1$

(2) 부정적분의 기본공식

함수 $y=x^n$의 부정적분(단, n은 실수이고 C는 적분상수)

① $n \neq -1$일 때, $\int x^n\,dx = \dfrac{1}{n+1}x^{n+1}+C$

② $n=-1$일 때, $\int x^{-1}\,dx = \int \dfrac{1}{x}\,dx = \ln|x|+C$

설명

① $n \neq -1$일 때, $\left(\dfrac{1}{n+1}x^{n+1}\right)' = \dfrac{1}{n+1}\cdot(n+1)x^{(n+1)-1}=x^n$

$\therefore\ \int x^n\,dx = \dfrac{1}{n+1}x^{n+1}+C$

② $n=-1$일 때, 로그함수의 미분법으로부터 $(\ln|x|)' = \dfrac{1}{x} = x^{-1}$

$\therefore\ \int x^{-1}\,dx = \int \dfrac{1}{x}\,dx = \ln|x|+C$

예제 A.31

다음 부정적분을 구하여라.

(1) $\int x\,dx$ (2) $\int x^2\,dx$

(3) $\int \frac{1}{x^2}\,dx$ (4) $\int 3x^2\sqrt{x}\,dx$

풀이

(1) $\int x\,dx = \frac{1}{1+1}x^{1+1} + C = \frac{1}{2}x^2 + C$

(2) $\int x^2 dx = \frac{1}{2+1}x^{2+1} + C = \frac{1}{3}x^3 + C$

(3) $\int x^{-2} dx = \frac{1}{-2+1}x^{-2+1} + C = -x^{-1} + C$

(4) $\int 3x^2\sqrt{x}\,dx = \int 3x^{\frac{5}{2}}\,dx = 3\times\frac{1}{\frac{5}{2}+1}x^{\frac{5}{2}+1} + C = \frac{6}{7}x^3\sqrt{x} + C$

(3) 부정적분의 기본 성질

두 함수 $f(x)$, $g(x)$가 연속일 때,

① $\int kf(x)\,dx = k\int f(x)\,dx$ (단, k는 상수)

② $\int \{f(x) \pm g(x)\}\,dx = \int f(x)\,dx \pm \int g(x)\,dx$ (단, 복부호 동순)

설명 두 함수 $f(x)$, $g(x)$의 부정적분을 각각 $F(x)$, $G(x)$라고 하면

$F(x) = \int f(x)\,dx$, $G(x) = \int g(x)\,dx$, 즉 $F'(x) = f(x)$, $G'(x) = g(x)$이므로

① $\{kF(x)\}' = kF'(x) = kf(x)$

$\therefore \int kf(x)\,dx = \int kF'(x)dx = k\int f(x)\,dx$

② $\{F(x) \pm G(x)\}' = F'(x) \pm G'(x) = f(x) \pm g(x)$

$\therefore \int \{f(x) \pm g(x)\}\,dx = F(x) \pm G(x) = \int f(x)\,dx \pm \int g(x)\,dx$

(단, 복부호 동순)

예제 A.32

다음 부정적분을 구하여라.

(1) $\int (4x^3 - 6x^2 - 1)\,dx$ (2) $\int \frac{3+x}{x^2}\,dx$

풀이

(1) $\int 4x^3\,dx - \int 6x^2\,dx - \int dx = (x^4 + C_1) - (2x^3 + C_2) - (x + C_3) = x^4 - 2x^3 - x + C$

(2) $\int \left(3x^{-2} + \frac{1}{x}\right) dx = -\frac{3}{x} + \ln|x| + C$

예제 A.33

다음 부정적분을 구하여라.

(1) $\int (x^2 + \sqrt{2}\,x + 1)(x^2 - \sqrt{2}\,x + 1)\,dx$

(2) $\int \frac{x^4 + x^2 + 1}{x^2 + x + 1}\,dx$

(3) $\int \frac{x^3}{x+1}\,dx + \int \frac{1}{x+1}\,dx$

(4) $\int (\sin\theta + \cos\theta)^2 d\theta + \int (\sin\theta - \cos\theta)^2\,d\theta$

풀이

(1) $\int (x^4+1)\,dx = \frac{1}{5}x^5 + x + C$

(2) $\int \frac{(x^2+x+1)(x^2-x+1)}{x^2+x+1}\,dx = \int (x^2-x+1)\,dx = \frac{1}{3}x^3 - \frac{1}{2}x^2 + x + C$

(3) $\int \frac{x^3+1}{x+1}\,dx = \int \frac{(x+1)(x^2-x+1)}{x+1}\,dx = \int (x^2-x+1)\,dx = \frac{1}{3}x^3 - \frac{1}{2}x^2 + x + C$

(4) $\int \{(\sin\theta+\cos\theta)^2 + (\sin\theta-\cos\theta)^2\}\,d\theta = \int 2\,d\theta = 2\theta + C$

(4) 삼각함수의 부정적분 (단, C는 적분상수)

① $\int \sin x\,dx = -\cos x + C$

② $\int \cos x\,dx = \sin x + C$

③ $\int \sec^2 x\,dx = \tan x + C$

④ $\int \mathrm{cosec}^2 x\,dx = -\cot x + C$

⑤ $\int \sec x \tan x\,dx = \sec x + C$

⑥ $\int \mathrm{cosec}\,x \cot x\,dx = -\mathrm{cosec}\,x + C$

설명 삼각함수의 미분법으로부터

① $(\cos x)' = -\sin x$이므로 $\int \sin x\,dx = -\cos x + C$

② $(\sin x)' = \cos x$이므로 $\int \cos x\,dx = \sin x + C$

③ $(\tan x)' = \sec^2 x$이므로 $\int \sec^2 x\,dx = \tan x + C$

④ $(\cot x)' = -\mathrm{cosec}^2 x$이므로 $\int \mathrm{cosec}^2 x\,dx = -\cot x + C$

⑤ $(\sec x)' = \sec x \tan x$이므로 $\int \sec x \tan x\,dx = \sec x + C$

⑥ $(\mathrm{cosec}\,x)' = -\mathrm{cosec}\,x \cot x$이므로 $\int \mathrm{cosec}\,x \cot x\,dx = -\mathrm{cosec}\,x + C$

(5) 지수함수의 부정적분 (단, C는 적분상수)

① $\int e^x\,dx = e^x + C$ (단, e는 자연로그의 밑이다.)

② $\int a^x\,dx = \dfrac{a^x}{\ln a} + C$ (단, $a > 0,\ a \neq 1$)

설명 지수함수의 미분법으로부터

① $(e^x)' = e^x$이므로 $\int e^x\,dx = e^x + C$

② $(a^x)' = a^x \ln a$에서 $a^x = \dfrac{(a^x)'}{\ln a} = \left(\dfrac{a^x}{\ln a}\right)'$이므로 $\int a^x\,dx = \dfrac{a^x}{\ln a} + C$

예제 A.34

다음 부정적분을 구하여라.

(1) $\int \cos^2 \dfrac{x}{2}\,dx$

(2) $\int \left(\sin \dfrac{x}{2} - \cos \dfrac{x}{2}\right)^2 dx$

(3) $\int \dfrac{4e^x \cos^2 x - 3}{\cos^2 x}\,dx$

(4) $\int \dfrac{e^{2x} - 4^x}{e^x + 2^x}\,dx$

풀이

(1) $\cos^2 \dfrac{x}{2} = \dfrac{1 + \cos x}{2}$ 이므로 $\int \dfrac{1}{2}(1 + \cos x)\,dx = \dfrac{x}{2} + \dfrac{\sin x}{2} + C$

(2) $\left(\sin\frac{x}{2}-\cos\frac{x}{2}\right)^2=\sin^2\frac{x}{2}-2\sin\frac{x}{2}\cos\frac{x}{2}+\cos^2\frac{x}{2}=-\sin x+1$이므로
$\int -\sin x+1\,dx=\cos x+x+C$

(3) $\int(4e^x-3\sec^2 x)\,dx=4e^x-3\tan x+C$

(4) $\frac{e^{2x}-4^x}{e^x+2^x}=\frac{(e^x+2^x)(e^x-2^x)}{e^x+2^x}=e^x-2^x$이므로 $\int(e^x-2^x)\,dx=e^x-\frac{2^x}{\ln 2}+C$

(6) 치환적분법

미분가능한 함수 $g(t)$에 대하여 $x=g(t)$로 놓으면

$$\int f(x)\,dx=\int f(g(t))g'(t)\,dt$$

설명 부정적분

$$F(x)=\int f(x)\,dx \tag{1}$$

에서 x를 다른 변수 t의 함수 $x=g(t)$로 놓으면

$$F(x)=F(g(t))$$

이 등식의 양변을 t에 대하여 미분하면 합성함수의 미분법에 의하여

$$\frac{d}{dt}F(x)=\frac{d}{dx}F(x)\cdot\frac{dx}{dt}=f(x)g'(t)=f(g(t))g'(t)$$

이므로 양변을 t에 대하여 적분하면

$$F(x)=\int f(g(t))g'(t)\,dt \tag{2}$$

따라서 (1)과 (2)에서 다음 등식을 얻는다.

$$\int f(x)\,dx = \int f(g(t))g'(t)\,dt$$

이와 같이 변수 x를 다른 변수로 바꾸어 적분하는 방법을 치환적분법이라고 한다.

※ 참고: $\int f(g(x))g'(x)\,dx$를 구할 경우에 $g(x) = t$로 놓으면 $\frac{dt}{dx} = g'(x)$이므로

$$\int f(g(x))g'(x)\,dx = \int f(t)\,dt$$

$\int f(t)\,dt$를 구한 후에는 t대신에 $g(x)$를 대입하여 원래 변수인 x에 대하여 나타낸다.

예제 A.35

다음 부정적분을 구하여라.

(1) $\int (x^2+x+1)^3(2x+1)\,dx$

(2) $\int x\sqrt{3x^2+2}\,dx$

(3) $\int (1+\cos x)^3 \sin x\,dx$

(4) $\int xe^{-x^2}\,dx$

풀이

(1) $x^2+x+1 = t$라고 하면 $(2x+1)\frac{dx}{dt} = 1 \quad \therefore\ dx = \frac{1}{2x+1}dt$

$$\int t^3\,dt = \frac{1}{4}t^4 + C = \frac{1}{4}(x^2+x+1)^4 + C$$

(2) $3x^2+2 = t$라고 하면 $6x\frac{dx}{dt} = 1 \quad \therefore\ dx = \frac{1}{6x}dt$

$$\int \sqrt{t} \cdot \frac{1}{6}\,dt = \frac{1}{9}t^{\frac{3}{2}} + C = \frac{1}{9}\sqrt{(3x^2+2)^3} + C$$

(3) $1+\cos x = t$라고 하면 $-\sin x\,dx = dt$

$$\int t^3 \cdot (-dt) = -\frac{1}{4}t^4 + C = -\frac{1}{4}(1+\cos x)^4 + C$$

(4) $-x^2 = t$라고 하면 $-2x\,dx = dt$

$$\int e^t \cdot \left(-\frac{1}{2}\,dt\right) = -\frac{1}{2}e^t + C = -\frac{1}{2}e^{-x^2} + C$$

예제 A.36

다음 부정적분을 구하여라.

(1) $\int \cot x \, dx$

(2) $\int \frac{\cos x}{3-2\sin x} dx$

(3) $\int \frac{3^x \ln 3}{3^x+1} dx$

(4) $\int \frac{\cos(\ln x)}{x} dx$

풀이

(1) $\cot x = \frac{\cos x}{\sin x}$ 에서 $\sin x = t$라 하면 $\cos x \, dx = dt$

$$\int \frac{1}{t} dt = \ln|t| + C = \ln|\sin x| + C$$

(2) $3-2\sin x = t$라고 하면 $-2\cos x \, dx = dt$

$$\int \frac{1}{t} \cdot \left(-\frac{1}{2} dt\right) = -\frac{1}{2}\ln|t| + C = -\frac{1}{2}\ln(3-2\sin x) + C$$

(3) $3^x + 1 = t$라고 하면 $3^x \ln 3 \, dx = dt$

$$\int \frac{1}{t} dt = \ln|t| + C = \ln(3^x+1) + C$$

(4) $\ln x = t$라고 하면 $\frac{1}{x} dx = dt$

$$\int \cos t \, dt = \sin t + C = \sin(\ln x) + C$$

(7) 부분적분법

미분가능한 두 함수 $f(x)$, $g(x)$에 대하여

$$\int f(x)g'(x)\,dx = f(x)g(x) - \int f'(x)g(x)\,dx$$

설명 두 함수 $f(x)$, $g(x)$가 미분가능할 때,

$$\{f(x)g(x)\}' = f'(x)g(x) + f(x)g'(x)$$

이 등식의 양변을 x에 대하여 적분하면

$$f(x)g(x) = \int \{f'(x)g(x) + f(x)g'(x)\}\,dx = \int f'(x)g(x)\,dx + \int f(x)g'(x)\,dx$$

$$\therefore \int f'(x)g(x)\,dx = f(x)g(x) - \int f(x)g'(x)\,dx \text{ 또는 } f(x) = u,\ g(x) = v$$

이라고 하면

$$\int u'v\,dx = uv - \int uv'\,dx \text{ 이다.}$$

예제 A.37

다음 부정적분을 구하여라.

(1) $\int xe^{3x}\,dx$

(2) $\int x\cos 2x\,dx$

(3) $\int x\ln x\,dx$

(4) $\int x^2\ln x\,dx$

풀이

(1) $u' = e^{3x}$, $v = x$라고 하면 $u = \frac{1}{3}e^{3x}$, $v' = 1$이므로

준식= $\frac{1}{3}xe^{3x} - \int \frac{1}{3}e^{3x}\,dx = \frac{1}{3}xe^{3x} - \frac{1}{9}e^{3x} + C$

(2) $u' = \cos 2x$, $v = x$라고 하면 $u = \frac{1}{2}\sin 2x$, $v' = 1$이므로

준식 $= \frac{1}{2}x\sin 2x - \int \frac{1}{2}\sin 2x\,dx = \frac{1}{2}x\sin 2x + \frac{1}{4}\cos 2x + C$

$= \frac{1}{4}(2x\sin 2x + \cos 2x) + C$

(3) $u' = x$, $v = \ln x$라고 하면 $u = \frac{1}{2}x^2$, $v' = \frac{1}{x}$

준식= $\frac{1}{2}x^2\ln x - \int \frac{1}{2}x^2 \cdot \frac{1}{x}\,dx = \frac{1}{2}x^2\ln x - \frac{1}{2}\int x\,dx = \frac{1}{2}x^2\ln x - \frac{1}{4}x^2 + C$

(4) $u' = x^2$, $v = \ln x$라고 하면 $u = \frac{1}{3}x^3$, $v' = \frac{1}{x}$이므로

준식= $\frac{1}{3}x^3\ln x - \int \frac{1}{3}x^3 \cdot \frac{1}{x}\,dx = \frac{1}{3}x^3\ln x - \frac{1}{9}x^3 + C$

Integration Formulas (적분 공식)

▪ Basic Integration Formulas (기본 적분)

$$\int k\,dx = kx + C \quad (k : \text{상수})$$

$$\int x^n\,dx = \frac{1}{n+1}x^{n+1} + C,\ \ n \neq -1$$

$$\int \frac{1}{x}dx = \ln|x| + C$$

▪ Integration of Exponential Functions (지수함수 적분)

$$\int e^x dx = e^x + C$$

$$\int a^x dx = \frac{a^x}{\ln a} + C \quad (a > 0,\ a \neq 1)$$

▪ Integration of Trigonometric Functions (삼각함수 적분)

$$\int \cos x\,dx = \sin x + C$$

$$\int \sec^2 x\,dx = \tan x + C$$

$$\int \sec x \tan x\,dx = \sec x + C$$

$$\int \tan x\,dx = \ln|\sec x| + C = -\ln|\cos x| + C$$

$$\int \sec x\,dx = \ln|\sec x + \tan x| + C$$

$$\int \sin^2 x\,dx = \int\left(\frac{1}{2} - \frac{1}{2}\cos 2x\right)dx = \frac{1}{2}x - \frac{1}{4}\sin 2x + C$$

$$\int \sin x\,dx = -\cos x + C$$

$$\int \csc^2 x\,dx = -\cot x + C$$

$$\int \csc x \cot x\,dx = -\csc x + C$$

$$\int \cot x\,dx = \ln|\sin x| + C = -\ln|\csc x| + c$$

$$\int \csc x\,dx = \ln|\csc x - \cot x| + C$$

$$\int \cos^2 x\,dx = \int\left(\frac{1}{2} + \frac{1}{2}\cos 2x\right)dx = \frac{1}{2}x + \frac{1}{4}\sin 2x + C$$

■ Integration Using Reverse Chain Rule (역 연쇄법칙을 사용한 적분)

$$\int e^{kx}dx = \frac{1}{k}e^{kx} + C$$

$$\int \sin kx\, dx = -\frac{1}{k}\cos kx + C$$

$$\int \cos kx\, dx = \frac{1}{k}\sin kx + C$$

$$\int a^{kx}\, dx = \frac{1}{k}\,\frac{a^{kx}}{\ln a} + C$$

$$\int (kx+b)^n dx = \frac{1}{n+1}\cdot\frac{1}{k}(kx+b)^{n+1} + C \quad (k,\ a \text{ and } b \text{ are constants})$$

■ Integration of Special Fractions (특별한 분수 적분)

$$\int \frac{f'(x)}{f(x)}dx = \ln|f(x)| + C$$

■ Integration of Inverse Trigonometric Functions (역 삼각함수 적분)

$$\int \frac{dx}{\sqrt{1-x^2}} = \sin^{-1}x + C$$

$$\int \frac{dx}{x^2+1} = \tan^{-1}x + C$$

$$\int \frac{dx}{x\sqrt{x^2-1}} = \sec^{-1}|x| + C$$

$$\int \frac{dx}{\sqrt{a^2-x^2}} = \sin^{-1}\left(\frac{x}{a}\right) + C$$

$$\int \frac{dx}{x^2+a^2} = \frac{1}{a}\tan^{-1}\left(\frac{x}{a}\right) + C$$

연습문제 2.1

1. 부정적분을 구하여라.

(1) $\int \left(3t^2 + \frac{t}{2}\right) dt$

(2) $\int (\sqrt{x} + \sqrt[3]{x})\, dx$

(3) $\int 7 \sin \frac{\theta}{3}\, d\theta$

(4) $\int \frac{\csc\theta \cot\theta}{2}\, d\theta$

(5) $\int (4 \sec x \tan x - 2 \sec^2 x)\, dx$

(6) $\int \left(\frac{1}{x} - \frac{5}{x^2+1}\right) dx$

(7) $\int \cos\theta (\tan\theta + \sec\theta)\, d\theta$

(8) $\int x^3 (1+x^4)^{-\frac{1}{4}}\, dx$

(9) $\int \sin^2 \frac{x}{4}\, dx$

2. 치환을 이용하여 다음 부정적분을 구하여라.

(1) $\int \theta \sqrt[4]{1-\theta^2}\, d\theta$

(2) $\int \tan x\, dx$

(3) $\int \frac{\sin(2t+1)}{\cos^2(2t+1)}\, dt$

(4) $\int (\sin 2\theta) e^{\sin^2\theta}\, d\theta$

(5) $\int \frac{1}{x^2} e^{\frac{1}{x}} \sec(1+e^{\frac{1}{x}}) \tan(1+e^{\frac{1}{x}})\, dx$

(6) $\int \frac{5}{9+4r^2}\, dr$

(7) $\int \frac{(\sin^{-1} x)^2\, dx}{\sqrt{1-x^2}}$

(8) $\int 2(\cos x)^{-\frac{1}{2}} \sin x\, dx$

(9) $\int \sqrt{t} \sin(2t^{\frac{3}{2}})\, dt$

(10) $\int \sec^2(x) e^{\tan x}\, dx$

연습문제 2.1

(11) $\displaystyle\int \frac{3\,dr}{\sqrt{1-4(r-1)^2}}$ (12) $\displaystyle\int \frac{dx}{(2x-1)\sqrt{(2x-1)^2-4}}$

(13) $\displaystyle\int e^{\tan u}\sec^2 u\,du$ (14) $\displaystyle\int \frac{2s\,ds}{\sqrt{1-s^4}}$

3. 다음을 완전제곱으로 변경한 후 치환하여 적분하여라.

(1) $\displaystyle\int \frac{dt}{\sqrt{-t^2+4t-3}}$ (2) $\displaystyle\int \frac{dx}{(x+1)\sqrt{x^2+2x}}$

4. 부분적분법을 이용하여 적분을 구하여라.

(1) $\displaystyle\int x\sin\frac{x}{2}\,dx$ (2) $\displaystyle\int x\ln x\,dx$

(3) $\displaystyle\int x^3e^x\,dx$ (4) $\displaystyle\int \theta^2\sin 2\theta\,d\theta$

(5) $\displaystyle\int e^{2x}\cos 3x\,dx$

A.2.2 정적분의 정의와 계산

(1) 정적분의 정의

함수 $f(x)$가 닫힌 구간 $[a,b]$에서 연속일 때, 닫힌 구간 $[a,b]$를 n등분하여 양끝점을 포함한 각 등분점의 x좌표를 차례로

$$x_0(=a), x_1, x_2, x_3, \dots, x_n(=b)$$

이라 할 때,

$$\lim_{n\to\infty}\sum_{k=1}^{n} f(x_k)\triangle x \ (\text{단, } \triangle x = \frac{b-a}{n}, \ x_k = a + k\triangle x)$$

의 값이 존재한다(그림 2.1).

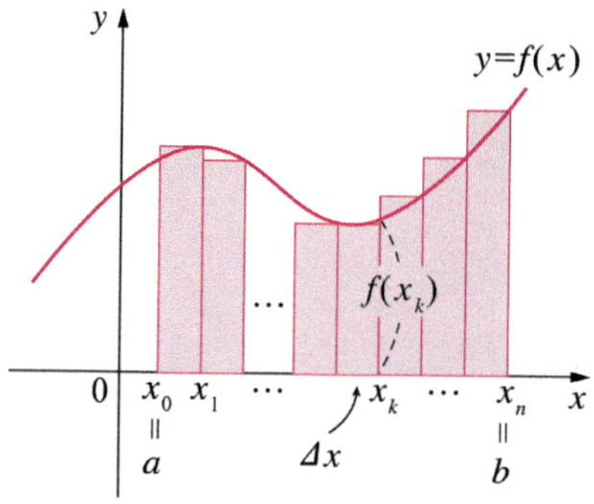

[그림 2.1]

이 값을 함수 $f(x)$의 a에서 b까지의 정적분이라 하고, 기호로 $\int_a^b f(x)dx$로 나타낸다. 즉,

$$\int_a^b f(x)dx = \lim_{n\to\infty}\sum_{k=1}^{n} f(x_k)\triangle x$$

이 때, a를 아래끝, b를 위끝이라 한다.

(2) 정적분의 기본 정리

함수 $f(x)$가 닫힌 구간 $[a, b]$에서 연속이고, $F(x)$가 $f(x)$의 한 부정적분이면

$$\int_a^b f(x)\,dx = [F(x)]_a^b = F(b) - F(a)$$

예제 A.38

다음 정적분의 값을 구하여라.

(1) $\int_0^1 x(1-x)\,dx$ (2) $\int_{-1}^1 x(1-x)^2\,dx$

(3) $\int_0^1 (x+1)(x^2-x+1)\,dx$ (4) $\int_{-1}^2 (y+1)(y^2-1)\,dy$

풀이

(1) $\int_0^1 (x-x^2)\,dx = \left[\frac{1}{2}x^2 - \frac{1}{3}x^3\right]_0^1 = \frac{1}{6}$

(2) $\int_{-1}^1 (x-2x^2+x^3)\,dx = \left[\frac{1}{2}x^2 - \frac{2}{3}x^3 + \frac{1}{4}x^4\right]_{-1}^1 = -\frac{4}{3}$

(3) $\int_0^1 (x^3+1)\,dx = \left[\frac{1}{4}x^4 + x\right]_0^1 = \frac{5}{4}$

(4) $\int_{-1}^2 (y^3+y^2-y-1)\,dy = \left[\frac{1}{4}y^4 + \frac{1}{3}y^3 - \frac{1}{2}y^2 - y\right]_{-1}^2 = \frac{9}{4}$

예제 A.39

다음 정적분의 값을 구하여라.

(1) $\int_1^4 \frac{(\sqrt{x}+1)^3}{\sqrt{x}}\,dx$ (2) $\int_{-1}^2 \frac{x}{x^2-x-6}\,dx$

(3) $\int_0^\pi (e^{4x} - \sin^2 x)\,dx$

풀이

(1) $\int_1^4 \frac{(\sqrt{x}+1)^3}{\sqrt{x}}dx = \int_1^4 \frac{x\sqrt{x}+3x+3\sqrt{x}+1}{\sqrt{x}}dx = \int_1^4\left(x+3\sqrt{x}+3+\frac{1}{\sqrt{x}}\right)dx$

$= \left[\frac{x^2}{2}+2x\sqrt{x}+3x+2\sqrt{x}\right]_1^4 = \left(\frac{16}{2}+2\cdot 4\sqrt{4}+3\cdot 4+2\sqrt{4}\right)-\left(\frac{1}{2}+2+3+2\right) = \frac{65}{2}$

(2) $\int_{-1}^2 \frac{x}{x^2-x-6}dx = \int_{-1}^2 \frac{x}{(x-3)(x+2)}dx = \int_{-1}^2 \frac{1}{5}\left(\frac{3}{x-3}+\frac{2}{x+2}\right)dx$

$= \left[\frac{1}{5}(3\ln|x-3|+2\ln|x+2|)\right]_{-1}^2 = \frac{1}{5}\{(3\ln 1+2\ln 4)-(3\ln 4+2\ln 1)\}$

$= \frac{1}{5}(2\ln 4-3\ln 4) = -\frac{1}{5}\ln 4 = -\frac{2}{5}\ln 2$

(3) $\int_0^\pi (e^{4x}-\sin^2 x)dx = \int_0^\pi\left(e^{4x}-\frac{1-\cos 2x}{2}\right)dx$

$= \left[\frac{1}{4}e^{4x}-\frac{1}{2}x+\frac{1}{4}\sin 2x\right]_0^\pi = \left(\frac{1}{4}e^{4\pi}-\frac{\pi}{2}\right)-\left(\frac{1}{4}e^0\right) = \frac{1}{4}(e^{4\pi}-2\pi-1)$

(3) 정적분의 특성

다음 정적분에 관한 정리들은 중요하다.

① $\int_a^b kf(x)dx = k\int_a^b f(x)dx$ (k는 상수)

② $\int_a^a f(x)dx = 0$

③ $\int_a^b f(x)dx = -\int_b^a f(x)dx$

④ $\int_a^c f(x)dx+\int_c^b f(x)dx = \int_a^b f(x)dx$ $(a<c<b)$

⑤ $\int_a^b [f(x)\pm g(x)]dx = \int_a^b f(x)dx \pm \int_a^b g(x)dx$

예제 A.40

다음 정적분을 계산하여라.

(1) $\int_1^2 (\sqrt{x}+1)^3\,dx - \int_1^2 (\sqrt{x}-1)^3\,dx$

(2) $\int_0^1 (e^{2x}-\sin x)\,dx + \int_0^1 (e^{2x}+\sin x)\,dx$

(3) $\int_0^\pi (\sin x+\cos x)^2\,dx - \int_\pi^0 (\sin y-\cos y)^2\,dy$

풀이

(1) $\int_1^2 \{(\sqrt{x}+1)^3-(\sqrt{x}-1)^3\}\,dx = \int_1^2 (6x+2)\,dx = [3x^2+2x]_1^2 = 11$

(2) $\int_0^1 \{(e^{2x}-\sin x)+(e^{2x}+\sin x)\}\,dx = \int_0^1 2e^{2x}\,dx = [e^{2x}]_0^1 = e^2-1$

(3) $\int_0^\pi (\sin x+\cos x)^2\,dx + \int_0^\pi (\sin x-\cos x)^2\,dx$

$= \int_0^\pi \{(\sin x+\cos x)^2+(\sin x-\cos x)^2\}\,dx$

$= \int_0^\pi 2(\sin^2 x+\cos^2 x)\,dx = \int_0^\pi 2\,dx = [2x]_0^\pi = 2\pi$

예제 A.41

다음 정적분을 계산하여라.

(1) $\int_0^1 \frac{x^3}{x+1}\,dx + \int_0^1 \frac{1}{t+1}\,dt$

(2) $\int_0^{\ln 3} \frac{e^{3x}}{e^x+1}\,dx - \int_{\ln 3}^0 \frac{1}{e^t+1}\,dt$

풀이

(1) $\int_0^1 \frac{x^3}{x+1}\,dx + \int_0^1 \frac{1}{x+1}\,dx = \int_0^1 \frac{x^3+1}{x+1}\,dx = \int_0^1 \frac{(x+1)(x^2-x+1)}{x+1}\,dx$

$$= \int_0^1 (x^2 - x + 1)\,dx = \left[\frac{1}{3}x^3 - \frac{1}{2}x^2 + x\right]_0^1 = \frac{1}{3} - \frac{1}{2} + 1 = \frac{5}{6}$$

(2) $\displaystyle\int_0^{\ln 3} \frac{e^{3x}}{e^x+1}\,dx + \int_0^{\ln 3} \frac{1}{e^t+1}\,dt = \int_0^{\ln 3} \frac{e^{3x}}{e^x+1}\,dx + \int_0^{\ln 3} \frac{1}{e^x+1}\,dx$

$$= \int_0^{\ln 3} \frac{e^{3x}+1}{e^x+1}\,dx = \int_0^{\ln 3} \frac{(e^x+1)(e^{2x}-e^x+1)}{e^x+1}\,dx = \int_0^{\ln 3} (e^{2x}-e^x+1)\,dx$$

$$= \left[\frac{1}{2}e^{2x} - e^x + x\right]_0^{\ln 3} = \left(\frac{1}{2}e^{2\ln 3} - e^{\ln 3} + \ln 3\right) - \left(\frac{1}{2} - 1\right) = 2 + \ln 3$$

(4) 정적분의 치환적분법

닫힌 구간 $[\alpha, \beta]$에서 연속인 함수 $f(t)$에 대하여 닫힌 구간 $[a, b]$에서 미분가능한 함수 $t = g(x)$의 도함수 $g'(x)$가 닫힌 구간 $[a, b]$에서 연속이고 $g(a) = \alpha$, $g(b) = \beta$이면

$$\int_a^b f(g(x))g'(x)\,dx = \int_\alpha^\beta f(t)\,dt$$

설명 닫힌 구간 $[\alpha, \beta]$에서 연속인 함수 $f(t)$의 부정적분 중 하나를 $F(t)$라고 하면

$$\int_\alpha^\beta f(t)\,dt = [F(t)]_\alpha^\beta = F(\beta) - F(\alpha)$$

이 때, 닫힌 구간 $[a, b]$에서 미분가능한 함수 $t = g(x)$의 도함수 $g'(x)$가 닫힌 구간 $[a, b]$에서 연속이고 $g(a) = \alpha$, $g(b) = \beta$라고 하면 합성함수의 미분법에 의하여

$$\{F(g(x))\}' = F'(g(x))g'(x) = f(g(x))g'(x)$$

따라서 정적분의 기본 정리에 의하여

$$\int_a^b f(g(x))g'(x)\,dx = [F(g(x))]_a^b = F(g(b)) - F(g(a)) = F(\beta) - F(\alpha)$$
$$= \int_\alpha^\beta f(t)\,dt$$

이다.

예제 A.42

다음 정적분의 값을 구하여라.

(1) $\int_0^{\sqrt{3}} x\sqrt{x^2+1}\,dx$

(2) $\int_0^{\frac{\pi}{2}} (\sin^3 x+1)\cos x\,dx$

(3) $\int_0^{\frac{\pi}{2}} \sin x\cos 2x\,dx$

(4) $\int_0^{\frac{\pi}{2}} \frac{\cos x}{\sqrt{1+\sin x}}\,dx$

풀이

(1) $x^2+1=t$라고 하면 $2x\,dx=dt$이고 $x=0$일 때 $t=1$, $x=\sqrt{3}$일 때 $t=4$

$$\int_1^4 \frac{1}{2}\sqrt{t}\,dt = \left[\frac{1}{3}t\sqrt{t}\right]_1^4 = \frac{7}{3}$$

(2) $\sin x=t$라고 하면 $\cos x\,dx=dt$이고 $x=0$일 때 $t=0$, $x=\frac{\pi}{2}$일 때 $t=1$

$$\int_0^1 (t^3+1)\,dt = \left[\frac{1}{4}t^4+t\right]_0^1 = \frac{5}{4}$$

(3) $\cos x=t$라고 하면 $-\sin x\,dx=dt$이고 $x=0$일 때 $t=1$, $x=\frac{\pi}{2}$일 때 $t=0$

$$\int_0^{\frac{\pi}{2}} (2\cos^2 x-1)\sin x\,dx = \int_1^0 (2t^2-1)\cdot(-dt) = \left[\frac{2}{3}t^3-t\right]_0^1 = -\frac{1}{3}$$

(4) $1+\sin x=t$라고 하면 $\cos x\,dx=dt$이고 $x=0$일 때 $t=1$, $x=\frac{\pi}{2}$일 때 $t=2$

$$\int_1^2 \frac{1}{\sqrt{t}}\,dt = [2\sqrt{t}]_1^2 = 2(\sqrt{2}-1)$$

(5) 정적분의 부분적분법

두 함수 $f(x)$, $g(x)$가 미분가능하고, $f'(x)$, $g'(x)$가 닫힌 구간 $[a,b]$에서 연속일 때,

$$\int_a^b f'(x)g(x)\,dx = [f(x)g(x)]_a^b - \int_a^b f(x)g'(x)\,dx$$

설명 두 함수 $f(x)$, $g(x)$가 미분가능할 때, 두 함수의 곱 $f(x)g(x)$를 미분하면

$$\{f(x)g(x)\}' = f'(x)g(x)+f(x)g'(x)$$

이므로 $f(x)g(x)$는 $f'(x)g(x)+f(x)g'(x)$의 부정적분 중 하나이다.

$$\int_a^b \{f'(x)g(x)+f(x)g'(x)\}\,dx = [f(x)g(x)]_a^b$$

이므로 $\int_a^b f'(x)g(x)\,dx + \int_a^b f(x)g'(x)\,dx = [f(x)g(x)]_a^b$

$$\therefore \int_a^b f'(x)g(x)\,dx = [f(x)g(x)]_a^b - \int_a^b f(x)g'(x)\,dx$$

예제 A.43

다음 정적분의 값을 구하여라.

(1) $\int_0^{\pi} x(\sin x+\cos x)\,dx$

(2) $\int_1^2 \ln x^3\,dx$

(3) $\int_e^{e^2} \frac{\ln x}{x^2}\,dx$

(4) $\int_0^{\pi} x^2 \sin x\,dx$

풀이

(1) $\int_0^{\pi} x(\sin x+\cos x)\,dx = [x(-\cos x+\sin x)]_0^{\pi} - \int_0^{\pi}(-\cos x+\sin x)\,dx$

$= \pi - [-\sin x - \cos x]_0^{\pi} = \pi - 2$

(2) $3\int_1^2 \ln x\,dx = 3\left([x\ln x]_1^2 - \int_1^2 x \cdot \frac{1}{x}\,dx\right) = 6\ln 2 - 3[x]_1^2 = 6\ln 2 - 3$

(3) $\int_e^{e^2} \frac{1}{x^2} \cdot \ln x\,dx = \left[-\frac{1}{x}\ln x\right]_e^{e^2} - \int_e^{e^2}\left(-\frac{1}{x} \cdot \frac{1}{x}\right)dx = \left(-\frac{2}{e^2}+\frac{1}{e}\right)+\left[-\frac{1}{x}\right]_e^{e^2} = \frac{2}{e} - \frac{3}{e^2}$

(4) $\int_0^{\pi} x^2 \sin x\,dx = [-x^2\cos x]_0^{\pi} - \int_0^{\pi}(-2x\cos x)\,dx = \pi^2 + 2\left([x\sin x]_0^{\pi} - \int_0^{\pi}\sin x\,dx\right)$

$= \pi^2 + 2[\cos x]_0^{\pi} = \pi^2 - 4$

(6) 이상 적분

이상 적분에는 두 가지 종류가 있다.

① 함수는 연속이지만 적분구간이 유한하지 않는 경우

② $f(x)$가 적분구간은 유한하나, $x=c$, $a \le c \le b$에서 불연속점을 가지는 경우

■ $\int_a^b f(x)dx$ 식의 적분

[종류 : ①의 이상적분 예]

$$\int_0^{\infty} \frac{dx}{\sqrt[3]{x+1}};\quad \int_1^{\infty} \frac{dx}{x};\quad \int_{-\infty}^{\infty} \frac{dx}{a^2+x^2};\quad \int_{-\infty}^{0} e^{-x}dx;$$

[종류 : ②의 이상적분 예]

$$\int_0^1 \frac{dx}{x};\quad \int_1^2 \frac{dx}{(x-1)^n}\quad \int_{-1}^1 \frac{dx}{1-x^2};$$

$$\int_0^2 \frac{x}{\sqrt{4-x^2}}dx;\quad \int_{\pi}^{2\pi} \frac{dx}{1+\sin x};\quad \int_{-1}^2 \frac{dx}{x(x-1)^2};$$

이상 적분은 두 종류에 모두 속하는 경우가 있다.

$$\int_0^{\infty} \frac{dx}{x};\quad \int_0^{\infty} \frac{dx}{\sqrt{x+x^4}};\quad \int_{-\infty}^1 \frac{dx}{\sqrt{1-x}};$$

종류 ①의 경우, 적분구간이 유한하지 않은 이상 적분은 다음과 같이 극한으로 계산한다.

$$\int_a^{\infty} f(x)dx = \lim_{b\to\infty}\int_a^b f(x)dx$$

단, $[a, b]$에서 f는 연속이다. 우변이 극한치가 존재한다면, 좌변의 이상 적분은 수렴한다고 말한다. 우변의 극한치가 존재하지 않으면, 이 이상 적분은 발산한다고 말한다. 이상적분은 다음 예시들에서 설명하고 있다.

예제 A.44

다음을 적분하여라.

(1) $\int_1^{\infty}\frac{1}{x^2}dx$ (2) $\int_{-\infty}^{0}\frac{dz}{(z-1)^2}$

(3) $\int_{-\infty}^{0} e^{-x}dx$ (4) $\int_0^{\infty}\cos x\,dx$

풀이

(1) $\int_1^{\infty}\frac{1}{x^2}dx = \lim_{b\to\infty}\int_1^b x^{-2}dx = \lim_{b\to\infty} -(\frac{1}{b}-1) = 1$

주어진 적분은 1으로 수렴한다. 그림 2.2에서, $\int_1^{\infty}\frac{dx}{x^2}$을 x축 위와, $x=1$, $y=\frac{1}{x^2}$ 곡선 밑의 넓이로 해석한다.

(2) $\int_{-\infty}^{0}\frac{dz}{(z-1)^2} = \lim_{b\to-\infty}\int_b^0 (z-1)^{-2}dz = \lim_{b\to-\infty} -\frac{1}{z-1}\Big|_b^0 = \lim_{b\to-\infty} -(-1-\frac{1}{b-1}) = 1$

(3) $\int_{-\infty}^{0} e^{-x}dx = \lim_{b\to\infty} -e^{-x}\Big|_b^0 = \lim_{b\to\infty} -(1-e^{-b}) = +\infty$. 발산한다.

(4) $\int_0^{\infty}\cos x\,dx = \lim_{b\to\infty}\sin x\Big|_b^0 = \lim_{b\to\infty}\sin b$. 이 극한치는 ($\sin b$는 $b\to\infty$일 때 -1과 1사이 값을 가진다) 존재하지 않으므로 주어진 적분은 발산한다.

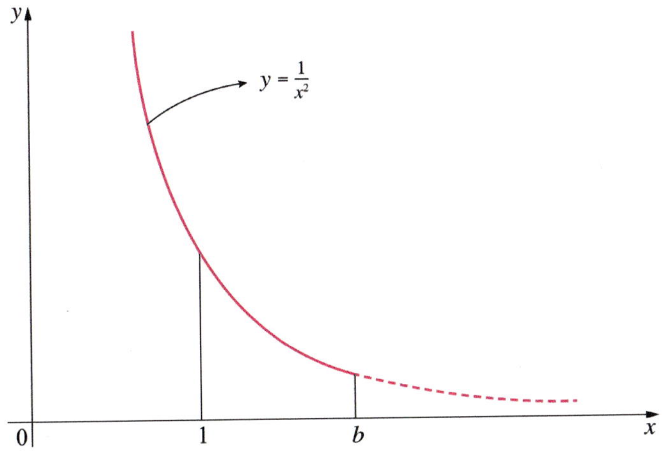

[그림 2.2]

종류 ②경우의, 함수가 불연속점을 가지고 있는 이상 적분은 다음과 같이 다뤄진다.

f가 $x=a$일 때 $f(x)=\infty$이거나 $f(x)=-\infty$일 때, $\int_a^b f(x)dx$를 $\lim_{k\to a^+}\int_k^b f(x)dx$으로 푼다. 주어진 적분은 극한치의 존재 여부에 따라 수렴하거나 발산한다. f가 b에서 불연속점을 가진다면, $\int_a^b f(x)dx$를 $\lim_{k\to b^-}\int_a^k f(x)dx$으로 푼다. 주어진 적분은 극한치의 존재 여부에 따라 수렴하거나 발산한다. 피적분 함수가 적분 구간 $(a<c<b)$ 사이 안쪽의 점 c에서 불연속점을 가진다면,

$$\int_a^b f(x)dx=\lim_{k\to c^-}\int_a^k f(x)dx+\lim_{m\to c^+}\int_m^b f(x)dx$$

이다. 이상 적분은 극한치 두 개 다 존재해야만 수립한다. 어느 극한치도 존재하지 않으면, 이상 적분은 발산한다고 판정한다.

예제 A.45

다음을 적분하여라.

(1) $\int_0^1 \frac{dx}{\sqrt[3]{x}}$ (2) $\int_0^1 \frac{dx}{x^3}$

(3) $\int_2^3 \frac{dt}{(3-t)^2}$ (4) $\int_{-2}^2 \frac{dx}{x^2}$

풀이

(1) $\int_0^1 \frac{dx}{\sqrt[3]{x}} = \lim_{k \to 0^+} \int_k^1 x^{-1/3} dx = \lim_{k \to 0^+} \frac{3}{2} x^{2/3} |_k^1 = \lim_{k \to 0^+} \frac{3}{2}(1-k^{2/3}) = \frac{3}{2}$

그림 2.3에서, 이 적분을 $y = \frac{1}{\sqrt[3]{x}}$ 밑과 $x=1$ 왼쪽으로의 첫번째 사분면 넓이로 해석한다.

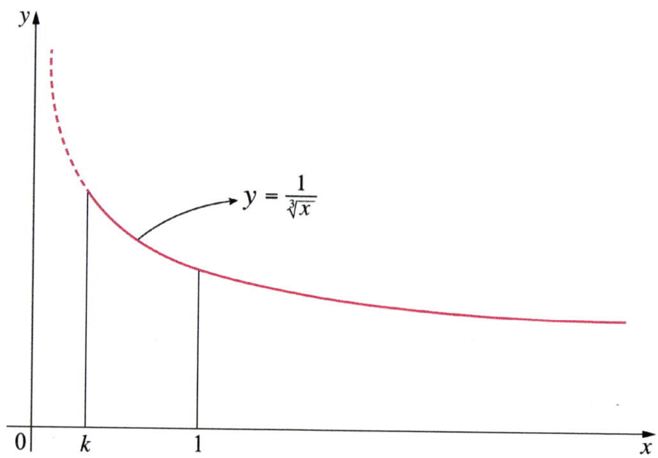

[그림 2.3]

(2) $\int_0^1 \frac{dx}{x^3} = \lim_{k \to 0^+} \int_k^1 x^{-3} dx = \lim_{k \to 0^+} - \frac{1}{2x^2} |_k^1 = \lim_{k \to 0^+} - \frac{1}{2}(1 - \frac{1}{k^2}) = \infty$. 발산한다.

(3) $\int_2^3 \frac{dt}{(3-t)^2} = \lim_{k \to 3^-} - \int_2^k (3-t)^{-2}(-dt) = \lim_{k \to 3^-} \frac{1}{3-t} |_2^k = +\infty$, 발산한다.

(4) $\int_{-2}^2 \frac{dx}{x^2} = \lim_{k \to 0^-} \int_{-2}^k x^{-2} dx + \lim_{m \to 0^+} \int_m^2 x^{-2} dx = \lim_{k \to 0^-} - \frac{1}{x} |_{-2}^k + \lim_{m \to 0^+} - \frac{1}{x} |_m^2$

극한치가 존재하지 않는다. 발산한다.

연습문제 2.2

1. 다음을 정적분하여라.

(1) $\int_0^2 x(x-3)\,dx$

(2) $\int_0^{\frac{\pi}{3}} 2\sec^2 x\,dx$

(3) $\int_0^{\frac{\pi}{8}} \sin 2x\,dx$

(4) $\int_0^{\frac{1}{2}} \frac{4}{\sqrt{1-x^2}}\,dx$

2. 치환법을 이용하여 정적분을 구하여라.

(1) $\int_0^{\frac{\pi}{4}} \tan x \sec^2 x\,dx$

(2) $\int_0^{\sqrt{3}} \frac{4x}{\sqrt{x^2+1}}\,dx$

(3) $\int_0^{2\pi} \frac{\cos x}{\sqrt{4+3\sin x}}\,dx$

(4) $\int_0^{\frac{\pi}{4}} (1+e^{\tan\theta})\sec^2\theta\,d\theta$

(5) $\int_2^4 \frac{dx}{x(\ln x)^2}$

(6) $\int_0^1 \frac{4\,ds}{\sqrt{4-s^2}}$

(7) $\int_0^{\pi} \sin^2 5r\,dr$

(8) $\int_{-\frac{\pi}{3}}^0 \sec x \tan x\,dx$

(9) $\int_1^e \frac{1}{x}(1+7\ln x)^{-\frac{1}{3}}\,dx$

(10) $\int_1^4 \frac{(\ln x)^3}{2x}\,dx$

(11) $\int_1^{\sqrt{2}} x2^{(x^2)}\,dx$

연습문제 2.2

3. 다음 정적분을 풀어라.

(1) $\int_{-1}^{1} xe^{x}dx$

(2) $\int_{\frac{\pi}{3}}^{\frac{\pi}{2}} x\sin x\,dx$

(3) $\int_{1}^{e} x\ln x\,dx$

(4) $\int_{0}^{1} \tan^{-1} x\,dx$

4. 이상적분을 구하여라.

(1) $\int_{0}^{\infty} \frac{dx}{x^2+1}$

(2) $\int_{-\infty}^{-2} \frac{2\,dx}{x^2-1}$

(3) $\int_{0}^{\infty} \frac{dx}{(1+x)\sqrt{x}}$

(4) $\int_{0}^{1} x\ln x\,dx$

(5) $\int_{-1}^{\infty} \frac{d\theta}{\theta^2+5\theta+6}$

(6) $\int_{0}^{\ln 2} x^{-2}e^{-\frac{1}{x}}\,dx$

(7) $\int_{2}^{\infty} \frac{dv}{\sqrt{v-1}}$

A.3 카이제곱분포표

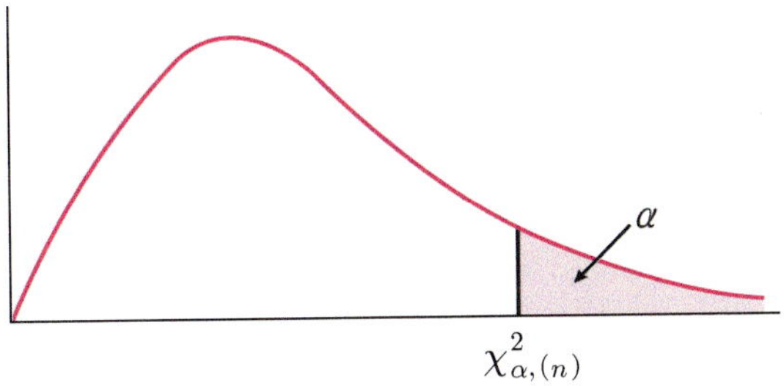

df \ α	0.9995	0.999	0.9975	0.995	0.990	0.975	0.950	0.900	0.750	0.500
1	0.00	0.00	0.00	0.00	0.00	0.00	0.00	0.02	0.10	0.45
2	0.00	0.00	0.01	0.01	0.02	0.05	0.10	0.21	0.58	1.39
3	0.02	0.02	0.04	0.07	0.11	0.22	0.35	0.58	1.21	2.37
4	0.06	0.09	0.14	0.21	0.30	0.48	0.71	1.06	1.92	3.36
5	0.16	0.21	0.31	0.41	0.55	0.83	1.15	1.61	2.67	4.35
6	0.30	0.38	0.53	0.68	0.87	1.24	1.64	2.20	3.45	5.35
7	0.48	0.60	0.79	0.99	1.24	1.69	2.17	2.83	4.25	6.35
8	0.71	0.86	1.10	1.34	1.65	2.18	2.73	3.49	5.07	7.34
9	0.97	1.15	1.45	1.73	2.09	2.70	3.33	4.17	5.90	8.34
10	1.26	1.48	1.83	2.16	2.56	3.25	3.94	4.87	6.74	9.34
11	1.59	1.83	2.23	2.60	3.05	3.82	4.57	5.58	7.58	10.34
12	1.93	2.21	2.66	3.07	3.57	4.40	5.23	6.30	8.44	11.34
13	2.31	2.62	3.11	3.57	4.11	5.01	5.89	7.04	9.30	12.34
14	2.70	3.04	3.58	4.07	4.66	5.63	6.57	7.79	10.17	13.34
15	3.11	3.48	4.07	4.60	5.23	6.26	7.26	8.55	11.04	14.34
16	3.54	3.94	4.57	5.14	5.81	6.91	7.96	9.31	11.91	15.34
17	3.98	4.42	5.09	5.70	6.41	7.56	8.67	10.09	12.79	16.34
18	4.44	4.90	5.62	6.26	7.01	8.23	9.39	10.86	13.68	17.34
19	4.91	5.41	6.17	6.84	7.63	8.91	10.12	11.65	14.56	18.34
20	5.40	5.92	6.72	7.43	8.26	9.59	10.85	12.44	15.45	19.34
21	5.90	6.45	7.29	8.03	8.90	10.28	11.59	13.24	16.34	20.34
22	6.40	6.98	7.86	8.64	9.54	10.98	12.34	14.04	17.24	21.34
23	6.92	7.53	8.45	9.26	10.20	11.69	13.09	14.85	18.14	22.34
24	7.45	8.08	9.04	9.89	10.86	12.40	13.85	15.66	19.04	23.34
25	7.99	8.65	9.65	10.52	11.52	13.12	14.61	16.47	19.94	24.34
26	8.54	9.22	10.26	11.16	12.20	13.84	15.38	17.29	20.84	25.34
27	9.09	9.80	10.87	11.81	12.88	14.57	16.15	18.11	21.75	26.34
28	9.66	10.39	11.50	12.46	13.56	15.31	16.93	18.94	22.66	27.34
29	10.23	10.99	12.13	13.12	14.26	16.05	17.71	19.77	23.57	28.34
30	10.80	11.59	12.76	13.79	14.95	16.79	18.49	20.60	24.48	29.34
40	16.91	17.92	19.42	20.71	22.16	24.43	26.51	29.05	33.66	39.34
50	23.46	24.67	26.46	27.99	29.71	32.36	34.76	37.69	42.94	49.33
60	30.34	31.74	33.79	35.53	37.48	40.48	43.19	46.46	52.29	59.33
80	44.79	46.52	49.04	51.17	53.54	57.15	60.39	64.28	71.14	79.33
100	59.90	61.92	64.86	67.33	70.06	74.22	77.93	82.36	90.13	99.33

df \ α	0.250	0.200	0.150	0.100	0.050	0.025	0.020	0.010	0.005	0.0025	0.001	0.0005
1	1.32	1.64	2.07	2.71	3.84	5.02	5.41	6.63	7.88	9.14	10.83	12.12
2	2.77	3.22	3.79	4.61	5.99	7.38	7.82	9.21	10.60	11.98	13.82	15.20
3	4.11	4.64	5.32	6.25	7.81	9.35	9.84	11.34	12.84	14.32	16.27	17.73
4	5.39	5.99	6.74	7.78	9.49	11.14	11.67	13.28	14.86	16.42	18.47	20.00
5	6.63	7.29	8.12	9.24	11.07	12.83	13.39	15.09	16.75	18.39	20.51	22.11
6	7.84	8.56	9.45	10.64	12.59	14.45	15.03	16.81	18.55	20.25	22.46	24.10
7	9.04	9.80	10.75	12.02	14.07	16.01	16.62	18.48	20.28	22.04	24.32	26.02
8	10.22	11.03	12.03	13.36	15.51	17.53	18.17	20.09	21.95	23.77	26.12	27.87
9	11.39	12.24	13.29	14.68	16.92	19.02	19.68	21.67	23.59	25.46	27.88	29.67
10	12.55	13.44	14.53	15.99	18.31	20.48	21.16	23.21	25.19	27.11	29.59	31.42
11	13.70	14.63	15.77	17.28	19.68	21.92	22.62	24.72	26.76	28.73	31.26	33.14
12	14.85	15.81	16.99	18.55	21.03	23.34	24.05	26.22	28.30	30.32	32.91	34.82
13	15.98	16.98	18.20	19.81	22.36	24.74	25.47	27.69	29.82	31.88	34.53	36.48
14	17.12	18.15	19.41	2.106	23.68	26.12	26.87	29.14	31.32	33.43	36.12	38.11
15	18.25	19.31	20.60	22.31	25.00	27.49	28.26	30.58	32.80	34.95	37.70	39.72
16	19.37	20.47	21.79	23.54	26.30	28.85	29.63	32.00	34.27	36.46	39.25	41.31
17	20.49	21.61	22.98	24.77	27.59	30.19	31.00	33.41	35.72	37.95	40.79	42.88
18	21.60	22.76	24.16	25.99	28.87	31.53	32.35	34.81	37.16	39.42	42.31	44.43
19	22.72	23.90	25.33	27.20	30.14	32.85	33.69	36.19	38.58	40.88	43.82	45.97
20	23.83	25.04	26.50	28.41	31.41	34.17	35.02	37.57	40.00	42.34	45.31	47.50
21	24.93	26.17	27.66	29.62	32.67	35.48	36.34	38.93	41.40	43.78	46.80	49.01
22	26.04	27.30	28.82	30.81	33.92	36.78	37.66	40.29	42.80	45.20	48.27	50.51
23	27.14	28.43	29.98	32.01	35.17	38.08	38.97	41.64	44.18	46.62	49.73	52.00
24	28.24	29.55	31.13	33.20	36.42	39.36	40.27	42.98	45.56	48.03	51.18	53.48
25	29.34	30.68	32.28	34.38	37.65	40.65	41.57	44.31	46.93	49.44	52.62	54.95
26	30.43	31.79	33.43	35.56	38.89	41.92	42.86	45.64	48.29	50.83	54.05	56.41
27	31.53	32.91	34.57	36.74	40.11	43.19	44.14	46.96	49.64	52.22	55.48	57.86
28	32.62	34.03	35.71	37.92	41.34	44.46	45.42	48.28	50.99	53.59	56.89	59.30
29	33.71	35.14	36.85	39.09	42.56	45.72	46.69	49.59	52.34	54.97	58.30	60.73
30	34.80	36.25	37.99	40.26	43.77	46.98	47.96	50.89	53.67	56.33	59.70	62.16
40	45.62	47.27	49.24	51.81	55.76	59.34	60.44	63.69	66.77	69.70	73.40	76.09
50	56.33	58.16	60.35	63.17	67.50	71.42	72.61	76.15	79.49	82.66	86.66	89.56
60	66.98	68.97	71.34	74.40	79.08	83.30	84.58	88.38	91.95	95.34	99.61	102.7
80	88.13	90.41	93.11	96.58	101.9	106.6	108.1	112.3	116.3	120.1	124.8	128.3
100	109.1	111.7	114.7	118.5	124.3	129.6	131.1	135.8	140.2	144.3	149.4	153.2

A.4 표준정규분포표

$$P\{Z \leq z\} = \int_{-\infty}^{z} \frac{1}{\sqrt{2\pi}} e^{-\frac{x^2}{2}} dx$$

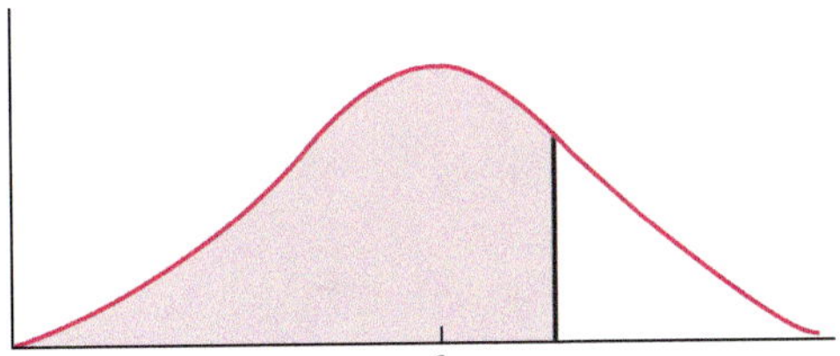

표의 숫자는 z보다 같거나 작을 확률을 나타낸다.

z	.00	.01	.02	.03	.04	.05	.06	.07	.08	.09
.0	.5000	.5040	.5080	.5120	.5160	.5119	.5239	.5279	.5319	.5359
.1	.5398	.5438	.5478	.5517	.5557	.5596	.5636	.5675	.5714	.5753
.2	.5793	.5832	.5871	.5910	.5948	.5987	.6026	.6064	.6103	.6141
.3	.6179	.6217	.6255	.6293	.6331	.6368	.6406	.6443	.6480	.6517
.4	.6554	.6591	.6628	.6664	.6700	.6736	.6772	.6808	.6844	.6879
.5	.6915	.6950	.6985	.7019	.7054	.7088	.7123	.7157	.7190	.7224
.6	.7257	.7291	.7324	.7357	.7389	.7422	.7454	.7486	.7517	.7549
.7	.7580	.7611	.7642	.7673	.7704	.7734	.7764	.7794	.7823	.7852
.8	.7881	.7910	.7939	.7967	.7995	.8023	.8051	.8078	.8106	.8133
.9	.8159	.8186	.8212	.8238	.8264	.8289	.8315	.8340	.8365	.8389
1.0	.8413	.8438	.8461	.8485	.8508	.8531	.8554	.8577	.8599	.8621
1.1	.8643	.8665	.8686	.8708	.8729	.8749	.8770	.8790	.8810	.8830
1.2	.8949	.8869	.8888	.8907	.8925	.8944	.8962	.8980	.8997	.9015
1.3	.9032	.9049	.9066	.9082	.9099	.9115	.9131	.9147	.9162	.9177
1.4	.9192	.9207	.9222	.9236	.9251	.9265	.9279	.9292	.9306	.9319
1.5	.9332	.9345	.9357	.9370	.9382	.9394	.9406	.9418	.9429	.9441
1.6	.9452	.9463	.9474	.9484	.9495	.9505	.9515	.9525	.9535	.9545
1.7	.9554	.9564	.9573	.9582	.9591	.9599	.9608	.9616	.9625	.9633
1.8	.9641	.9649	.9656	.9664	.9671	.9678	.9686	.9693	.9699	.9706
1.9	.9713	.9719	.9726	.9732	.9738	.9744	.9750	.9756	.9761	.9767
2.0	.9772	.9778	.9783	.9788	.9793	.9798	.9803	.9808	.9812	.9817
2.1	.9821	.9826	.9830	.9834	.9838	.9842	.9846	.9850	.9854	.9857
2.2	.9861	.9864	.9868	.9871	.9875	.9878	.9881	.9884	.9887	.9890
2.3	.9893	.9896	.9898	.9901	.9904	.9906	.9909	.9911	.9913	.9916
2.4	.9918	.9920	.9922	.9925	.9927	.9929	.9931	.9932	.9934	.9936
2.5	.9938	.9940	.9941	.9943	.9945	.9946	.9948	.9949	.9951	.9952
2.6	.9953	.9955	.9956	.9957	.9959	.9960	.9961	.9962	.9963	.9964
2.7	.9965	.9966	.9967	.9968	.9969	.9970	.9971	.9972	.9973	.9974
2.8	.9974	.9975	.9976	.9977	.9977	.9978	.9979	.9979	.9980	.9981
2.9	.9981	.9982	.9982	.9983	.9984	.9984	.9985	.9985	.9986	.9986
3.0	.9987	.9987	.9987	.9988	.9988	.9989	.9989	.9989	.9990	.9990
3.1	.9990	.9991	.9991	.9991	.9992	.9992	.9992	.9992	.9993	.9993
3.2	.9993	.9993	.9994	.9994	.9994	.9994	.9994	.9995	.9995	.9995
3.3	.9995	.9995	.9995	.9996	.9996	.9996	.9996	.9996	.9996	.9997
3.4	.9997	.9997	.9997	.9997	.9997	.9997	.9997	.9997	.9997	.9998
3.5	.9998	.9998	.9998	.9998	.9998	.9998	.9998	.9998	.9998	.9998

A.5 t-분포표

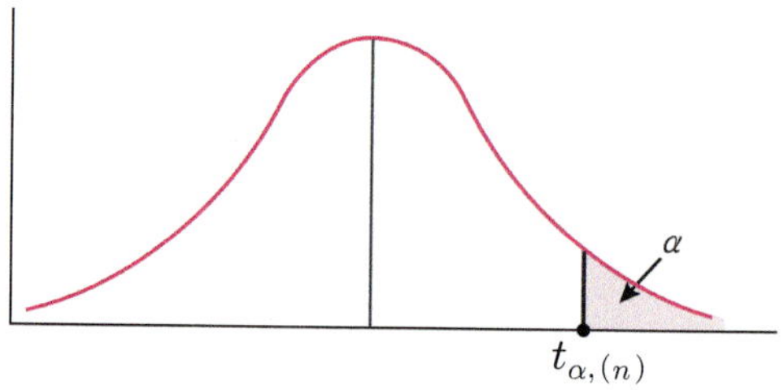

df \ α	0.25	0.20	0.15	0.10	0.05	0.025	0.02	0.01	0.005	0.0025	0.001	0.0005
1	1.000	1.376	1.963	3.078	6.314	12.71	15.89	31.82	63.66	127.3	318.3	636.6
2	0.816	1.061	1.386	1.886	2.920	4.303	4.849	6.965	9.925	14.09	22.33	31.60
3	0.765	0.978	1.250	1.638	2.353	3.182	3.482	4.541	5.841	7.453	10.21	12.92
4	0.741	0.941	1.190	1.533	2.132	2.776	2.999	3.747	4.604	5.598	7.173	8.610
5	0.727	0.920	1.156	1.476	2.015	2.571	2.757	3.365	4.032	4.773	5.893	6.869
6	0.718	0.906	1.134	1.440	1.943	2.447	2.612	3.143	3.707	4.317	5.208	5.959
7	0.711	0.896	1.119	1.415	1.895	2.365	2.517	2.998	3.499	4.029	4.785	5.408
8	0.706	0.889	1.108	1.397	1.860	2.306	2.449	2.896	3.355	3.833	4.501	5.041
9	0.703	0.883	1.100	1.383	1.833	2.262	2.398	2.821	3.250	3.690	4.297	4.781
10	0.700	0.879	1.093	1.372	1.812	2.228	2.359	2.764	3.169	3.581	4.144	4.587
11	0.697	0.876	1.088	1.363	1.796	2.201	2.328	2.718	3.106	3.497	4.025	4.437
12	0.695	0.873	1.083	1.356	1.782	2.179	2.303	2.681	3.055	3.428	3.930	4.318
13	0.694	0.870	1.079	1.350	1.771	2.160	2.282	2.650	3.012	3.372	3.852	4.221
14	0.692	0.868	1.076	1.345	1.761	2.145	2.264	2.624	2.977	3.326	3.787	4.140
15	0.691	0.866	1.074	1.341	1.753	2.131	2.249	2.602	2.947	3.286	3.733	4.073
16	0.690	0.865	1.071	1.337	1.746	2.120	2.235	2.583	2.921	3.252	3.686	4.015
17	0.689	0.863	1.069	1.333	1.740	2.110	2.224	2.567	2.898	3.222	3.646	3.965
18	0.688	0.862	1.067	1.330	1.734	2.101	2.214	2.552	2.878	3.197	3.611	3.922
19	0.688	0.861	1.066	1.328	1.729	2.093	2.205	2.539	2.861	3.174	3.579	3.883
20	0.687	0.860	1.064	1.325	1.725	2.086	2.197	2.528	2.845	3.153	3.552	3.850
21	0.686	0.859	1.063	1.323	1.721	2.080	2.189	2.518	2.831	3.135	3.527	3.819
22	0.686	0.858	1.061	1.321	1.717	2.074	2.183	2.508	2.819	3.119	3.505	3.792
23	0.685	0.858	1.060	1.319	1.714	2.069	2.177	2.500	2.807	3.104	3.485	3.768
24	0.685	0.857	1.059	1.318	1.711	2.064	2.172	2.492	2.797	3.091	3.467	3.745
25	0.684	0.856	1.058	1.316	1.708	2.060	2.167	2.485	2.787	3.078	3.450	3.725
26	0.684	0.856	1.058	1.315	1.706	2.056	2.162	2.479	2.779	3.067	3.435	3.707
27	0.684	0.855	1.057	1.314	1.703	2.052	2.158	2.473	2.771	3.057	3.421	3.690
28	0.683	0.855	1.056	1.313	1.701	2.048	2.154	2.467	2.763	3.047	3.408	3.674
29	0.683	0.854	1.055	1.311	1.699	2.045	2.150	2.462	2.756	3.038	3.396	3.659
30	0.683	0.854	1.055	1.310	1.697	2.042	2.147	2.457	2.750	3.030	3.385	3.646
40	0.681	0.851	1.050	1.303	1.684	2.021	2.123	2.423	2.704	2.971	3.307	3.551
50	0.679	0.849	1.047	1.299	1.676	2.009	2.109	2.403	2.678	2.937	3.261	3.496
60	0.679	0.848	1.045	1.296	1.671	2.000	2.099	2.390	2.660	2.915	3.232	3.460
80	0.678	0.846	1.043	1.292	1.664	1.990	2.088	2.374	2.639	2.887	3.195	3.416
100	0.677	0.845	1.042	1.290	1.660	1.984	2.081	2.364	2.626	2.871	3.174	3.390
1,000	0.675	0.842	1.037	1.282	1.646	1.962	2.056	2.330	2.581	2.813	3.098	3.300
∞	0.674	0.841	1.036	1.282	1.645	1.960	2.054	2.326	2.576	2.807	3.091	3.291

A.6 F-분포표

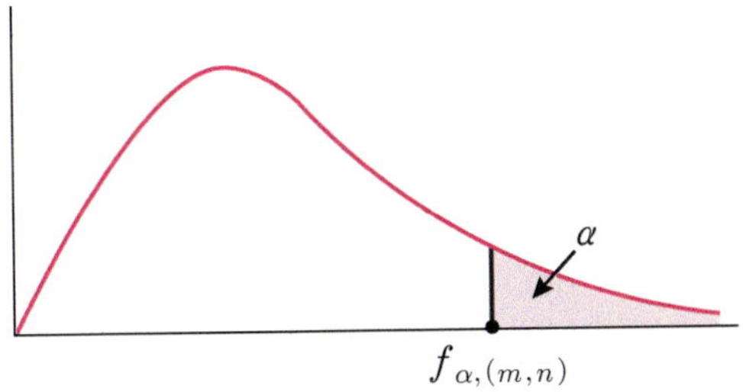

분모의 자유도	α	분자의 자유도 1	2	3	4	5	6	7	8	9	10
1	0.100	39.86	49.50	53.59	55.83	57.24	58.20	58.91	59.44	59.86	60.19
	0.050	161.45	199.50	215.71	224.58	230.10	233.99	236.77	238.88	240.54	241.88
	0.025	647.79	799.50	864.16	899.58	921.85	937.11	948.22	956.66	963.28	968.63
	0.010	4052.2	4999.5	5403.4	5624.6	5763.6	5859.0	5928.4	5981.1	6022.5	6055.8
	0.001	405284	500000	540379	562500	576405	585937	592873	598144	602284	605621
2	0.100	8.53	9.00	9.16	9.24	9.29	9.33	9.35	9.37	9.38	9.39
	0.050	18.51	19.00	19.16	19.25	19.30	19.33	19.35	19.37	19.38	19.40
	0.025	38.51	39.00	39.17	39.25	39.30	39.33	39.36	39.37	39.39	39.40
	0.010	98.50	99.00	99.17	99.25	99.30	99.33	99.36	99.37	99.39	99.40
	0.001	998.50	999.00	999.17	999.25	999.30	999.33	999.36	999.37	999.39	999.40
3	0.100	5.54	5.46	5.39	5.34	5.31	5.28	5.27	5.25	5.24	5.23
	0.050	10.13	9.55	9.28	9.12	9.01	8.94	8.89	8.85	8.81	8.79
	0.025	17.44	16.04	15.44	15.10	14.88	14.73	14.62	14.54	14.47	14.42
	0.010	34.12	30.82	29.46	28.71	28.24	27.91	27.67	27.49	27.35	27.23
	0.001	167.03	148.50	141.11	137.10	134.58	132.85	131.58	130.62	129.86	129.25
4	0.100	4.54	4.32	4.19	4.11	4.05	4.01	3.98	3.95	3.94	3.92
	0.050	7.71	6.94	6.59	6.39	6.26	6.16	6.09	6.04	6.00	5.96
	0.025	12.22	10.65	9.98	9.60	9.36	9.20	9.07	8.98	8.90	8.84
	0.010	21.20	18.00	16.69	15.98	15.52	15.21	14.98	14.80	14.66	14.55
	0.001	74.14	61.25	56.18	53.44	51.71	50.53	49.66	49.00	48.47	48.05
5	0.100	4.06	3.78	3.62	3.52	3.45	3.40	3.37	3.34	3.32	3.30
	0.050	6.61	5.79	5.41	5.19	5.05	4.95	4.88	4.82	4.77	4.74
	0.025	10.01	8.43	7.76	7.39	7.15	6.98	6.85	6.76	6.68	6.62
	0.010	16.26	13.27	12.06	11.39	10.97	10.67	10.46	10.29	10.16	10.05
	0.001	47.18	37.12	33.20	31.09	29.75	28.83	28.16	27.65	27.24	26.92
6	0.100	3.78	3.46	3.29	3.18	3.11	3.05	3.01	2.98	2.96	2.94
	0.050	5.99	5.14	4.76	4.53	4.39	4.28	4.21	4.15	4.10	4.06
	0.025	8.81	7.26	6.60	6.23	5.99	5.82	5.70	5.60	5.52	5.46
	0.010	13.75	10.92	9.78	9.15	8.75	8.47	8.26	8.10	7.98	7.87
	0.001	35.51	27.00	23.70	21.92	20.80	20.03	19.46	19.03	18.69	18.41

분모의 자유도	α	분자의 자유도									
		12	15	20	25	30	40	50	60	120	1,000
	0.100	60.71	61.22	61.74	62.05	62.26	62.53	62.69	62.79	63.06	63.30
	0.050	243.91	245.95	248.01	249.26	250.10	251.14	251.77	252.20	253.25	254.11
1	0.025	976.71	984.87	993.10	998.08	1001.4	1005.6	1008.1	1009.8	1014.0	1017.7
	0.010	6106.3	6157.3	6208.7	6239.8	6260.6	6286.8	6302.5	6313.0	6339.4	6362.7
	0.001	610668	615764	620908	624017	626099	628712	630285	631337	633972	636301
	0.100	9.41	9.42	9.44	9.45	9.46	9.47	9.47	9.47	9.48	9.49
	0.050	19.41	19.43	19.45	19.46	19.46	19.47	19.48	19.48	19.49	19.49
2	0.025	39.41	39.43	39.45	39.46	39.46	39.47	39.48	39.48	39.49	39.50
	0.010	99.42	99.43	99.45	99.46	99.47	99.47	99.48	99.48	99.49	99.50
	0.001	999.42	999.43	999.45	999.46	999.47	999.47	999.48	999.48	999.49	999.50
	0.100	5.22	5.20	5.18	5.17	5.17	5.16	5.15	5.15	5.14	5.13
	0.050	8.74	8.70	8.66	8.63	8.62	8.59	8.58	8.57	8.55	8.53
3	0.025	14.34	14.25	14.17	14.12	14.08	14.04	14.01	13.99	13.95	13.91
	0.010	27.05	26.87	26.69	26.58	26.50	26.41	26.35	26.32	26.22	26.14
	0.001	128.32	127.37	126.42	125.84	125.45	124.96	124.66	124.47	123.97	123.53
	0.100	3.90	3.87	3.84	3.83	3.82	3.80	3.80	3.79	3.78	3.76
	0.050	5.91	5.86	5.80	5.77	5.75	5.72	5.70	5.69	5.66	5.63
4	0.025	8.75	8.66	8.56	8.50	8.46	8.41	8.38	8.36	8.31	8.26
	0.010	14.37	14.20	14.02	13.91	13.84	13.75	13.69	13.65	13.56	13.47
	0.001	47.41	46.76	46.10	45.70	45.43	45.09	44.88	44.75	44.40	44.09
	0.100	3.27	3.24	3.21	3.19	3.17	3.16	3.15	3.14	3.12	3.11
	0.050	4.68	4.62	4.56	4.52	4.50	4.46	4.44	4.43	4.40	4.37
5	0.025	6.52	6.43	6.33	6.27	6.23	6.18	6.14	6.12	6.07	6.02
	0.010	9.89	9.72	9.55	9.45	9.38	9.29	9.24	9.20	9.11	9.03
	0.001	26.42	25.91	25.39	25.08	24.87	24.60	24.44	24.33	24.06	23.82
	0.100	2.90	2.87	2.84	2.81	2.80	2.78	2.77	2.76	2.74	2.72
	0.050	4.00	3.94	3.87	3.83	3.81	3.77	3.75	3.74	3.70	3.67
6	0.025	5.37	5.27	5.17	5.11	5.07	5.01	4.98	4.96	4.90	4.86
	0.010	7.72	7.56	7.40	7.30	7.23	7.14	7.09	7.06	6.97	6.89
	0.001	17.99	17.56	17.12	16.85	16.67	16.44	16.31	16.21	15.98	15.77

문제 해답

1장 : 확률

1.1 조합법칙

[문제 1.1]

(1) 홀수의 눈이 나오는 사건을 A, 4의 배수의 눈이 나오는 사건을 B라고 하면

$A=\{1,3,5\}$, $B=\{4\}$이다. 이때, $A\cap B=\phi$이므로 구하는 경우의 수는

$n(A\cup B)=n(A)+n(B)=3+1=4$

(2) 홀수의 눈이 나오는 사건을 A, 3의 배수의 눈이 나오는 사건을 B라고 하면

$A=\{1,3,5\}$, $B=\{3,6\}$이다.

이때, $A\cap B=\{3\}$이므로 구하는 경우의 수는

$n(A\cup B)=n(A)+n(B)-n(A\cap B)=3+2-1=4$

[문제 1.2]

합의 법칙에 의하여 $3+4+2=9$

[문제 1.3]

오른쪽과 같이 a, b, c의 책을 읽은 학생의 집합을 각각 A, B, C라고 하면 문제의 조건은

$n(A)=28, n(B)=30, n(C)=42,$

$n(A\cap B)=8, n(B\cap C)=5, n(A\cap C)=10,$

$n(A\cap B\cap C)=3$이다.

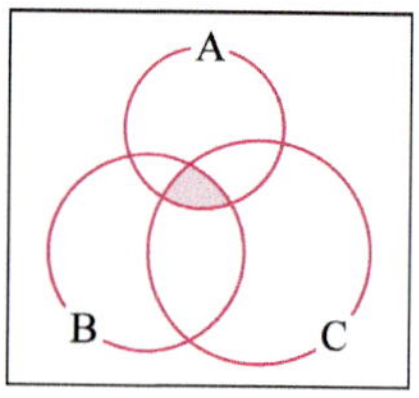

(1) $n(A\cup B\cup C)=n(A)+n(B)+n(C)$

$-n(A\cap B)-n(B\cap C)-n(C\cap A)+n(A\cap B\cap C)$

$=28+30+42-8-5-10+3=80$

$n(A^c\cap B^c\cap C^c)=n(A\cup B\cup C)^c=100-80=20$(명)

(2) $n(A\cup B\cup C)-n(B\cup C)$

$=n(A\cup B\cup C)-n(B)-n(C)+n(B\cap C)$

$=80-30-42+5=13$(명)

(3) $n(B\cap C)-n(A\cap B\cap C)=5-3=2$(명)

[문제 1.4]

(1) 과학 과목 중 하나를 택하는 경우는 4가지이고, 이 각각에 대하여 사회 과목 중 하나를 택하는 경우는 5가지씩 있다. 따라서 구하는 경우의 수는 $4\times5=20$

(2) 같은 방법으로 생각하면 구하는 경우의 수는

$4\times5\times3=60$

[문제 1.5]

A에서 D까지 가는 경우는

$A\to B\to D$의 경우 : $2\times3=6$(가지)

$A\to C\to D$의 경우 : $3\times2=6$(가지)

$A\to B\to C\to D$의 경우 : $2\times2\times2=8$(가지)

$A\to C\to B\to D$의 경우 : $3\times2\times3=18$(가지)

따라서 $6+6+8+18=38$(가지)

[문제 1.6]

(1) ${}_3\mathrm{P}_2=3\times2=6$

(2) ${}_4\mathrm{P}_4=4\times3\times2\times1=24$

(3) ${}_5\mathrm{P}_4=5\times4\times3\times2=120$

(4) ${}_6\mathrm{P}_3=6\times3\times2=120$

[문제 1.7]

(1) 10명에서 10명을 택하는 순열의 수이므로

$10!=10\times9\times8\times7\times6\times5\times4\times3\times2\times1=3628800$

(2) 10명에서 3명을 택하는 순열의 수이므로

${}_{10}\mathrm{P}_3=10\times9\times8=720$

(3) 10명에서 n명을 택하는 순열의 수는 ${}_{10}\mathrm{P}_n$이므로

${}_{10}\mathrm{P}_n=90$ 곧, ${}_{10}\mathrm{P}_n=10\times9$ $\therefore n=2$

[문제 1.8]

(1) 서로 다른 3개의 방에서 4개를 택하는 중복순열의 수와 같으므로

${}_3\Pi_4=3^4=81$

(2) 2명의 후보에서 5명을 택하는 중복순열의 수와 같으므로

${}_2\Pi_5=2^5=32$

(3) 서로 다른 4개의 반에서 3개를 택하는 중복순열의 수와 같으므로

$_4\Pi_3 = 4^3 = 64$

[문제 1.9]

$\frac{12!}{7!3!2!}$

[문제 1.10]

(1) 60가지 (2) 60가지

[문제 1.11]

(1) $(3-1)! \times 3! = 12$

(2) $4!$ (3) $7!$

[문제 1.12]

$(3-1)! \times 2 \times 2 \times 2 = 16$

[문제 1.13]

(1) ${}_9C_3\, {}_5C_2 = 840$

(2) ${}_{12}C_3 = \frac{12 \times 11 \times 10}{3 \times 2 \times 1} = 220$

(3) ${}_{14}C_3 - {}_9C_3 = 280$

(4) ${}_{14}C_3 - ({}_9C_3 + {}_5C_3) = 364 - (84 + 10) = 270$

[문제 1.14]

서로 다른 4개에서 3개를 택하는 중복조합의 수와 같으므로 $_4H_3 = {}_6C_3 = 20$

[문제 1.15]

(1) 서로 다른 4개에서 10개를 택하는 중복조합의 수와 같으므로

$_4H_{10} = {}_{13}C_{10} = {}_{13}C_3 = 286$

(2) 먼저 4명의 학생들에게 음료수를 한 개씩 주면 음료수가 6개 남는다. 따라서 구하는 방법의 수는 서로 다른 4개에서 6개를 택하는 중복조합의 수와 같으므로

$_4H_6 = {}_9C_6 = {}_9C_3 = 84$

1.2 이항정리

[문제 1.16]

${}_4C_r(ax^3)^{4-r}(2yx^{-2})^r = 2^r a^{4-r}\, {}_4C_r\, x^{12-5r} y^r$

$r=2$일 때 $a = \pm\frac{1}{2}$

[문제 1.17]

등비수열의 합

$\frac{(1+x^2)\{(1+x^2)^{20}-1\}}{(1+x^2)-1} = \frac{(1+x^2)^{21}-(1+x^2)}{x^2}$ 이므로,

$(1+x^2)^{21}$의 전개식에서 x^6의 항의 계수와 같다.

${}_{21}C_r(x^2)^r = {}_{21}C_r\, x^{2r}$에서 $r=3$.

그러므로 구하는 계수는 ${}_{21}C_3 = 1330$

[문제 1.18]

(1) 준식 $= {}_nC_0 + {}_nC_1 4^1 + {}_nC_2 4^2 + \cdots + {}_nC_n 4^n = (1+4)^n = 5^n$

(2) $\sum_{k=1}^{n} 2^k\, {}_nC_k\, p^k q^{n-k} = \sum_{k=1}^{n} {}_nC_k\, q^{n-k}(2p)^k$

$= \sum_{k=0}^{n} {}_nC_k\, q^{n-k}(2p)^k - {}_nC_0\, q^{n-0}(2p)^0$

$= (q+2p)^n - q^n = (2p+q)^n - q^n$

(3) $\sum_{r=1}^{n} {}_nC_r\, 3^{n-r}8^r = \sum_{r=0}^{n} {}_nC_r\, 3^{n-r}8^r - {}_nC_0\, 3^n 8^0$

$= (3+8)^n - 3^n = 11^n - 3^n$

[문제 1.19]

$2^{10} = 1024$

[문제 1.20]

(1) ${}_nC_0 + {}_nC_1 + {}_nC_2 + {}_nC_3 + \cdots + {}_nC_n = 2^n$

이므로

${}_nC_1 + {}_nC_2 + {}_nC_3 + \cdots + {}_nC_n = 2^n - 1$

따라서 문제의 주어진 식은

$2^n - 1 = 31$

$2^n = 32,\ n = 5$

(2) ${}_nC_0 + {}_nC_1 + {}_nC_2 + {}_nC_3 + \cdots + {}_nC_n = 2^n$

이므로 $2000 < 2^n - 1 < 3000$

$2^{10} = 1024,\ 2^{11} = 2048,\ 2^{12} = 2096$

이므로 $n=11$

[문제 1.21]

$101^3=(1+100)^3={}_3C_0+{}_3C_1 100+{}_3C_2 100^2+{}_3C_3 100^3$

$=1+300+30000+1000000=10303030$

[문제 1.22]

전개식의 일반항은

$\frac{6!}{p!\,q!\,r!}(x^2)^p x^q\,1^r=\frac{6!}{p!q!r!}x^{2p+q}$

(단, $p+q+r=6$)

$2p+q=3,\ \ p+q+r=6.\ p,\ q,\ r$은 음이 아닌 정수이므로

$(p,\ q,\ r)=(0,\ 3,\ 3),\ (1,\ 1,\ 4)$

따라서 $\frac{6!}{0!\,3!\,3!}+\frac{6!}{1!\,1!\,4!}=50$

[문제 1.23]

(1) $\frac{9!}{3!4!2!}=1260$

(2) 이것은 A승차권 3매, B승차권 2매, C승차권 5매를 일렬로 세우는 방법과 같으므로

$\frac{10!}{3!2!5!}=2520$[가지]

[문제 1.24]

(1) $P=\frac{10!}{4!3!3!}(0.5)^4(0.3)^3(0.2)^3$

(2) $P=\frac{9!}{3!3!1!2!}(0.4)^3(0.2)^3(0.3)^1(0.1)^2$

1.3 확률

[문제 1.25]

$A_1,\ A_2,\ A_3,\ A_4$는 서로 배반이므로

$P(E_1)=P(A_1)+P(A_2)+P(A_3)$

$=0.36+0.24+0.24=0.84$

$P(E_2)=P(A_3)+P(A_4)=0.4$

[문제 1.26]

(1) $S=\{HHH,\ HHT,\ HTH,\ THH,\ HTT,\ THT,\ TTH,\ TTT\}$

(2) $E=\{HHH,\ HHT,\ THH,\ THT\},\ F=\{HHT,\ HTH,\ THH\}$

(3) $E\cup F=\{HHH,\ HHT,\ HTH,\ THH,\ THT\}$,
$E\cap F=\{HHT,\ THH\}$,
$E^c=\{HTH,\ HTT,\ TTH,\ TTT\}$,
$F^c=\{HHH,\ HTT,\ THT,\ TTH,\ TTT\}$,
$(E\cap F)^c=\{HHH,\ HTH,\ HTT,\ THT,\ TTH,\ TTT\}$,
$E^c\cap F=\{HTH\}$

[문제 1.27]

(1) $P(A)=\frac{n(A)}{n(S)}=\frac{{}_3C_2+{}_4C_2}{{}_7C_2}=\frac{1}{7}+\frac{2}{7}=\frac{3}{7}$

(2) $P=\frac{{}_3C_2\ {}_{17}C_1}{{}_{20}C_3}=\frac{17}{380}$

(3) 처음 검은 공 : $\frac{3}{8}$, 두 번째 검은공이 나올 확률 : $\frac{2}{7}$,

두 개 모두 검은 공일 확률 $=\frac{3}{8}\times\frac{2}{7}=\frac{6}{56}$

[문제 1.28]

확률 $=\frac{\text{기대하는것이 일어난횟수}}{\text{실험한모든횟수}}=\frac{950}{1000}=0.95$

[문제 1.29]

$S=\{1, 2, 3,\ \cdots, 200\},\ A=\{6,\ 12,\ 18,\ \cdots, 198\}$,

$B=\{8, 16,\ \cdots, 200\}$,

$A\cap B=\{24,\ 8,\ \cdots,\ 192\},\ n(B)=25,\ n(A\cap B)=8$이므로

$P(A\cup B)=P(A)+P(B)-P(A\cap B)=\frac{33}{200}+\frac{25}{200}-\frac{8}{200}=\frac{50}{200}=$

[문제 1.30]

(1) $1\ /\binom{n}{2}$

(2) $1-\binom{n-1}{2}\ /\ \binom{n}{3}$

(3) $3\times\binom{n-3}{4}\ /\ \binom{n}{5}$

[문제 1.31]

(1) $\binom{950}{5}\ /\ \binom{1000}{5}=0.78$

(2) $1-0.78=0.22$

[문제 1.32]

$P(A^c \cap B^c) = P\{(A \cup B)^c\} = 0.4$

$P(A \cup B) = 1 - P\{(A \cup B)^c\} = 0.6$

$P(A \cup B) = P(A) + P(B) - P(A \cap B)$

$0.6 = 0.3 + 0.5 - P(A \cap B)$

$P(A \cap B) = 0.2$

[문제 1.33]

한국인일 사건을 A, 남자일 사건을 B라 하면

$P(A) = \frac{60}{100} = \frac{3}{5}$, $P(A \cap B) = \frac{42}{100} = \frac{21}{50}$

$P(A \cap B) = P(A)P(B|A)$

$$P(B|A) = \frac{P(A \cap B)}{P(A)} = \frac{\frac{21}{50}}{\frac{3}{5}} = \frac{7}{10}$$

[문제 1.34]

(1) $P(\text{높은} IQ) = \frac{200}{2000} = 0.1$

(2) $P(\text{높은} IQ | \text{왼손잡이}) = \frac{10}{100} = 0.1$

높은 IQ를 가질 확률은 학생이 왼손잡이라는 사실에 영향을 받지 않는다. 따라서 두 사건은 독립적이다.

[문제 1.35]

C : 한 사람이 암에 걸렸을 사건

D : 한 사람이 암에 걸렸다고 진단할 사건

(1) $P(C) = 0.05$, $P(D|C) = 0.78$, $P(C^c) = 0.95$, $P(D|C^c) = 0.06$이므로

$P(D) = P(C \cap D) + P(C^c \cap D) = (0.05)(0.78) + (0.95)(0.06)$
$= 0.096$

(2) $P(C|D) = \frac{P(C \cap D)}{P(D)} = \frac{0.039}{0.096} = 0.40625$

[문제 1.36]

A와 B가 각각의 소방차의 이용 가능성이라고 하자

(1) $P(A^c \cap B^c) = P(A^c)P(B^c) = (0.04)(0.04) = 0.0016$

(2) $P(A \cup B) = 1 - P(A^c \cap B^c) = 1 - 0.0016 = 0.9984$

[문제 1.37]

A, B, C가 닫혀 있는 사건을 각각 A, B, C라고 하자.

(1) $P(A \cap B \cap C^c) = P(A)P(B)P(C^c)$
$= 0.4 \times 0.3 \times 0.8 = 0.096$

(2) $P(A \cap C \cap B^c) = P(A)P(C)P(B^c)$
$= 0.4 \times 0.2 \times 0.7 = 0.056$

(3) $P(A \cap B \cap C) = P(A)P(B)P(C)$
$= 0.4 \times 0.3 \times 0.2 = 0.024$

[문제 1.38]

세 부서를 B_1, B_2, B_3, 100$이상일 사건을 E라 하면

$P(B1) = \frac{120}{400} = 0.3$,

$P(B2) = \frac{180}{400} = 0.45$,

$P(B3) = \frac{100}{400} = 0.25$

$P(B1 \cap E) = P(B1)P(E | B_1) = (0.3)(0.5) = 0.15$

$P(B2 \cap E) = P(B2)P(E | B_2) = (0.45)(0.6) = 0.27$

$P(B3 \cap E) = P(B3)P(E | B_3) = (0.25)(0.7) = 0.175$

$P(E) = P(B1 \cap E) + P(B2 \cap E) + P(B3 \cap E)$,

$= 0.15 + 0.27 + 0.175 = 0.595$

그러므로 $P(B1 | E) = \frac{0.15}{0.595} = 0.252$

[문제 1.39]

제품이 불량인 사건을 E라 하면

$P(E) = P(A)P(E|A) + P(B)P(E|B) + P(C)P(E|C)$
$= (0.5)(0.03) + (0.3)(0.04) + (0.2)(0.05) = 0.037$

Bayes 정리에 의하여

$$P(A|E) = \frac{P(A)P(E|A)}{P(A)P(E|A) + P(B)P(E|B) + P(C)P(E|C)}$$
$$= \frac{(0.5)(0.03)}{(0.5)(0.03) + (0.3)(0.04) + (0.2)(0.05)} = \frac{15}{37}$$

[문제 1.40]

문제로부터 $P(P_1) = 0.30$, $P(P_2) = 0.20$, $P(P_3) = 0.50$이고, 우리가 구할 확률은 $P(P_j|D)$이다. 베이즈 정리로부터

$$P(P_1|D)=\frac{P(P_1)P(D|P_1)}{P(P_1)P(D|P_1)+\cdots+P(P_3)P(D|P_3)}$$
$$=\frac{(0.01)(0.3)}{(0.3)(0.01)+(0.2)(0.03)+(0.5)(0.02)}$$
$$=\frac{0.003}{0.019}=0.158$$

이다. 비슷한 방법으로

$$P(P_2|D)=\frac{(0.03)(0.2)}{0.019}=0.316,\ P(P_3|D)=\frac{(0.02)(0.5)}{0.019}=0.526$$

을 얻을 수 있다. 제품이 불량이었을 때 분석법 3일 조건부 확률이 세 가지 중 가장 크므로, 분석법 3을 사용했을 가능성이 가장 크다.

2장 : 확률변수와 확률분포

2.1 이산형 확률분포

[문제 2.1]

(1) $1=\sum_{x=0}^{3}c(x^2+4)=30c,$

따라서 $c=\frac{1}{30}$

(2) $1=\sum_{x=0}^{2}c\binom{2}{x}\binom{3}{3-x}$

$=c\left[\binom{2}{0}\binom{3}{3}+\binom{2}{1}\binom{3}{2}+\binom{2}{2}\binom{3}{1}\right]=10c$

따라서 $c=\frac{1}{10}$

[문제 2.2]

결함이 있는 2대의 TV에서 x대를 뽑고, 5대의 TV에서 3-x대를 뽑을 수 있다. 총 7대의 TV에서 임의로 3대를 뽑을 수 있다.

따라서 $f(x)=\dfrac{\binom{2}{x}\binom{5}{3-x}}{\binom{7}{3}},\qquad x=0,1,2$

이며, 표로 나타내면,

x	0	1	2
$f(x)$	$\frac{2}{7}$	$\frac{4}{7}$	$\frac{1}{7}$

[문제 2.3]

X의 누적분포함수는

$$F(x)=\begin{cases}0, & x<0\\ \frac{2}{7}, & 0\le x<1\\ \frac{6}{7}, & 1\le x<2\\ 1, & x\ge 2\end{cases}$$

(1) $P(X=1)=P(X\le 1)-P(X\le 0)$

$=\frac{6}{7}-\frac{2}{7}=\frac{4}{7}$

(2) $P(0<X\le 2)=P(X\le 2)-P(X\le 0)$

$=1-\frac{2}{7}=\frac{5}{7}$

[문제 2.4]

X의 확률밀도함수는 $f(x)=F'(x)$를 갖는다. X의 확률밀도함수는 다음과 같다.

$$f(x)=\begin{cases}0, & x<0\\ \lambda e^{-\lambda x}, & x\geq 0\end{cases}$$

$$P(1\leq X\leq 2)=P(X\leq 2)-P(X\leq 1)$$ 이고

$$=F(2)-F(1)$$
$$=1-e^{-2\lambda}-(1-e^{-\lambda})=e^{-\lambda}-e^{-2\lambda}$$

[문제 2.5]

(1) $f(x)=\begin{cases}0<x<1\\ 0, & \text{기타}\end{cases}$

(2) $f(x)=\begin{cases}\dfrac{1}{x^2}, & x>1\\ 0, & \text{기타}\end{cases}$

(3) $f(x)=\begin{cases}e^{-x}, & 0<x\\ 0, & \text{기타}\end{cases}$

(4) $f(x)=\dfrac{1}{\pi}\dfrac{1}{1+x^2}$

[문제 2.6]

(1) $M_X'(0)=np,\ M_X''(0)=np+n^2p^2-np^2,$

$M_X''(0)-[M_X'(0)]^2=np(1-p)$

(2) $M_X'(0)=\lambda,\ M_X''(0)=\lambda(1+\lambda),$

$M_X''(0)-[M_X'(0)]^2=\lambda$

2.2 연속형 확률분포

[문제 2.7]

(1) $P(0<X<1)=\displaystyle\int_0^1\frac{2(x+2)}{5}dx$

$$=\frac{(x+2)^2}{5}\Big|_0^1=1$$

(2) $P\left(\dfrac{1}{4}<X<\dfrac{1}{2}\right)=\displaystyle\int_{\frac{1}{4}}^{\frac{1}{2}}\frac{2(x+2)}{5}dx$

$$=\frac{(x+2)^2}{5}\Big|_{\frac{1}{4}}^{\frac{1}{2}}=\frac{19}{80}$$

[문제 2.8]

(1) $F(x)=\displaystyle\int_0^x\frac{1}{2000}\exp\left(-\frac{t}{2000}\right)dt$

$$=-\exp\left(-\frac{t}{2000}\right)\Big|_0^x$$
$$=1-\exp\left(-\frac{x}{2000}\right)$$

따라서,

$$F(x)=\begin{cases}0, & x<0\\ 1-\exp\left(-\dfrac{x}{2000}\right), & x\geq 0\end{cases}$$

(2) $P(X>1000)=1-F(1000)$

$$=1-\left(1-\exp\left(-\frac{1000}{2000}\right)\right)$$
$$=0.6065$$

(3) $P(X<2000)=F(2000)$

$$=1-\exp\left(-\frac{2000}{2000}\right)$$
$$=0.6321$$

[문제 2.9]

(1) $P(X<4)=\displaystyle\int_2^4\frac{2(1+x)}{27}dx=\frac{(1+x)^2}{27}\Big|_2^4=\frac{16}{27}$

(2) $P(3\leq X<4)=\displaystyle\int_3^4\frac{2(1+x)}{27}dx=\frac{(1+x)^2}{27}\Big|_3^4=\frac{1}{3}$

(3) $F(x)=\dfrac{2}{27}\displaystyle\int_2^x(1+t)dt=\frac{2}{27}\left(t+\frac{t^2}{2}\right)\Big|_2^x=\frac{(x+4)(x-2)}{27}$

2.3 확률 변수의 변환

[문제 2.10]

(1)

y	$f_Y(y)$
−1	0.3
0	0.4
1	0.3

(2)

y	$f_Y(y)$
0	0.4
1	0.6

(3)

y	$f_Y(y)$
0	0.4
1	0.6

(4)

y	$f_Y(y)$
−1	0.3
1	0.4
3	0.3

[문제 2.11]

$$P[Y=y]=P[4X=y]=P[X=\frac{y}{4}]=\frac{e^{-\lambda}\lambda^{\frac{y}{4}}}{\frac{y}{4}!},\ y=0,4,8,\ \cdots$$

[문제 2.12]

(1) $y=2x-1,\ x=\dfrac{y+1}{2}$

$$\left|\frac{dx}{dy}\right|=\frac{1}{2}$$

$$f_Y(y)=f_X(x)\left|\frac{dy}{dx}\right|=(1-y)\frac{1}{2}=\frac{1-y}{2},\ -1\le y\le 1$$

(2) $f_Y(y)=\dfrac{y+1}{2},\ -1\le y\le 1$

(3) $x=\sqrt{y},\ \left|\dfrac{dx}{dy}\right|=\dfrac{1}{2\sqrt{y}}$

$$f_Y(y)=2(1-\sqrt{y})\frac{1}{2\sqrt{y}}=y^{-1/2}-1,\ 0\le y\le 1$$

[문제 2.13]

$$dy=\frac{1}{x}dx,\ \left|\frac{dx}{dy}\right|=e^y,\ f_Y(y)=f_X(x)\left|\frac{dx}{dy}\right|$$

$=\exp(-e^y)e^y=\exp(y-e^y),\ x\ge 0,\ y=\ln x$이므로

$-\infty<y<\infty$

[문제 2.14]

$$f_Y(y)=\frac{2}{y^3}$$

[문제 2.15]

$$g(y)=f(-\sqrt{y})\left|\frac{-1}{2\sqrt{y}}\right|+f(\sqrt{y})\left|\frac{1}{2\sqrt{y}}\right|$$

$$=\frac{1}{2}\frac{1}{2\sqrt{y}}+\frac{1}{2}\frac{1}{2\sqrt{y}}=\frac{1}{2\sqrt{y}},\quad 0<y<1$$

[문제 2.16]

$$f_Y(y)=\frac{1}{\pi}\frac{1}{\sqrt{y}(1+y)},\ y>0$$

2.4 평균

[문제 2.17]

$Y=X(1-X)$에서 $X=1$일 때 $Y=0$, $X=0$일 때 $Y=0$이므로

$$p(y)=\begin{cases}1, & y=0\\ 0, & \text{그밖에서}\end{cases},\qquad E[Y]=0\times 1=0$$

[문제 2.18]

$$E[X]=\sum_{x=1}^{\infty}x\left(\frac{1}{2}\right)^x=\frac{1}{2}+2\left(\frac{1}{4}\right)+3\left(\frac{1}{8}\right)+\cdots=s$$

$$s-\frac{1}{2}s=\frac{1}{2}+\frac{1}{4}+\frac{1}{8}+\cdots=1,\ s=E(X)=2$$

[문제 2.19]

$P[X=x]=\binom{3}{x}\left(\dfrac{1}{2}\right)^3$이므로

$$E[X]=\sum_{x=0}^{3}x\binom{3}{x}\left(\frac{1}{2}\right)^3$$

$$=\frac{1}{8}[0\times 1+1\times 3+2\times 3+3\times 1]=\frac{12}{8}=\frac{3}{2}$$

$Y=X-E[X]=X-\dfrac{3}{2}$이고, X가 0,1,2,3을 취할 때 Y는 $-\dfrac{3}{2},\ -\dfrac{1}{2},\ \dfrac{1}{2},\ \dfrac{3}{2}$을 취하여, 그 확률은 $\dfrac{1}{8},\ \dfrac{3}{8},\ \dfrac{3}{8},\ \dfrac{1}{8}$이므로

$$E[Y]=\left(-\frac{3}{2}\right)\times\frac{1}{8}+\left(-\frac{1}{2}\right)\times\frac{3}{8}+\left(\frac{1}{2}\right)\times\frac{3}{8}+\left(\frac{3}{2}\right)\times\frac{1}{8}=0$$

또는 $E[Y]=E[X]-E[E[X]]=\dfrac{3}{2}-\dfrac{3}{2}=0$

[문제 2.20]

$$E[X]=\int_0^{\infty}x\cdot 2e^{-2x}dx=[x(-e^{-2x})]_0^{\infty}+\int_0^{\infty}e^{-2x}dx$$

$$=0+[-\frac{1}{2}e^{-2x}]_0^{\infty}=\frac{1}{2}$$

[문제 2.21]

$$E(X)=\int_0^1\frac{2x(x+2)}{5}dx=\frac{8}{15}$$

[문제 2.22]

$$E(X)=\int_0^1 x^2\,dx+\int_1^2 x(2-x)dx=1.$$

따라서 연간 평균사용시간은
(1)(100)= 100시간.

[문제 2.23]

$$E(3X^2-2X)=\int_0^2(3x^2-2x)\left(\frac{1}{2}x\right)dx=\frac{10}{3}$$

[문제 2.24]

(1) $E[X]=\int_0^\infty xe^{-x}dx=-xe^{-x}\Big]_0^\infty+\int_0^\infty e^{-x}dx$

$=\left[-e^{-x}\right]_0^\infty=1$

$E[3X-2]=3E[X]-2=3-2=1$

(2) $E[X^2]=\int_0^\infty x^2e^{-x}dx=\left[-x^2e^{-x}\right]_0^\infty+2\int_0^\infty xe^{-x}dx$

$=0+2(1)=2$

(3) $E[X^2-2X+1]=E[X^2]-2E[X]+1=2-2+1=1$

2.5 분산

[문제 2.25]

$E(X)=\sum_{x=1}^{4}xf(x)=2.4,$

$V(X)=E(X^2)-E(X)^2=\sum_{x=1}^{4}x^2f(x)-(2.4)^2=0.84$

$E[g(X)]=E(3X+2)=3E(X)+2=9.2,$

$V[g(X)]=V(3X+2)=9V(X)=7.56$

[문제 2.26]

$E(X)=\frac{1}{6}(1+2+3+4+5+6)=\frac{7}{2}$

$E[X^2]=1^2\left(\frac{1}{6}\right)+2^2\left(\frac{1}{6}\right)+3^2\left(\frac{1}{6}\right)+4^2\left(\frac{1}{6}\right)+5^2\left(\frac{1}{6}\right)+6^2\left(\frac{1}{6}\right)$

$=\left(\frac{1}{6}\right)(91)$

이므로

$\text{Var}(X)==\frac{91}{6}-\left(\frac{7}{2}\right)^2=\frac{35}{12}$

[문제 2.27]

$\mu_{4X+5}=10$이고,

$\sigma^2_{4X+5}=E((4X+5-10)^2)=\int_{-1}^{2}(4x-5)^2\frac{x^2}{3}dx=\frac{51}{5}$

[문제 2.28]

$E[X]=\int_0^\infty xe^{-x}dx=-xe^{-x}\Big]_0^\infty+\int_0^\infty e^{-x}dx$

$=\left[-e^{-x}\right]_0^\infty=1$

$E[X^2]=\int_0^\infty x^2e^{-x}dx=\left[-x^2e^{-x}\right]_0^\infty+2\int_0^\infty xe^{-x}dx$

$=0+2(1)=2$

$V(X)=E(X^2)-[E(X)]^2=2-1=1$

3장 : 여러 가지 확률분포

3.1 이산형 확률분포

[문제 3.1]

$f(x)=\frac{1}{5}, x=40, 60, 75, 100, 120$인 균등분포이다.

[문제 3.2]

$$E(X)=40\times\frac{1}{5}+60\times\frac{1}{5}+75\times\frac{1}{5}+100\times\frac{1}{5}+120\times\frac{1}{5}=79$$

$$V(X)=\{(40-79)^2+(60-79)^2+(75-79)^2+(100-79)^2+(120-79)^2\}\frac{1}{5}$$

[문제 3.3]

$P\{X=0\}=\frac{1}{32}$, $P\{X=1\}=\frac{5}{32}$,

$P\{X=2\}=\frac{10}{32}$, $P\{X=3\}=\frac{10}{32}$

$P\{X=4\}=\frac{5}{32}$, $P\{X=5\}=\frac{1}{32}$

[문제 3.4]

$$1-P\{X=0\}-P\{X=1\}$$
$$=1-\binom{10}{0}(0.01)^0(0.99)^{10}-\binom{10}{1}(0.01)^1(0.99)^9$$
$$=0.0045$$

[문제 3.5]

(1) $B(20, 0.3)$에서

$P(X\ge 10)=1-P(X\le 9)=1-0.9520=0.0480$

(2) $P(X\le 4)=0.2375$

(3) $P(X=5)=0.1789$

[문제 3.6]

(1) $E(X)=np=16\times\frac{1}{2}=8$

$V(X)=npq=16\times\frac{1}{2}\times\frac{1}{2}=4$

(2) $E(X)=np=25\times 0.1=2.5$

$V(X)=npq=25\times 0.1\times 0.9$

(3) $E(X)=np=25\times 0.9$

$V(X)=npq=25\times 0.9\times 0.1$

[문제 3.7]

$B(545, 0.0785)$

$E(X)=545\times 0.0785=42.7825$

$V(X)=545\times 0.0785\times 0.9215=39.4241=8$

[문제 3.8]

$$\frac{20!}{5!8!4!3!}\left(\frac{1}{4}\right)^5\left(\frac{2}{5}\right)^8\left(\frac{1}{4}\right)^4\left(\frac{1}{10}\right)^3$$

[문제 3.9]

$$\frac{4!}{4!0!0!}(0.4)^4(0.4)^0(0.2)^0+\frac{4!}{0!4!0!}(0.4)^4+\frac{4!}{0!0!4!}(0.2)^4=0.0528$$

[문제 3.10]

$$P\{X=x\}=\left(\frac{5}{6}\right)^x\left(\frac{1}{6}\right)$$

[문제 3.11]

$f(X=4)=(0.05)(0.95)^3=0.0429$

[문제 3.12]

기하분포를 사용하면

(1) $P(X=3)=(0.7)(0.3)^2=0.0630$

(2) $P(X<4)=\sum_{x=1}^{3}(0.7)(0.3)^{x-1}=0.9730$

[문제 3.13]

$X\sim NB(4, 0.6)$이므로 $f(x=n)=\binom{n-1}{4-1}(0.6)^3(0.4)^2 0.6$에

(1) $P(X=6)=\binom{5}{3}(0.6)^3(0.4)^2 0.6=0.2074$

(2) $P(6\le X\le 8)=0.282$

[문제 3.14]

(1) 신용카드 한 장을 판매할 확률이 0.1이고 3장의 카드를 판매할 때까지 예상 구매자를 방문하므로 그 사람이 방문한 예상 구매자의 수를 X라 하면, 모수 $r=3$, $p=0.1$

인 음이항분포를 이루므로 X의 확률 질량함수는 다음과 같다.

$$f(x)=\binom{x-1}{2}(0.1)^3(0.9)^{x-3},\ x=3,4,5,\cdots$$

(2) $E(X)=r/p,\ Var(X)=rq/p^2$이고 $p=0.1$이므로 기댓값과 분산은 각각 다음과 같다.

$$E(X)=\frac{3}{0.1}=30,\ Var(X)=\frac{3\cdot(0.9)}{(0.1)^2}=270$$

(3) 3번째에서 처음으로 구매자를 만날 확률을 모수 $p=0.1$인 기하분포이므로 구하고자 하는 확률

$(0.9)^2\cdot(0.1)=0.081$

(4) 10번째에서 3장의 카드를 모두 판매할 확률은 10번째 만난 예상 구매자에게서 3번째 카드를 판매할 확률이므로

$$f(10)=\binom{10-1}{2}(0.1)^3(0.9)^{10-3}=\binom{9}{2}(0.1)^3(0.9)^7=0.0172$$

(5) 8번째에 처음 카드를 판매할 확률은 $(0.1)\cdot(0.9)^7=0.0478$이고, 곧바로 두 번째 카드를 판매 할 확률은 비기억성 성질에 의하여 0.1 이다. 또한 9번째에 이어서 10번째도 판매할 확률은 동일하게 0.1이며, 독립적으로 반복 시행하므로 구하고자 하는 확률은

$(0.1)^3\cdot(0.9)^7=0.000478$이다.

[문제 3.15]

(1) 0에서 9까지의 숫자가 선정될 가능성이 동일하므로, 숫자 0이 나올 확률은 0.1이고, 숫자 0이 나올 시뮬레이션을 반복한 횟수를 X라 하면, $X\sim G(0.1)$이다. 그러므로 X의 확률 질량함수는 $f_X(x)=0.1(0.9)^{x-1},\ x=1,2,3,\cdots$이다.

(2) $E(X)=\dfrac{1}{0.1}=10,\ \sigma^2=\dfrac{0.9}{(0.1)^2}=90$

(3) 4번째 0이 나올 때까지 반복 시행한 횟수를 Y라 하면, $Y\sim NB(4,\ 0.1)$이고 $y=10,\quad r=4,\quad p=0.1$이므로

$f_Y(10)=\binom{9}{3}(0.1)^4(0.9)^6=0.0045$이다.

(4) $E(Y)=\dfrac{r}{p}=\dfrac{4}{0.1}=40$

[문제 3.16]

$$\frac{\binom{4}{2}\binom{26}{3}}{\binom{30}{5}}=0.1095$$

[문제 3.17]

(1) $\dfrac{\binom{2}{1}\binom{13}{4}}{\binom{15}{5}}=0.4762$　　(2) $\dfrac{\binom{2}{2}\binom{13}{3}}{\binom{15}{5}}=0.0952$

[문제 3.18]

(1) $\dfrac{\binom{3}{0}\binom{17}{5}}{\binom{20}{5}}=0.3991$　　(2) $\dfrac{\binom{3}{2}\binom{17}{3}}{\binom{20}{5}}=0.1316$

[문제 3.19]

(1) 52장의 카드 중에서 임의로 세 장을 뽑을 수 있는 방법의 수는 $\binom{52}{3}$이고, 하트가 나온 수를 X라 하자. 그러면 X의 확률 질량함수는

$$f(x)=\frac{\binom{13}{x}\binom{39}{3-x}}{\binom{53}{3}}\quad x=1,2,3$$

이다.

(2) $N=52,\ k=13,\ n=3$이므로

$$E(X)=3\cdot\frac{13}{52}=\frac{3}{4}=0.75,$$

$$Var(X)=3\cdot\frac{13}{52}\cdot\left(1-\frac{13}{52}\right)\cdot\frac{49}{51}=\frac{147}{272}=0.5404$$

[문제 3.20]

$$\mu=\frac{nk}{N}=\frac{(5)(3)}{40}=0.375$$

$$\sigma^2=\left(\frac{40-5}{39}\right)(5)\left(\frac{3}{40}\right)\left(1-\frac{3}{40}\right)=0.3113$$

[문제 3.21]

$$P(X=0)=\frac{e^{-0.2}(0.2)^0}{0!}=0.8187$$

즉, 범죄가 없을 가능성은 0.8187이다.

[문제 3.22]

X를 n=400이고 p=0.005인 이항확률변수라고 하자, 그러면 $np=2$이고, 포아송 근사를 이용하면

(1) $P(X=1)=e^{-2}2^1=0.271$

(2) $P(X \le 3) = \sum_{x=0}^{3} e^{-2} 2^x / x! = 0.857$

[문제 3.23]

(1) $P(X=5) = \frac{e^{-3} 3^5}{5!} = 0.1008$

(2) $P(X<3) = 0.4232$

3.2 연속형 확률분포

[문제 3.24]

(1) (a) $\frac{3}{4}$, (b) $\frac{3}{4}$

(2) $\frac{1}{4}$

[문제 3.25]

(1) $P(X>7) = \int_7^{10} \frac{1}{10} dx = \frac{3}{10}$

(2) $P(2<X<7) = \int_2^7 \frac{1}{10} dx = \frac{5}{10}$

(3) $E(X) = \frac{0+10}{2} = 5$

$V(X) = \frac{(10-0)^2}{12} = \frac{100}{12}$

[문제 3.26]

(1) 건전지의 전압을 X라 하면, $X \sim U(1.45,\ 1.65)$이므로 X의 평균과 분산은 각각 다음과 같다.

$\mu = \frac{1.45+1.65}{2} = 1.55,\ \sigma^2 = \frac{(1.65-1.45)^2}{12} = 0.0033$

(2) X의 확률밀도함수와 분포함수는 각각 다음과 같다.

$f(x) = \frac{1}{1.65-1.45} = 5,\ 1.45 \le x \le 1.65,$

$$F(x) = \begin{cases} 0 & ,\ x < 1.45 \\ 5(x-1.45) & ,\ 1.45 \le x < 1.65 \\ 1 & ,\ x \ge 1.65 \end{cases}$$

(3) $P(X \le 1.5) = F(1.5) = 5 \cdot (1.5-1.45) = 0.25$

(4) 한 건전지의 전압이 1.5볼트보다 작을 확률이 0.25이므로, 20개 안에 1.5볼트보다 낮은 건전지의 수를 Y라 하면, $Y \sim B(20,\ 0.25)$이다. 따라서 건전지 수의 평균과 분산은 각 각 다음과 같다.

$E(Y) = 20 \times 0.25,\ V(Y) = 20 \times 0.25 \times 0.75$

(5) $P(Y \ge 10) = 1 - P(Y \le 9) = 1 - 0.9861 = 0.0139$

[문제 3.27]

(1) X의 확률밀도함수가 $f(x) = 2e^{-2x}\ (x \ge 0)$이므로

$P(X \le 1) = \int_0^1 2e^{-2x} dx = 1 - e^{-2} = 0.8647$

(2) $P(1 < X \le 3) = \int_1^3 2e^{-2x} dx$

$= -e^{-2x} \Big|_1^3 = e^{-2} - e^{-6} = 0.1329$

(3) $P(X \ge 2) = \int_2^{\infty} 2e^{-2x} dx = -e^{-2x} \Big|_2^{\infty} = e^{-4} = 0.0183$

(4) $F(x) = \int_0^x 2e^{-2t} dt = -e^{2t} \Big|_0^x = 1 - e^{-2x}$

(5) 하위 10%인 x_{10}은 $F(x_{10}) = 1 - e^{-2x_{10}} = 0.1$이므로

$e^{-2x_{10}} = 0.9;\ -2x_{10} = \ln 0.9;$

$x_{10} = -\frac{1}{2} \ln 0.9 = 0.053$

(6) 하위 10%인 x_{90}은 $F(x_{90}) = 1 - e^{-2x_{90}} = 0.9$이므로

$e^{-2x_{90}} = 0.1;\ -2x_{90} = \ln 0.1;$

$x_{90} = -\frac{1}{2} \ln 0.1 = 1.1513$

[문제 3.28]

기계가 멈추는 시간을 확률변수 X라 하면, 모수 0.1인 지수분포를 이루므로 X의 밀도 함수는 $f(x) = \frac{1}{10} e^{-x/10},\ x > 0$이고, 따라서 평균은 10일이다.

[문제 3.29]

(1) 고장 날 때까지 기다리는 시간을 X라 하면, $\lambda = 0.3$이므로 X의 평균은 $\mu = 1/\lambda = 10/3$일이다.

(2) $\sigma^2 = 1/\lambda^2 = (10/3)^2$이므로 표준편차는 $\sigma = 10/3$일이다.

(3) 분포함수는

$F(x) = P(X \le x) = \int_0^x 0.3e^{-0.3t} dt$

$= -e^{-0.3t} \Big|_0^x = 1 - e^{-0.3x}$

이므로

$F(x_0)=1-e^{-0.3x_0}=0.5;\ e^{-0.3x_0}=0.5;$

$-0.3x_0=\ln(0.5);\ x_0=-\frac{10}{3}\ln(0.5)=2.3105$

즉, $M_c=2.3105$

(4) 이 기계가 수리된 후 다시 사용하여 고장 날 때까지 걸리는 시간은 동일한 지수분포를 이루므로 이 기계가 수리된 후 다시 고장 나기까지 적어도 일주일 이상 사용할 확률은

$P(X>7)=1-(1-e^{-2.1})=e^{-2.1}=0.1225$

[문제 3.30]

(1) 1분에 평균 3건의 전화가 포아송과정에 따라 걸려오므로, X는 모수 $\alpha=4, \beta=1/3$인 감마분포 $\Gamma(4,\ 1/3)$에 따른다. 그러므로 X의 확률밀도함수는 다음과 같다.

$f(x)=\frac{1}{\Gamma(4)(1/3)^1}x^{1-1}e^{-3x}=\frac{27}{2}x^3e^{-3x},\ 0<x<\infty$

(2) $\mu=\alpha\beta=\frac{4}{3},\ \sigma^2=\alpha\beta^2=\frac{4}{9}$

(3) $P(X\geq 5)=\int_5^\infty \frac{27}{5}x^3e^{-3x}dx$

$=-\frac{1}{2}\left[(9x^3+9x^2+6x+2)e^{-3x}\right]_5^\infty$

$=691e^{-15}=0.0002$

[문제 3.31]

첫 번째가 사고가 발생할 때까지 걸리는 시간을 X_1 그리고 첫 번째 사고와 두 번째 사고 사이의 시간을 X_2라 하면, $X_i\sim \text{Exp}(3),\ i=1,2$이고 독립이다. 그리면 두 번째 사고가 발생할 때까지 걸리는 시간 $S=X_1+X_2$는 $\alpha=2,\ \beta=1/3$인 감마분포를 이루고, 따라서 S의 확률밀도함수는

$f_S(x)=\frac{1}{\Gamma(2)(1/3)^2}x^{2-1}\exp\left(-\frac{x}{1/3}\right)=9xe^{-3x},\ x>0$

이다. 그러므로 구하고자 하는 확률은 다음과 같다.

$P(1<S<2)=\int_1^2 9xe^{-3x}dx=(-1)(3x+1)e^{-3x}\Big|_1^2$

$=4e^{-3}-7e^{-6}=0.1818$

[문제 3.32]

(1) $f(x)=\frac{1}{\Gamma(2)1^2}x^{2-1}e^{-x/1}=xe^{-x},\ 0<x<\infty$

(2) $\mu=E(X)=(2)\cdot(1)=2$

(3) $\sigma^2=Var(X)=(2)\cdot(1)^2=2$

(4) $P(X<2)=\int_0^2 xe^{-x}dx=-(x+1)e^{-x}\Big|_0^2$

$=1-3e^{-2}=0.5994$

[문제 3.33]

$\mu=\int_0^x x\cdot\frac{x^{\alpha-1}e^{-x/\beta}}{\beta^\alpha\Gamma(\alpha)}dx=\int_0^\infty\frac{x^\alpha e^{-x/\beta}}{\beta^\alpha\Gamma(\alpha)}dx$

$x/\beta=t$이라면

$\mu=\frac{\beta^\alpha\beta}{\beta^\alpha\Gamma(\alpha)}\int_0^\infty t^\alpha e^{-t}dt=\frac{\beta}{\Gamma(\alpha)}\Gamma(\alpha+1)=\alpha\beta$

$E[X^2]=\int_0^\infty x^2\frac{x^{\alpha-1}e^{-x/\beta}}{\beta^\alpha\Gamma(\alpha)}dx=\int_0^\infty\frac{x^{\alpha+1}e^{-x/\beta}}{\beta^\alpha\Gamma(\alpha)}dx$

$x/\beta=x$이라면

$E[X^2]=\frac{\beta^{\alpha+1}\beta}{\beta^\alpha\Gamma(\alpha)}=\int_0^\infty t^{\alpha+1}e^{-t}dt$

$=\frac{\beta^2}{\Gamma(\alpha)}\Gamma(\alpha+2)=\beta^2(\alpha+1)\alpha$

$E[X]=\alpha\beta$이므로

$\text{Var}(X)=E[X^2]-(E[X])^2=\beta^2(\alpha+1)\alpha-(\alpha\beta)^2=\alpha\beta^2$

[문제 3.34]

(1) $f(x)=\frac{\Gamma(3)}{\Gamma(1)\Gamma(2)}x^{1-1}(1-x)^{2-1}=2(1-x),\ 0<x<1$

(2) $\mu=E(X)=\frac{\alpha}{\alpha+\beta}=\frac{1}{3}$

(3) $\sigma^2=Var(X)=\frac{\alpha\beta}{(\alpha+\beta)^2(\alpha+\beta+1)}=\frac{1}{18}$

(4) $P(X<0.8)=\int_0^{0.8}2(1-x)dx=2\left(x-\frac{1}{2}x^2\right)\Big|_0^{0.8}=0.96$

[문제 3.35]

$E(X)=\frac{3.5}{3.5+4.4}=0.4430,\ Var(X)$

$=\frac{(3.5)\cdot(4.4)}{(3.5+4.47)^2\cdot(3.5+4.4+18)}=0.0277$

[문제 3.36]

(1) $\int_0^1 kx^2(1-x)^3dx = k\left(\frac{1}{3}x^3 - \frac{3}{4}x^4 + \frac{3}{5}x^5 - \frac{1}{6}x^6\right)\Big|_0^1$

$= \frac{k}{60} = 1$

이므로 $k=60$

(2) $60x^2(1-x)^3 = 60x^{3-1}(1-x)^{4-1}$이고 $\frac{\Gamma(3+4)}{\Gamma(3)\Gamma(4)} = 60$이므로 밀도함수는

$f(x) = \frac{\Gamma(3+4)}{\Gamma(3)\Gamma(4)}x^{3-1}(1-x)^{4-1},\ 0<x<1$이다. 따라서 $\alpha=3,\ \beta=4$이다.

(3) $\mu = \frac{\alpha}{\alpha+\beta} = \frac{3}{7} = 0.4286,$

$\sigma^2 = \frac{\alpha\beta}{(\alpha+\beta)^2(\alpha+\beta+1)} = \frac{12}{49 \cdot 8} = 0.0306$이다.

[문제 3.37]

(1) $f(x) = \frac{\Gamma(22)}{\Gamma(2)\Gamma(20)}x(1-x)^{19} = 420x(1-x)^{19},\ 0<x<1$

(2) $F(x) = \int_0^x 420t(1-t)^{19}dt = 420\int_{1-x}^1 (u^{19} - u^{20})du$

$= 420\left(\frac{1}{20}u^{20} - \frac{1}{21}u^{21}\right)\Big|_{1-x}^1$

$= 1-(1+20x)(1-x)^{20},\ 0<x<1$

(3) $f(x) = \frac{\Gamma(22)}{\Gamma(2)\Gamma(22)}x(1-x)^{19} = 420x(1-x)^{19}$에서

$x_0 = 1/20 = 0.05$일때 극대이며 최대이다.

(4) 수입금의 5% 이하를 저축할 확률

$P(X<0.05) = F(0.05) = 1-(1+20 \cdot (0.05))(1-0.05)^{20}$

$= 0.2830$

(5) 수입금의 10% 이상을 저축할 확률

$P(X \geqq 0.10) = 1-F(0.1) = (1+20 \cdot (0.1))(1-0.1)^{20}$

$= 0.3647$

[문제 3.38]

(1) 0.9236

(2) 1−0.1867=0.81333

(3) 0.2424

(4) 0.0823

(5) 0.0250

(6) 0.6435

[문제 3.39]

(1) 분포표에 따르면 $k=-1.72$

(2) $P(Z>k)=0.2946$ 따라서

$P(Z<k)=0.7054$. 따라서 분포표에 따르면, $k=0.54$

(3) $P(Z<-0.93)=0.1762$

$0.1762+0.7235=0.8997$ 따라서

$k=1.28$

[문제 3.40]

$P(778<X<834) = P(-0.55<Z<0.85)$

$= 0.8023-0.2912 = 0.5111$

[문제 3.41]

$P(0<Z<2)=0.4772$ 이므로

$Z = \frac{x-\mu}{\sigma} = \frac{k-100}{15} = 2,\ k=130$

[문제 3.42]

$P\left(0 \le Z \le \frac{X-70}{10}\right) = 0.5 - \frac{60}{300} = 0.3$

$\frac{X-70}{10} \fallingdotseq 0.84,\ X = 70+0.84\times 10 \fallingdotseq 78$

[문제 3.43]

$\mu=np=8,\ \sigma^2=npq=4$이므로 $X \sim N(8,4)$에 근사한다. 따라서 구하고자 하는 근사확률은 다음과 같다.

$P(8 \leqq X \leqq 10) = \Phi\left(\frac{10+0.5-8}{2}\right) - \Phi\left(\frac{8-0.5-8}{2}\right)$

$= \Phi(1.25) - \Phi(0.25)$

$= 0.8944 - 0.4013 = 0.4931$

$P(X \geqq 10) \fallingdotseq 1-\Phi\left(\frac{10-0.5-8}{2}\right)$

$= 1-\Phi(0.75) = 1-0.7734 = 0.2266$

[문제 3.44]

(1) $n=2000$이고 $p=0.001$이므로 평균과 분산은 각각 $\mu=np=2$이다. 따라서 포아송 근사에 의한 근사확률은 다음과 같다.

$P(X \geqq 4) \fallingdotseq 1-\left(\frac{1}{0!}+\frac{2}{1!}+\frac{4}{2!}+\frac{8}{3!}\right)e^{-2}$

$= 1-0.857 = 0.1429$

(2) $n=2000$이고 $p=0.001$이므로 평균과 분산은 각각 $\mu=np=2$, $\sigma^2=npq=1.998$이다. 따라서 정규근사에 의하여 확률을 구하면 다음과 같다.

$$P(X \geqq 4)=P(X \geqq 3.5) \fallingdotseq 1-\Phi\left(\frac{3+0.5-2}{\sqrt{1.998}}\right)$$
$$=1-\Phi(1.06)=1-0.8554=0.1446$$

[문제 3.45]

하루 동안에 생산된 부품 수를 X라 하면, $X \sim P(500)$이고 따라서 $X \approx N(500, 500)$이다. 그러므로 구하고자 하는 근사 확률을 다음과 같다.

$$P(475 \leqq X \leqq 525)$$
$$=P\left(\frac{475-0.5-500}{\sqrt{500}} \leqq \frac{X-500}{\sqrt{500}} \leqq \frac{525+0.5-500}{\sqrt{500}}\right)$$
$$\fallingdotseq P\left(-\frac{25.5}{23.36} \leqq Z \leqq \frac{25.5}{23.36}\right)=P(-1.14 \leqq Z \leqq 1.14)$$
$$=P(Z \leqq 1.14)-(1-P(Z \leqq 1.14))$$
$$=0.873-(1-0.873)=0.746$$

[문제 3.46]

(1) $p=0.05,\ n=100,\ \mu=5$

$\sigma=\sqrt{(100)(0.05)(0.95)}=2.1794$

따라서

$z=(2.5-5)/2.1794=-1.147$

$$P(X>2)=P(X \geqq 3)$$
$$=P(X \geq 2.5)$$
$$=P(Z \geq -1.147)$$
$$=0.8749$$

(2) $z=(10.5-5)/2.1794=2.524$

$$P(X>10)=P(X \geqq 11) \approx P(X \geqq 10.5)$$
$$=P(Z \geq 2.52)=0.0059$$

[문제 3.47]

$$E(X)=720 \times \frac{1}{6}=120$$

$$\sigma(X)=\sqrt{720 \times \frac{1}{6} \times \frac{5}{6}}=10$$

인 정규분포를 따른다고 한다.

$$P(115 \leq X \leq 135)=P(-0.5 \leq Z \leq 1.5)$$
$$=0.1915+0.4332=0.6247$$

[문제 3.48]

(1) 0.05 (2) 0.98 (3) 0.8 (4) 0.99

[문제 3.49]

(1) 1.81 (2) 2.76 (3) -0.879 (4) -1.37

[문제 3.50]

(1) $P(-t_{0.005}<t<t_{0.01})=0.985$

(2) $P(t>-t_{0.025})=0.975$

[문제 3.51]

(1) $P(T>t_{0.1,(12)})=0.1$이므로 $t_{0.1,(12)}=1.356$

(2) $P(T>t_{0.001,(12)})=0.01$이므로 $t_{0.01,(12)}=2.681$

(3) $P(T \leqq t_0)=0.995$이므로 $P(T>t_0)=0.005$이고 따라서

$t_0=t_{0.005,(12)}=3.055$

[문제 3.52]

(1) $P(|t| \leq c)=0.95,\quad c=2.13$

(2) $P(|t| \geq c)=0.10,\quad c=1.753$

[문제 3.53]

(1) 15.51 (2) 33.41 (3) 21.92 (4) 13.09

[문제 3.54]

(1) 0.05 (2) 0.413 (3) 0.875 (4) 0.513

[문제 3.55]

(1) $\chi^2_{0.99}=0.297$

(2) $\chi^2_{0.025}=32.852$

(3) $\chi^2_{0.05}=37.652$

그러므로 $\alpha=0.05-0.045=0.005$,

$\chi^2_{0.005}=46.928$

[문제 3.56]

(1) $\bar{x}=103.6,\quad s^2=22.8$

$$\chi^2_0=\frac{(n-1)s^2}{\sigma^2}=\frac{4 \times 22.8}{25}=3.648$$

(2) $P(\chi^2 \geq 3.648)=0.404$

[문제 3.57]

(1) $P\left(\chi^2 < \frac{c\times 30}{5}\right)=0.90$

$6c=40.256, \quad c=6.71$

(2) $P\left(\chi^2 \ge \frac{c\times 30}{5}\right)=0.95$

$6c=18.493, \quad c=3.08$

[문제 3.58]

부록에서 자유도 $n=9$, $\alpha=0.05$인 경우이므로
$P[X>16.92]=0.05$가 되고,
따라서 $x=16.92$가 된다.

[문제 3.59]

(1) $P(S^2>9.1)=P\left(\frac{(n-1)s^2}{\sigma^2}>\frac{(24)(9.1)}{6}\right)$

$=P(\chi^2>36.4)=0.05$

(2) $P(3.462<S^2<10.745)$

$=P\left(\frac{3.462\times 24}{6}\le \chi^2 \le \frac{10.745\times 24}{6}\right)$

$=P(13.68<\chi^2<42.98)$

$=0.94$

[문제 3.60]

(1) 1.88 (2) 0.0672

(3) 5.4094 (4) 0.1109

[문제 3.61]

$a=0.279,\ b=4.15$

[문제 3.62]

0.0071

[문제 3.63]

$a=3.50,\ b=2.62$

4장 : 적률생성함수와 중심극한정리

[문제 4.1]

1. $E(X^2)=\frac{1}{\sqrt{2\pi}}\int_{-\infty}^{\infty}x^2e^{-x^2/2}dx$

$$=\frac{2}{\sqrt{2\pi}}\int_0^{\infty}x^2e^{-x^2/2}dx=\frac{2}{\sqrt{\pi}}\int_0^{\infty}v^{1/2}e^{-v}dv$$

$$=\frac{2}{\sqrt{\pi}}\Gamma\left(\frac{3}{2}\right)=\frac{2}{\sqrt{\pi}}\cdot\frac{1}{2}\Gamma\left(\frac{1}{2}\right)=1$$

$$E(X^4)=\frac{1}{\sqrt{2\pi}}\int_{-\infty}^{\infty}x^4e^{-x^2/2}dx$$

$$=\frac{2}{\sqrt{2\pi}}\int_0^{\infty}x^4e^{-x^2/2}dx=\frac{4}{\sqrt{\pi}}\int_0^{\infty}v^{3/2}e^{-v}dv$$

$$=\frac{4}{\sqrt{\pi}}\Gamma\left(\frac{5}{2}\right)=\frac{4}{\sqrt{\pi}}\cdot\frac{3}{2}\cdot\frac{1}{2}\Gamma\left(\frac{1}{2}\right)=3$$

2. $E[X^n]=\int_{-\infty}^{\infty}x^n\phi(x)dx=I_n$ 이라면

$$I_n=\int_{-\infty}^{\infty}x^n\frac{1}{\sqrt{2\pi}}e^{-x^2/2}dx$$

$$=\frac{1}{\sqrt{2\pi}}\int_{-\infty}^{\infty}x^{n-1}(xe^{-x^2/2})dx$$

$$=\frac{1}{\sqrt{2\pi}}\left\{\left[x^{x-1}(-e^{-x^2/2})\right]_{-\infty}^{\infty}\right.$$

$$\left.+(n-1)\int_{-\infty}^{\infty}x^{n-2}e^{-x^2/2}dx\right\}$$

{ } 안의 제 1항은 0이 되므로

$$I_n=(n-1)\int_{-\infty}^{\infty}x^{n-2}\phi(x)dx=(n-1)I_{n-2}$$

$n=2m-1$일 때,

$I_{2m-1}=(2m-2)I_{2m-3}=(2m-2)(2m-4)\cdots\cdots 2I_1$

여기서 $I_1=E(X)=0$이므로 $I_{2m-1}=0$.

$n=2m$일 때,

$I_{2m}=(2m-1)I_{2m-2}=(2m-1)(2m-3)\cdots\cdots 3\cdot 1I_0$

$I_0=\int_{-\infty}^{\infty}\phi(x)dx=1$이므로

$I_{2m}=(2m-1)(2m-3)(2m-5)\cdots\cdots 3\cdot 1$

3. (1) $\frac{3}{2}$ (2) $\frac{39}{4}$ (3) $\frac{\sqrt{39}}{2}$

4. $\mu_1=0,\ \mu_2=1,\ \mu_3=2,\ \mu_4=33$

5. $\mu'=1,\ \mu_2{}'=2,\ \mu_3{}'=6,\ \mu_4{}'=24$

[문제 4.2]

1. $M_X(t)=E(e^{tX})=\sum e^{tx}\frac{e^{-\lambda}}{x!}\lambda^x$

$=e^{-\lambda}\left[1+\frac{e^t\lambda}{1!}+\frac{e^{2t}\lambda^2}{2!}+\frac{e^{3t}\lambda^3}{3!}+\cdots\cdots\right]$

$=e^{-\lambda}e^{e^t\lambda}=e^{-\lambda(1-e^t)}=e^{\lambda(e^t-1)}$

$M_X{}'(t)=e^{\lambda(e^t-1)}\cdot(\lambda e^t)$

$M_X{}'(0)=e^0\cdot\lambda=\lambda$

$M_X{}'(t)=\lambda e^t e^{\lambda(e^t-1)}=\lambda e^{t+\lambda e^t-\lambda}$에서

$M_X''(t)=\lambda e^{t+\lambda e^t-\lambda}\cdot(1+\lambda e^t)$

$M_X''(0)=\lambda(1+\lambda)=\lambda+\lambda^2$ 이므로

분산 $V(X)=E(X^2)-[E(X)]^2=\lambda+\lambda^2-\lambda^2=\lambda$

평균 $E(X)=\lambda$, 분산 $V(X)=\lambda$

2. $M_X(t)=E(e^{tX})=\sum\frac{2}{5^{x+1}}e^{tx}$

$=\frac{2}{5}\left[1+\frac{e^t}{5}+\frac{e^{2t}}{5^2}+\frac{e^{3t}}{5^3}+\cdots\cdots\right]$

$=\frac{2}{5}\left[\frac{1}{1-\frac{e^t}{5}}\right]=\frac{2}{5-e^t}$ ①

$M_X{}'(t)\Big|_{t=0}=\frac{-2(-e^t)}{(5-e^t)^2}\Big|_{t=0}=\frac{2e^t}{(5-e^t)^2}\Big|_{t=0}=\frac{1}{8}$

따라서 평균 $E(X)=\frac{1}{8}$

$M_X{}''(t)\Big|_{t=0}=\frac{2e^t(5-e^t)^2+4e^{2t}(5-e^t)}{(5-e^t)^4}\Big|_{t=0}$

$=\frac{2e^t(5-e^t)+4e^{2t}}{(5-e^t)^3}\Big|_{t=0}=\frac{8+4}{4^3}=\frac{3}{16}$

따라서 분산

$V(X)=E(X^2)-[E(X)]^2=\frac{3}{16}-\left(\frac{1}{8}\right)^2=\frac{11}{64}$

3. $M_X(t)=\sum_{x=1}^{n}e^{tx}\frac{1}{n}=\frac{1}{n}(e^t+e^{2t}+e^{3t}+\cdots+e^{nt})$

$M'_X(t)=\frac{1}{n}(e^t+2e^{2t}+3e^{3t}+\cdots+ne^{nt})$,

$E(X)=M'_X(0)=\frac{1}{n}(1+2+3+\cdots+n)=\frac{n+1}{2}$

$M''_X(t)=\frac{1}{n}(e^t+2^2e^{2t}+3^2e^{3t}+\cdots+n^2e^{nt})$,

$E(X^2)=M''_X(0)=\frac{1}{n}(1^2+2^2+3^2+\cdots+n^2)$

$=\frac{n(n+1)(2n+1)}{6n}=\frac{(n+1)(2n+1)}{6}$

$V(X)=E(X^2)-[E(X)]^2=\frac{(n+1)(2n+1)}{6}-\left[\frac{n+1}{2}\right]^2$

$=\frac{(n-1)(n+1)}{12}$

4. $(1+2te^{2t}-e^{2t})/2t^2$

5. $1/(1-t)$, $|t|<1$

[문제 4.3]

1. (1) $M_X(t)=\frac{p}{1-qe^t}$ (단, $qe^t<1$)

(2) $M_X{}'(t)=pqe^t(1-qe^t)^{-2}$,

$M_X''(t)=pqe^t(1+qe^t)(1-qe^t)^{-3}$

$M_X{}'(0)=\frac{q}{p}$, $M_X''(0)=\frac{q(1+q)}{p^2}$

$E(X)=M_X{}'(0)=\frac{q}{p}$,

$Var(X)=M_X''(0)-[M_X{}'(0)]^2=\frac{q}{p^2}$

2. (1) 1

(2) $\frac{e^t-1}{t}$

(3) $E(X)=\frac{1}{2}$, $V(X)=\frac{1}{12}$

3. 임의의 t에 대하여 확률변수 $e^{tX_1}, \cdots, e^{tX_n}$은 독립이므로

$E[e^{tS}]=E[e^{t(X_1+\cdots+X_n)}]=E\left[\prod_{i=1}^{n}e^{tX_i}\right]=\left[\prod_{i=1}^{n}E[e^{tX_i}]\right]$

$=\prod_{i=1}^{n}M_{X_i}(t)$, $a<t<b$

4. $M_S(t)=\exp\left(t\mu+\frac{1}{2}\sigma^2t^2\right)$

단, $\mu=\mu_1+\mu_2+\cdots+\mu_n$, $\sigma^2=\sigma_1^2+\sigma_2^2+\cdots+\sigma_n^2$

[문제 4.4]

1. $\mu=np=900\times\frac{1}{2}=450,\ \ \sigma^2=npq=225,\ \ \sigma=15$

표면이 나오는 수 X는 $N(450,\ 225)$로 근사된다.

(1) $Z=\frac{X-450}{15}$은 $N(0,1)$로 근사한다.

$$P(X\geq 480)=P\left(Z\geq\frac{480-450}{15}\right)=P(Z\geq 2)=0.023$$

(2) $P(430\leq X\leq 470)=P(-1.33\leq Z\leq 1.33)=0.816$

※ 연속보정을 하면 (1) $P(X\geq 479.5)=0.024$

(2) $P(429.5\leq X\leq 470.5)=0.829$

2. 실제 답은 $\left(\frac{40!}{5!35!}\right)(.15)^5(.85)^{35}$이다. 정규를 이용해 답의 근사치를 구하려면, 먼저 평균값 μ과 표준편차 σ를 다음과 같이 계산해야 한다 :

$\mu=np=40(.15)=6$

$\sigma=\sqrt{np(1-p)}=\sqrt{40(.15)(.85)}=2.258$

$$P(4.5\leq X\leq 5.5)=P\left(\frac{4.5-6}{2.258}\leq Z\leq\frac{5.5-6}{2.258}\right)$$
$$=P(-0.66\leq Z\leq -0.22)=.1583$$

이다.

3. $\mu=np=100\times 0.27=27$

$\sigma=\sqrt{npq}=\sqrt{27\times 0.73}=\sqrt{19.71}=4.44$인 정규 분포에 따른다고 본다

$$P(20<X<30)=P(19.5<X<30.5)$$
$$=P\left(\frac{19.5-27}{4.44}<Z<\frac{30.5-27}{4.44}\right)$$
$$=P(-1.69<Z<0.73)=0.7398$$

4. 실제 답은 이항식 156개를 더한 답이다

$${}_{250}C_0(0.6)^0(0.4)^{250}+{}_{250}C_1(0.6)^1(0.4)^{249}$$
$$+\ \cdots+{}_{250}C_{155}(0.6)^{155}(0.4)^{95}$$

근사치는 정규분포를 이용하여 쉽게 얻어질 수 있다. μ와σ를 계산한다.

$\mu=np=250(0.6)=150$

$\sigma=\sqrt{np(1-p)}=\sqrt{250(0.6)(0.4)}=7.746$

$$P(X\leq 155.5)=P\left(Z\leq\frac{155.5-150}{7.746}\right)$$
$$=P(Z\leq 0.71)=0.7611$$이다.

5. X가 1년 동안에 사고를 당한 노동자의 수라고 하자. 그러면 X는 n=200, p=0.4인 이항 분포를 한다. 이 분포를 정규근사화하면

평균 : $\mu=200\times 0.4=80$

표준 편차 : $\sigma=\sqrt{200\times 0.4\times 0.6}=6.928$

인 정규 분포를 한다. 여기에서 75명 이상이 사고를 당할 확률을 이항 확률의 공식을 이용하면

$$P(X>75)=P(X=76)+P(X=77)+\cdots+P(X=200)$$
$$=\frac{200!}{76!\ 124!}(0.4)^{76}(0.6)^{124}+\cdots$$
$$+\frac{200!}{200!\ 0!}(0.4)^{200}(0.6)^0$$

이다. 이 계산을 정규근사법으로 하면

$$P(X>75)\approx P\left(Z>\frac{75.5-80}{6.928}\right)=P(Z>-0.65)$$
$$=P(Z\leq 0.65)=0.7422$$

6. X가 면역성을 갖게 될 사람의 수로 나타낸다고 하자.

$n=100,\ \ p=0.8$이므로

$\mu=100\times 0.8=80,$

$\sigma=\sqrt{100\times 0.8\times 0.2}=4$

(1) $P(X<74)$를 구하자. 이 확률의 근사값은 $\mu=80$, $\sigma=4$인 정규곡선 아래에서 73.5의 왼쪽 면적과 같다. 이것을 표준화해서 다음과 같이 구한다.

$$P(X<74)\approx P\left(Z<\frac{73.5-80}{4}\right)=P(Z\leq -1.62)$$
$$=P(Z>1.62)=1-P(Z<1.62)$$
$$=1-0.9474=0.0526$$

(2) $P(74\leq X\leq 85)$는 $\mu=80$, $\sigma=4$인 정규곡선 아래에서 73.5와 85.5 사이의 면적을 구하면 된다. 이것을 표준화해서 다음과 같이 구한다.

$$P(74\leq X\leq 85)\approx P\left(\frac{73.5-80}{4}<Z<\frac{85.5-80}{4}\right)$$
$$=P(-1.63<Z<1.37)$$
$$=P(0<Z<1.37)+P(0<Z<1.63)$$
$$=0.4147+0.4487=0.8631$$

[문제 4.5]

1. $P(600 \le \overline{X} \le 700) = P\left(\frac{600-650}{37.95} \le Z \le \frac{700-650}{37.95}\right)$

$$= P(-1.32 \le Z \le 1.32)$$
$$= P(Z \le 1.32) - P(Z \le -1.32)$$
$$= 0.9066 - 0.0934 = 0.8132$$

이다.

2. $\mu = 500,000,\ \sigma = 80,000,$ 그리고 $n = 64$ 이므로 다음을 우선 구한다.

$\mu_{\overline{x}} = 500,000,\ \ \sigma_{\overline{x}} = \frac{800,000}{\sqrt{64}} = 10,000$

(1) 우리는 확률 $P(\overline{X} > 482,000)$을 구하면 된다.

$$P(\overline{X} > 482,000) \approx P\left(Z > \frac{482,000-500,000}{10,000}\right)$$
$$= P(Z > -1.8) = 0.9641$$

(2) 우리는 확률 $P(4,800,000 < \overline{X} < 512,000)$을 구하면 된다.

$$P(480,000 < \overline{X} < 512,000)$$
$$\approx P\left(\frac{480,000-50,000}{10,000} < Z < \frac{512,000-500,000}{10,000}\right)$$
$$= P(-2 < Z < 1.2)$$
$$= 0.3849 + 0.4772$$
$$= 0.8621$$

3. 표본 크기는 30 이상이고, 중심 극한 정리에 의해 $\mu_{\overline{x}} = 650,\ \sigma_{\overline{x}} = \frac{420}{\sqrt{100}} = 42$인 정규분포이다.

$$P(\overline{X} > 700) = P\left(Z > \frac{700-650}{42}\right)$$
$$= P(Z > 1.19) = 1 - .8830 = .1170$$

4. 여기에서 $\mu = 16,\ \sigma = 0.6,\ n = 36$이다. 36개의 용기에 담아진 내용물의 무게의 합이 585 온스를 넘을 확률은, 즉 평균 무게 $\overline{X}$가 $585/36 = 16.25$ 온스를 넘을 확률을 구하면 된다. $\mu_{\overline{x}} = 16,\ \ \sigma_{\overline{x}} = 0.6/\sqrt{36} = 0.1$

$$P(\overline{X} > 16.25) \approx P\left(Z > \frac{16.25-16}{0.1}\right)$$
$$= P(Z > 2.5) = 0.0062$$

5장 : 확률결합분포의 응용과 최소제곱법

[문제 5.1]

(1) $\{(x, y) | 16 - x^2 - y^2 \ge 0\}$

(2) $\{(x, y) | x \ne 0\ \ y \ne 0$

[문제 5.2]

(1) $\{(x, y) | y \ge -x\}$

(3) $\{(x, y) | -1 \le x \le 1,\ -1 \le y \le 1\}$

[문제 5.3]

(1) 0

(2) $\{(x, y, z) | x^2 + y^2 + z^2 < 25\}$

(3) $(-\infty, \ln 25]$

[문제 5.4]

(1) 7.7 ; 바람의 속력 80km/h 와 지속시간 15h에서 송해에서 파고 7.7m

(2) $f(60, t)$는 지속시간 t에 대하여 바람속력 60km/h에서의 파고함수이다.

(3) $f(v, 30)$은 지속시간 30시간에 대하여 바람속력 v에서의 파고함수이다.

[문제 5.5]

각 확률들은 초기하분포로 구해진다.

$$P(X=1,\ Y=1) = f(1, 1) = \frac{\binom{3}{1}\binom{2}{1}\binom{1}{0}}{\binom{6}{2}} = \frac{3 \times 2}{15} = \frac{6}{15}$$

마찬가지로 각 확률을 구하여 다음 표를 얻는다.

X \ Y	0	1	2	계
0	0	$\frac{2}{15}$	$\frac{1}{15}$	$\frac{3}{15}$
1	$\frac{3}{15}$	$\frac{6}{15}$	0	$\frac{9}{15}$
2	$\frac{3}{15}$	0	0	$\frac{3}{15}$
계	$\frac{6}{15}$	$\frac{8}{15}$	$\frac{1}{15}$	1

$f_X(x)$를 구하기 위하여 y의 모든 값에 대하여 합하면 된다 (표의 우단).
예를 들어

$f_X(0)=f(0,0)+f(0,1)+f(0,2)=0+\frac{2}{15}+\frac{1}{15}=\frac{3}{15}$

마찬가지로

$f_X(1)=\frac{9}{15}$, $f_X(2)=\frac{3}{15}$

Y에 관한 주변분포도 마찬가지로 구해진다.

[문제 5.6]

x \ y	0	1	2	계
0	0	$\frac{1}{30}$	$\frac{2}{30}$	$\frac{3}{30}$
1	$\frac{1}{30}$	$\frac{2}{30}$	$\frac{3}{30}$	$\frac{6}{30}$
2	$\frac{2}{30}$	$\frac{3}{30}$	$\frac{4}{30}$	$\frac{9}{30}$
3	$\frac{3}{30}$	$\frac{4}{30}$	$\frac{5}{30}$	$\frac{12}{30}$
계	$\frac{6}{30}$	$\frac{10}{30}$	$\frac{14}{30}$	1

(1) $P(X\le 2,\ Y=1)=f(0,1)+f(1,1)+f(2,1)$

$$=\frac{1}{30}+\frac{2}{30}+\frac{3}{30}=\frac{6}{30}$$

(2) $P(X>2,\ Y\le 1)=f(3,0)+f(3,1)=\frac{3}{30}+\frac{4}{30}=\frac{7}{30}$

(3) $P(X>Y)=f(1,0)+f(2,0)+f(2,1)$

$$+f(3,0)+f(3,1)+f(3,2)=\frac{18}{30}$$

(4) $P(X+Y=4)=f(2,2)+f(3,1)=\frac{8}{30}$

(5) X의 주변분포

x	0	1	2	3	계
$f_X(x)$	$\frac{3}{30}$	$\frac{6}{30}$	$\frac{9}{30}$	$\frac{12}{30}$	1

(6) Y의 주변분포

y	0	1	2	계
$f_Y(y)$	$\frac{6}{30}$	$\frac{10}{30}$	$\frac{14}{30}$	1

[문제 5.7]

(1) 확률변수 X의 주변분포

$$f_X(x)=\sum_{y=1}^{3}f(x,y)=f(x,1)+f(x,2)+f(x,3)$$

x	1	2	3	계
$f_X(x)$	0.2	0.5	0.3	1

(2) 확률변수 Y의 주변분포

$$f_Y(y)=\sum_{x=1}^{3}f(x,y)=f(1,y)+f(2,y)+f(3,y)$$

y	1	2	3	계
$f_Y(y)$	0.1	0.35	0.55	1

(2) $P(Y=3|X=2)=f(3|2)=\frac{f(2,3)}{f_X(2)}=0.7$

[문제 5.8]

(1) $Y=2$인 경우는 (1,2), (2,2), (3,2), (4,2), (5,2), (6,2)이고 이 가운데 $X<3$ 즉, $X=1,2$ 인 경우는 $X=1,\ Y=2$ $X=2,\ Y=2$인 경우 2가지이므로

$P(X<3\mid Y=2)=\frac{2}{6}$

(2) $X+Y=2$인 경우는 $X=1,\ Y=1$인 경우이고, 이 경우에 $X=3$되는 일은 없으므로 $P(X=3\mid Y=2)=\frac{2}{6}=\frac{1}{3}$

(3) $X+Y=5$인 경우는 (1,4), (2,3), (3,2), (4,1)이고, 이 가운데 $X=2$인 경우가 1가지 있으므로

$P(X=2|X+Y=5)=\frac{1}{4}$

[문제 5.9]

$X-Y=2$인 경우는 $(X,Y)=$(3,1), (4,2), (5,3), (6,4)이므로

$P(X+Y=4\mid X-Y=2)=\frac{1}{4}$, $P(X+Y=6\mid X-Y=2)=\frac{1}{4}$,

$P(X+Y=8\mid X-Y=2)=\frac{1}{4}$, $P(X+Y=10\mid X-Y=2)=\frac{1}{4}$

[문제 5.10]

(1)

x \ y	1	3	$f_X(x)$
0	0	$\frac{1}{8}$	$\frac{1}{8}$
1	$\frac{3}{8}$	0	$\frac{3}{8}$
2	$\frac{3}{8}$	0	$\frac{3}{8}$
3	0	$\frac{1}{8}$	$\frac{1}{8}$
$f_Y(y)$	$\frac{6}{8}$	$\frac{2}{8}$	1

(3) $P[X=x|Y=1]=\dfrac{P[X=x,\ Y=1]}{P[Y=1]}$

$$=\frac{8}{6}P[X=x,\ Y=1]$$

$$=\begin{cases}\frac{1}{2}, & x=1,2\\ 0, & otherwise\end{cases}$$

(4) $P[Y=y|X=2]=\dfrac{P[X=2,\ Y=y]}{P[X=2]}$

$$=\frac{8}{3}P[X=2,\ Y=y]$$

$$=\begin{cases}1, & y=1\\ 0, & otherwise\end{cases}$$

[문제 5.11]

(1) $E[g(X,\ Y)]=E(XY^2)=\sum_x\sum_y xy^2 f(x,\ y)=14.4$

(2) $\mu_X=E(X)=3.20,\ \mu_Y=E(Y)=2.0$

[문제 5.12]

$$E(XY)=\sum_{x=0}^{2}\sum_{y=0}^{2}xyf(x,y)$$

$$=(0)(0)f(0,0)+(0)(1)f(0,1)+(0)(2)f(0,2)$$

$$=(1)(0)f(1,0)+(1)(1)f(1,1)+(1)(2)f(1,2)$$

$$=(2)(0)f(2,0)+(2)(1)f(2,1)+(2)(2)f(2,2)$$

$$=0.2+2\times0.06+0.14+4\times0.3=1.66$$

또한 $\mu_X=\sum_{x=0}^{2}xf_X(x)=0(0.16)+1(0.34)+2(0.5)=1.34$ 이고

$\mu_y=\sum_{y=0}^{2}yf_Y(y)=0(0.24)+1(0.38)+2(0.38)=1.14$ 이다.

따라서, $\sigma_{XY}=E(XY)-\mu_X\mu_Y=1.66-1.34\times1.14=1.5176$

[문제 5.13]

$$\mu_x=E[X]=\sum_{y=0}^{2}\sum_{x=0}^{2}xf(x,\ y)=\frac{3}{4},$$

$$\mu_y=E[Y]=\sum_{y=0}^{2}\sum_{x=0}^{2}yf(x,\ y)=\frac{1}{2}$$

$$\sigma_x^2=V(X)=E(X^2)-E(X)^2=\frac{45}{112},$$

$$\sigma_y^2=V(Y)=E(Y^2)-E(Y)^2=\frac{9}{28},$$

$$E(XY)=\sum_{x=0}^{2}\sum_{y=0}^{2}xyf(x,\ y)=\frac{3}{14}$$

$$Cov(X,\ Y)=E(XY)-E(X)E(Y)$$

$$=\frac{3}{14}-\frac{3}{4}\times\frac{1}{2}=-\frac{18}{112}=-\frac{9}{56}$$

$$\rho_{XY}=Corr(X,\ Y)=\frac{Cov(X,\ Y)}{\sqrt{V(X)}\sqrt{V(Y)}}=\frac{\frac{-9}{56}}{\sqrt{\frac{45}{112}}\cdot\sqrt{\frac{9}{28}}}$$

$$=-0.447$$

[문제 5.14]

(1) $f_x=3x^2-4y^2,\ f_y=4y^3-8xy$

$f_x(1,1)=-1,\ f_y(1,1)=-4$

(2) $f_x=2xe^y,\ f_y=x^2e^y-4$

$f_x(1,0)=2,\ f_y(1,0)=-3$

(3) $f_x=x^2y\cos xy+2x\sin xy,$

$f_y=x^3\cos xy-9y^2$

$f_x(\pi,1)=-\pi^2,\ f_y(\pi,1)=-\pi^3-9$

(4) $f_x=4\cdot\dfrac{1}{y}e^{x/y}+\dfrac{y}{x^2}=\dfrac{4}{y}e^{x/y}=\dfrac{y}{x^2},$

$f_y=4(\dfrac{-x}{y^2})e^{x/y}-\dfrac{1}{x}=\dfrac{4x}{-y^2}e^{x/y}-\dfrac{1}{x}$

$f_x(-2,1)=-2,\ f_y(-2,1)=8e^{-2}+\dfrac{1}{2}$

[문제 5.15]

(1) $f_x(x,y)=3,\ f_y(x,y)=-8y^3$

(2) $\dfrac{\partial z}{\partial x}=e^{3y},\ \dfrac{\partial z}{\partial y}=3xe^{3y}$

(3) $f_x(x,y) = \dfrac{2y}{(x+y)^2}$, $f_y(x,y) = -\dfrac{2x}{(x+y)^2}$

(4) $w = \sin\alpha\cos\beta \Rightarrow \dfrac{\partial w}{\partial \alpha} = \cos\alpha\cos\beta$

$\dfrac{\partial w}{\partial \beta} = \sin\alpha\sin\beta$

[문제 5.16]

$f_x(x,y,z) = y^2$, $f_y(x,y,z) = 2xy - z^2$, $f_z(x,y,z) = -2yz$

$f_x(1,2,3) = 4$는 함수 $f(x,2,3) = 4x - 18$의

$x = 1$에서의 변화율이며,

$f_y(1,2,3) = -5$는 함수 $f(1,y,3) = y^2 - 9y$의

$y = 2$에서의 변화율이고,

$f_z(1,2,3) = -12$는 함수 $f(1,2,z) = 4 - 2z^2$의

$z = 3$에서의 변화율이다.

[문제 5.17]

(1) $f(r,s) = r\ln(r^2+s^2)$

$f_r(r,s) = \dfrac{2r^2}{r^2+s^2} + \ln(r^2+s^2)$

$f_s(r,s) = \dfrac{2rs}{r^2+s^2}$

(2) $f(x,y,z) = xz - 5x^2y^3z^4$

$\Rightarrow f_x(x,y,z) = z - 10xy^3z^4$, $f_y(x,y,z)$

$= -15x^2y^2z^4$, $f_z(x,y,z) = x - 20x^2y^3z^3$

(3) $w = \ln(x+2y+3z)$

$\Rightarrow \dfrac{\partial w}{\partial x} = \dfrac{1}{x+2y+3z}$,

$\dfrac{\partial w}{\partial x} = \dfrac{2}{x+2y+3z}$,

$\dfrac{\partial w}{\partial x} = \dfrac{3}{x+2y+3z}$

(4) $u = xy\sin^{-1}(yz) \Rightarrow \dfrac{\partial u}{\partial x} = y\sin^{-1}(yz)$,

$\dfrac{\partial u}{\partial y} = \dfrac{xyz}{\sqrt{1-y^2z^2}} + xs\sin^{-1}(yz)$

$\dfrac{\partial u}{\partial z} = \dfrac{xy^2}{\sqrt{1-y^2z^2}}$

[문제 5.18]

(1) $f_x = 3y^4 + 3x^2y^2$, $f_{xx} = 6xy^2$,

$f_{xxy} = 12xy$, $f_y = 12xy^3 + 2x^3y$

$f_{yy} = 36xy^2 + 2x^3$, $f_{yyy} = 72xy$

(2) $f_x = -\sin(4x+3y+2z)(4)$

$f_{xy} = -12\cos(4x+3y+2z)$,

$f_{xyz} = 24\sin(4x+3y+2z)$,

$f_y = -3\sin(4x+3y+2z)$,

$f_{yz} = -6\cos(4x+3y+2z)$,

$f_{yzz} = 12\sin(4x+3y+2z)$

(3) $\dfrac{\partial u}{\partial \theta} = e^{r\theta}(\cos\theta + r sin\theta)$

$\dfrac{\partial^2 u}{\partial r\partial \theta} = e^{r\theta}(\theta\cos\theta + r\theta\sin\theta + \sin\theta)$

$\dfrac{\partial^3 u}{\partial r^2\partial \theta} = \theta e^{r\theta}(2\sin\theta + \theta\cos\theta + r\theta\sin\theta)$

(4) $\dfrac{\partial w}{\partial x} = \dfrac{1}{y+2z}$,

$\dfrac{\partial^2 w}{\partial y\partial x} = -(y+2z)^{-2}$,

$\dfrac{\partial^3 w}{\partial z\partial y\partial x} = 4(y+2z)^{-3}$,

$\dfrac{\partial w}{\partial y} = -x(y+2z)^{-2}$,

$\dfrac{\partial^2 w}{\partial x\partial y} = -(y+2)^{-2}$, $\dfrac{\partial^3 w}{\partial x^2\partial y} = 0$

[문제 5.19]

(1) $\dfrac{\partial f}{\partial x} = 3x^2 - 4y^2$, $\dfrac{\partial f}{\partial y} = -8xy + 3$

$\dfrac{\partial^2 f}{\partial x^2} = 6x$, $\dfrac{\partial^2 f}{\partial y^2} = -8x$, $\dfrac{\partial^2 f}{\partial y\partial x} = -8y$

(2) $f_x = 4x^3 - 6xy^3$, $f_{xx} = 12x^2 - 6y^3$

$f_{xy} = -18xy^2$, $f_{xyy} = -36xy$

(3) $f_x = 3x^2y^2$, $f_{xx} = 6xy^2$, $f_y = 2x^3y - z\cos yz$,

$f_{yz} = yz\sin yz - \cos yz$, $f_{xy} = 6x^2y$, $f_{xyz} = 0$

(4) $f_x = 2ye^{2xy} + z\sin y, f_{xx} = 4y^2e^{2xy}$

$f_y = 2xe^{2xy} + z^2y^{-2} + x\,z\cos y$

$f_{yy} = 4x^2e^{2xy} - 2z^2y^{-3} - xz\sin y = 4x^2e^{2xy} - \frac{2z^2}{y^3} - xz\sin y$

$f_{yyz} = -\frac{4z}{y^3} - x\sin y$

$f_{yyzz} = -\frac{4}{y^3}$

[문제 5.20]

(1) $f(x,\ y) = \frac{\partial^2}{\partial x\,\partial y}F(x,\ y)$

$= \frac{\partial^2}{\partial x\,\partial y}(1-e^{-2x})(1-e^{-3y})$

$= (2e^{-2x})(3e^{-3y}) = 6e^{-(2x+3y)}$

$(0 < x < \infty,\ 0 < y < \infty)$

(2) X의 주변분포함수를 구하면,

$F_X(x) = \lim_{y\to\infty} F(x,\ y)$

$= \lim_{y\to\infty}(1-e^{-2x})(1-e^{-3y})$

$= 1-e^{-2x},\ 0 \le x < \infty$

Y의 주변분포함수

$F_Y(y) = \lim_{x\to\infty} F(x,\ y)$

$= \lim_{y\to\infty}(1-e^{-2x})(1-e^{-3y})$

$= 1-e^{-3y},\ 0 \le y \le \infty$

(3) $f_X(x) = \frac{d}{dx}F_X(x) = \frac{d}{dx}(1-e^{-2x}) = 2e^{-2x}$

$(0 \le x < \infty)$

$f_Y(y) = \frac{d}{dy}F_Y(y) = 3e^{-3y}$

$(0 < y < \infty)$

(4) $f(x,\ y) = f_X(x)f_Y(y)$이므로 독립

[문제 5.21]

(1) $\frac{\partial F}{\partial x} = e^{-x}(1-e^{-y}), \frac{\partial F}{\partial y} = e^{-y}(1-e^{-x})$

(2) $\frac{\partial f}{\partial x} = -\frac{3cx}{2\pi}(c^2+x^2+y^2)^{-\frac{5}{2}}$

$\frac{\partial f}{\partial y} = -\frac{3cy}{2\pi}(c^2+x^2+y^2)^{-\frac{5}{2}}$

(3) $\frac{\partial f}{\partial x} = \frac{\Gamma(a+b+c)}{\Gamma(a)\Gamma(b)\Gamma(c)} \times \{(a-1)-(a+c-2)x-(a-1)y\}$

$\times x^{a-2}y^{b-1}(1-x-y)^{c-2},$

$\frac{\partial f}{\partial y} = \frac{\Gamma(a+b+c)}{\Gamma(a)\Gamma(b)\Gamma(c)} \times \{(b-1)-(b-1)x-(b+c-2)y\}$

$\times x^{a-1}y^{b-2}(1-x-y)^{c-2}$

[문제 5.22]

X, Y의 결합확률밀도함수와 주변확률밀도함수는 각각 다음과 같다.

$f_X(x) = \int_0^\infty 6e^{-(3x+2y)}dy = 3e^{-3x}, 0 \le x < \infty$

$f_Y(y) = \int_0^\infty 6e^{-(3x+2y)}dx = 2e^{-2y}, 0 \le y < \infty$

이므로 $0 \le x < \infty, 0 \le y < \infty$에 대하여 $f(x,y) = f_X(x)f_Y(y)$가 성립한다. 따라서 X, Y는 독립이다. 그러나 $f_X(x) = 3e^{-3x} \neq f_Y(x) = 2e^{-2x}, 0 \le x < \infty$이므로 동일한분포를 따르지 않는다.

[문제 5.23]

(1) $\hat{y} = 6.4136 + 1.8091x$

(2) 1.75 일 때 $\hat{y} = 9.560$

[문제 5.24]

(1) $\hat{y} = 5.8254 + 0.5676x$

(3) 50° 일 때 $\hat{y} = 34.205$

[문제 5.25]

(1) 생략

(2) $\hat{y} = 343.706 + 3.221x$

(3) \$35 일 때 $\hat{y} = \$456.44$

6장 : 연속확률결합분포의 응용 및 자코비안

[문제 6.1]

(1) $\int_{\pi/6}^{\pi/2}\int_{-1}^{5}\cos y\,dx\,dy = \int_{-1}^{5}dx\int_{\pi/6}^{\pi/2}\cos y\,dy$

$= [x]_{-1}^{5}[\sin y]_{\pi/6}^{\pi/2}$

$= [5-(-1)]\left(\sin\frac{\pi}{2}-\sin\frac{\pi}{6}\right)$

$= 6(1-\frac{1}{2}) = 3$

(2) $\int_0^1\int_0^3 e^{x+3y}dx\,dy = \int_0^1\int_0^3 e^x e^{3y}dx\,dy$

$= \int_0^3 e^x dx\int_0^1 e^{3y}dy$

$= [e^x]_0^3\left[\frac{1}{3}e^{3y}\right]_0^1$

$= (e^3-e^0)\cdot\frac{1}{3}(e^3-e^0)$

$= \frac{1}{3}(e^3-1)^2,\ \frac{1}{3}(e^6-2e^3+1)$

(3) $\int_0^2\int_0^\pi r\sin^2\theta\,d\theta\,dr = \int_0^2 r\,dr\int_0^\pi \sin^2\theta\,d\theta$

$= \int_0^2 r\,dr\int_0^\pi \frac{1}{2}(1-\cos 2\theta)\,d\theta$

$= \left[\frac{1}{2}r^2\right]_0^2\cdot\left[\theta-\frac{1}{2}\sin 2\theta\right]_0^\pi$

$= (2-0)\cdot\frac{1}{2}\left[(\pi-\frac{1}{2}\sin 2\pi)-(0-\frac{1}{2}\sin 0)\right]$

$= 2\cdot\frac{1}{2}[(\pi-0)-(0-0)] = \pi$

(4) $\int_0^1\int_0^1\sqrt{s+t}\,ds\,dt = \int_0^1\left[\frac{2}{3}(s+t)^{3/2}\right]_{s=0}^{s=1}dt$

$= \frac{2}{3}\int_0^1[(1+t)^{3/2}-t^{3/2}]dt$

$= \frac{2}{3}\left[\frac{2}{5}(1+t)^{5/2}-\frac{2}{5}t^{5/2}\right]_0^1$

$= \frac{4}{15}[(2^{5/2}-1)-(1-0)]$

$= \frac{4}{15}(2^{5/2}-2)\ ,\ \frac{8}{15}(2\sqrt{2}-1)$

[문제 6.2]

(1) $\iint_D (x^2+2y)dA = \int_0^1\int_{x^3}^{x}(x^2+2y)dy\,dx$

$= \int_0^1 [x^2y+y^2]_{y=x^3}^{y=x}dx$

$= \int_0^1 (x^3+x^2-x^5-x^6)dx$

$= \left[\frac{1}{4}x^4+\frac{1}{3}x^3-\frac{1}{6}x^6-\frac{1}{7}x^7\right]_0^1$

$= \frac{1}{4}+\frac{1}{3}-\frac{1}{6}-\frac{1}{7} = \frac{23}{84}$

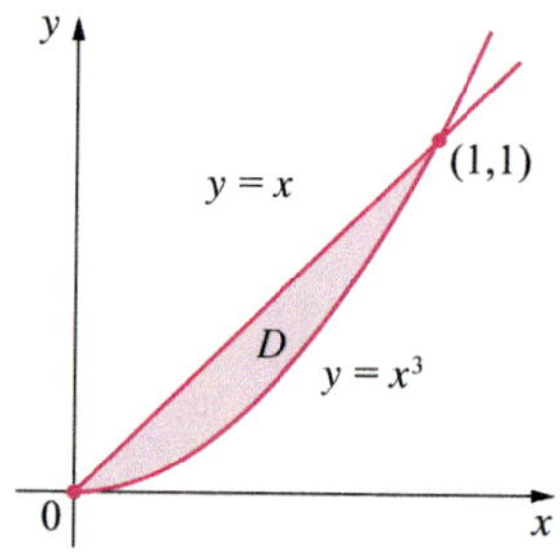

(2) $\iint_D xy^2 dA = \int_{-1}^{1}\int_0^{\sqrt{1-y^2}} xy^2 dx\,dy$

$= \int_{-1}^{1} y^2\left[\frac{1}{2}x^2\right]_{x=0}^{x=\sqrt{1-y^2}}dy$

$= \frac{1}{2}\int_{-1}^{1} y^2(1-y^2)dy = \frac{1}{2}\int_{-1}^{1}(y^2-y^4)dy$

$= \frac{1}{2}\left[\frac{1}{3}y^3-\frac{1}{5}y^5\right]_{-1}^{1} = \frac{1}{2}(\frac{1}{3}-\frac{1}{5}+\frac{1}{3}-\frac{1}{5}) = \frac{2}{15}$

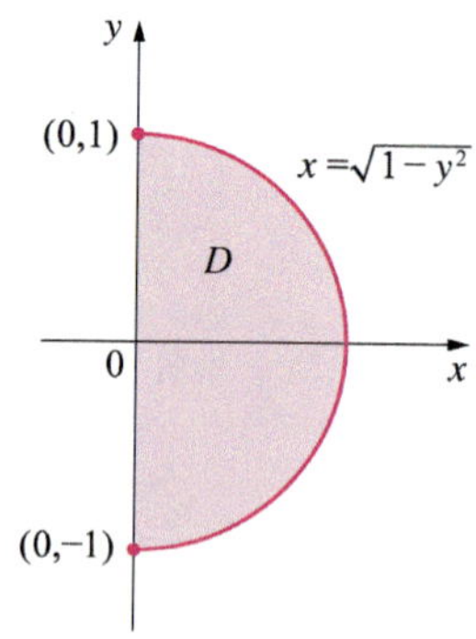

[문제 6.3]

(1) $$V=\int_0^1\int_{y^3}^{y^2}(2x+y^2)\,dx\,dy$$
$$=\int_0^1\left[x^2+xy^2\right]_{x=y^3}^{x=y^2}dy$$
$$=\int_0^1(2y^4-y^6-y^5)dy$$
$$=\left[\frac{2}{5}y^5-\frac{1}{7}y^7-\frac{1}{6}y^6\right]_0^1=\frac{19}{210}$$

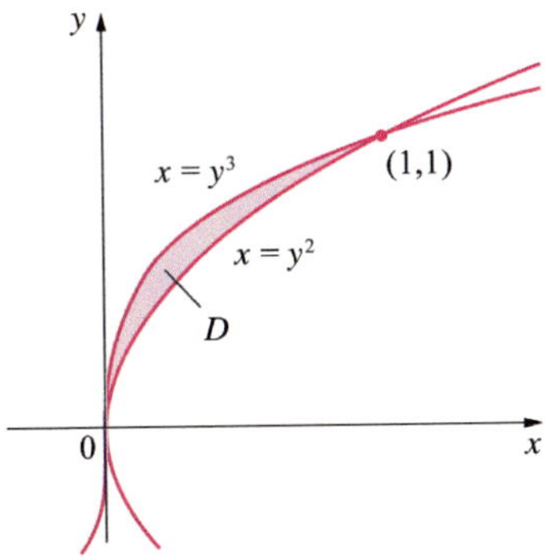

(2) $$V=\int_0^1\int_x^1(x^2+3y^2)dydx$$
$$=\int_0^1\left[x^2y+y^3\right]_{y=x}^{y=1}dx$$
$$=\int_0^1(x^2+1-2x^3)dx$$
$$=\left[\frac{1}{3}x^3+x-\frac{1}{2}x^4\right]_0^1=\frac{5}{6}$$

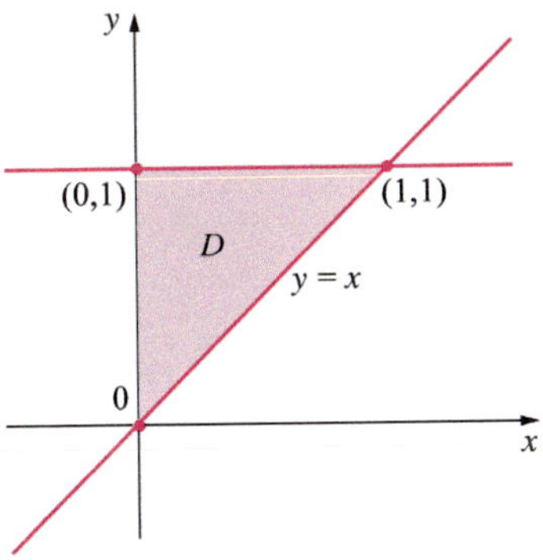

[문제 6.4]

$$f_X(x)=\int_{-\infty}^{\infty}f(x,y)dy$$
$$=\begin{cases}\frac{1}{4}\int_{-1}^{1}(1+xy)dy=\frac{1}{2}, & -1\le x\le 1\\ 0, & \text{기타}\end{cases}$$

$$f_Y(y)=\int_{-\infty}^{\infty}f(x,y)dx$$
$$=\begin{cases}\frac{1}{4}\int_{-1}^{1}(1+xy)dx=\frac{1}{2}, & -1\le y\le 1\\ 0, & \text{기타}\end{cases}$$

[문제 6.5]

$$P(1<X\le 2, 0\le Y\le 2)$$
$$=\int_1^2\int_0^2 e^{-(x+y)}dydx$$
$$=\int_1^2 e^{-x}dx\int_0^2 e^{-y}dy=(e^{-1}-e^{-2})(1-e^{-2})$$

[문제 6.6]

(1) $$\int_0^1\int_0^1 k(xy^2+e^x)dxdy=k\int_0^1\left(\frac{1}{2}y^2+e-1\right)dy$$
$$=k\left(\frac{1}{6}+e-1\right)$$
$$=\frac{6e-5}{6}k=1$$

$$k=\frac{6}{6e-5}$$

(2) $$f_X(x)=\int_0^1\frac{6}{6e-5}(xy^2+e^x)dy=\frac{6}{6e-5}\left(\frac{x}{3}+e^x\right)$$

(3) y의 주변밀도를 $f_Y(y)$이라면

$$f_Y(y)=\int_0^1\frac{6}{6e-5}(xy^2+e^x)dx=\frac{6}{6e-5}\left(\frac{y^2}{3}+e\right)$$

$f(x,y)\neq f_X(x)f_Y(y)$이므로 독립이 아니다.

[문제 6.7]

(1) $$\int_{-\infty}^{\infty}\int_{-\infty}^{\infty}f(x,y)dxdy=1$$

$$\int_{-\infty}^{\infty}\int_{-\infty}^{\infty}f(x,y)dxdy=\int_0^1\int_0^1\theta xydxdy$$
$$=\theta\int_0^1\frac{y}{2}dy=\frac{\theta}{4}=1$$

$\theta=4$

(2) $P(X \le 0.5,\ Y \le 0.5) = \int_0^{0.5} \int_0^{0.5} 4xydxdy = 4\int_0^{0.5} \frac{1}{2} ydy$

$= 2\int_0^{0.5} ydy = 0.25$

[문제 6.8]

(1) X에 관한 주변확률밀도함수를 구하면

$f_X(x) = \int_0^{\infty} e^{-(x+y)}dy = e^{-x}$, 따라서

$P(X<2) = \int_0^2 e^{-x}dx = 1-e^{-2}$

(2) $P(X<Y) = \int_0^{\infty}\int_x^{\infty} e^{-(x+y)}dydx = \int_0^{\infty} e^{-2x}dx = \frac{1}{2}$

(3) $P(X+Y<2) = \int_0^2 \int_0^{2-x} e^{-(x+y)}dydx$

$= \int_0^2 (e^{-x} - e^{-2})dx$

$= 1-e^{-2}-2e^{-2} = 1-3e^{-2}$

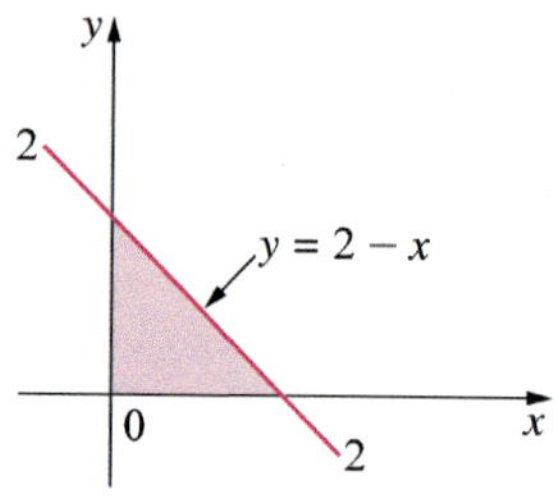

[문제 6.9]

(1) $f_X(x) = \int_0^1 \frac{2}{3}(x+2y)dy$

$= \left[\frac{2}{3}xy + \frac{2}{3}y^2\right]\Big|_0^1$

$= \frac{2}{3}x + \frac{2}{3} \qquad 0 < x \le 1$

(2) $f_Y(y) = \int_0^1 \frac{2}{3}(x+2y)dx$

$= \left[\frac{1}{3}x^2 + \frac{4}{3}xy\right]\Big|_0^1$

$= \frac{4}{3}y + \frac{1}{3} \qquad 0 \le y < 1$

(3) $\int_0^{\frac{1}{2}} \frac{2}{3}x + \frac{2}{3}dx = \left[\frac{1}{3}x^2 + \frac{2}{3}x\right]\Big|_0^{\frac{1}{2}}$

$= \frac{5}{12}$

[문제 6.10]

(1) 정의에 의하여

$f_X(x) = \int_{-\infty}^{\infty} f(x,y)dy = \int_x^1 2dy = 2-2x,\ 0<x<1$

$f_Y(y) = \int_{-\infty}^{\infty} f(x,y)dx = \int_0^y 2dx = 2y,\ 0<y<1$

따라서,

$f(x\mid y) = \frac{f(x,y)}{f_Y(y)} = \frac{2}{2y} = \frac{1}{y},\ 0<x<y<1$

$f(x|y) \ne f_X(x)$ 이므로 독립이 아니다.

(2) $P(\frac{1}{4} < X < \frac{1}{2} \mid Y = \frac{3}{4}) = \int_{1/4}^{1/2} f(x\mid y=\frac{3}{4})dx$

$= \int_{1/4}^{1/2} \frac{4}{3}dx = \frac{1}{3}$

[문제 6.11]

$f_X(x) = \int_x^{\infty} e^{-y}dy = e^{-x}$ 이므로

$f(y|x) = \frac{f_{XY}(x,y)}{f_X(x)} = \frac{e^{-y}}{e^{-x}} = e^{x-y}$

$f(y\mid x) = \begin{cases} e^{x-y} & (0 \le x \le y) \\ 0 & (\text{그밖에서}) \end{cases}$

$P(Y \le y\mid x) = \int_0^y e^{x-y}dy = e^x(1-e^{-y})$

[문제 6.12]

(1) $0<x<1$일 때

$f_X(x) = \int_0^1 \left(\frac{3}{4} + xy\right)dy = \frac{3}{4} + \frac{x}{2}$

$f(y\mid x) = \frac{f(x,y)}{f_X(x)} = \begin{cases} \frac{3+4xy}{3+2x} & (0<y<1) \\ 0 & (\text{그밖에서}) \end{cases}$

다른 x의 값에 대하여 $f(y\mid x)$는 정의되지 않는다 ($f_X(x)=0$이므로).

(2) $P\left[Y > \frac{1}{2} \,\middle|\, X = \frac{1}{2}\right] = \int_{1/2}^1 f(y|x=\frac{1}{2})dy$

$= \int_{1/2}^1 \frac{3+2y}{4}dy = \frac{9}{16}$

[문제 6.13]

$$E[X+Y]=\int_0^1\int_0^1(x+y)4xy\,dx\,dy=\frac{4}{3}$$

[문제 6.14]

$$E\left(\frac{Y}{X}\right)=\int_0^1\int_0^2\frac{y(1+3y^2)}{1}dx\,dy=\frac{5}{8}$$

[문제 6.15]

(1) $f_X(x)=\frac{3}{2}\int_0^1(x^2+y^2)dy=\frac{1}{2}(3x^2+1),\quad 0<x<1$

그리고

$f_Y(y)=\frac{1}{2}(3y^2+1),\ 0<y<1$

$f(x,y)\neq f_X(x)f_Y(x)$

따라서 X, Y는 독립이 아니다.

(2) $E(X+Y)=E(X)+E(Y)=2E(X)$

$$=\int_0^1 x(3x^2+1)dx=\frac{3}{4}+\frac{1}{2}=\frac{5}{4}$$

$$E(XY)=\frac{3}{2}\int_0^1\int_0^1 xy(x^2+y^2)dx\,dy$$

$$=\frac{3}{2}\int_0^1 y\left(\frac{1}{4}+\frac{y^2}{2}\right)dy=\frac{3}{8}$$

(3) $V(X)=E(X^2)-[E(X)]^2$

$$=\frac{1}{2}\int_0^1 x^2(3x^2+1)dx-\left(\frac{5}{8}\right)^2=\frac{73}{960}$$

$V(Y)=\frac{73}{960}$

$Cov(X,Y)=E(XY)-E(X)E(Y)$

$$=\frac{3}{8}-\left(\frac{5}{8}\right)^2=-\frac{1}{64}$$

(4) $V(X+Y)=V(X)+V(Y)+2Cov(X,Y)=\frac{29}{240}$

[문제 6.16]

$$f_X(x)=\int_0^{\frac{1}{\sqrt{2}}}f(x,y)dy$$

$$=\int_0^{\frac{1}{\sqrt{2}}}8xydy=[4xy^2]_0^{\frac{1}{\sqrt{2}}}$$

$$=2x,\qquad 0\le x\le 1$$

$$f_Y(y)=\int_0^1 f(x,y)dx=\int_0^1 8xydx$$

$$=[4yx^2]_0^1=4y,\qquad 0\le y\le\frac{1}{\sqrt{2}}$$

$$E(X)=\int xf_X(x)dx=\int_0^1 x\cdot 2xdx$$

$$=\left[\frac{2}{3}x^3\right]_0^1=\frac{2}{3}$$

$$E(Y)=\int yf_Y(y)dy=\int_0^{\frac{1}{\sqrt{2}}}y\cdot 4ydy$$

$$=\left[\frac{4}{3}y^3\right]_0^{\frac{1}{\sqrt{2}}}=\frac{\sqrt{2}}{3}$$

$$V(X)=E(X^2)-E(X)^2$$

$$=\int_0^1 x^2\cdot 2xdx-\left(\frac{2}{3}\right)^2=\frac{1}{18}$$

$$V(Y)=E(Y^2)-E(Y)^2$$

$$=\int_0^{\frac{1}{\sqrt{2}}}y^2\cdot 4ydy-\left(\frac{\sqrt{2}}{3}\right)^2=\frac{1}{36}$$

$$Cov(X,Y)=E(XY)-E(X)E(Y)$$

$$=\int_0^{\frac{1}{\sqrt{2}}}\int_0^1 xy\cdot 8xy\,dx\,dy-\frac{2}{3}\cdot\frac{\sqrt{2}}{3}$$

$$=\int_0^{\frac{1}{\sqrt{2}}}\frac{8}{3}y^2dy-\frac{2\sqrt{2}}{9}=0$$

$$\rho_{XY}=Corr(X,Y)=\frac{Cov(X,Y)}{\sqrt{V(X)V(Y)}}=0$$

[문제 6.17]

(1) $x=5u-v,\ y=u+3v$

$$\frac{\partial(x,y)}{\partial(u,v)}=\begin{vmatrix}5 & -1\\ 1 & 3\end{vmatrix}=16$$

(2) $x=\frac{u}{u+v},\ y=\frac{u}{u-v}$

$$\frac{\partial(x,y)}{\partial(u,v)}=\begin{vmatrix}\frac{v}{(u+v)^2} & -\frac{u}{(u+v)^2}\\ -\frac{v}{(u-v)^2} & \frac{u}{(u-v)^2}\end{vmatrix}=0$$

(3) $x=uv,\ y=vw,\ z=uw$

$$\frac{\partial(x,y,z)}{\partial(u,v,w)}=\begin{vmatrix}v & u & 0\\ 0 & w & v\\ w & 0 & u\end{vmatrix}=v\begin{vmatrix}w & v\\ 0 & u\end{vmatrix}-u\begin{vmatrix}0 & v\\ w & u\end{vmatrix}+0\begin{vmatrix}0 & w\\ w & 0\end{vmatrix}=2uvw$$

[문제 6.18]

$x=\frac{1}{2}(z+w),\ y=\frac{1}{2}(z-w),$

$\frac{\partial(x,y)}{\partial(u,v)}=\begin{vmatrix}\frac{1}{2} & \frac{1}{2}\\ \frac{1}{2} & -\frac{1}{2}\end{vmatrix}=-\frac{1}{2},\ x^2+y^2=\frac{1}{2}(z^2+w^2)$

$g(z,w)=\frac{1}{2\pi}e^{-(1/4)(z^2+w^2)}\left(\frac{1}{2}\right)=\frac{1}{4\pi}e^{-(1/4)(z^2+w^2)}$

[문제 6.19]

$f(x,y)=e^{-x}e^{-y},\ z=\frac{y}{x},\ x=u,\ y=zu,\ \frac{\partial(x,y)}{\partial(u,v)}=\begin{vmatrix}1 & z\\ 0 & u\end{vmatrix}=u$

$f(u,z)=e^{-u}e^{-zu}(u)=e^{-u(1+z)}(u)$

$f_Z(z)=\int_0^\infty e^{-u(1+z)}u\,du=(1+z)^{-2},\ z>0$

[문제 6.20]

$f(x,y)=e^{-x-y},\ x>0,\ y>0$

$u=x+y,\ v=\frac{x}{(x+y)}$ 에서

$x=uv,\ y=u(1-v),$

$\frac{\partial(x,y)}{\partial(u,v)}=\begin{vmatrix}v & u\\ 1-v & -u\end{vmatrix}=u,\ u>0,\ 0<v<1$

$f_{UV}(u,v)=ue^{-u},\ u>0,\ 0<v<1$

$f_V(v)=\int_0^\infty ue^{-u}du=-ue^{-u}-e^{-u}|_0^\infty=1,\ (0<v<1)$

$f_u(u)=\int_0^1 ue^{-u}du=ue^{-u},\ (u>0)$

[문제 6.21]

(1) $\int_0^{2\pi}\int_0^3 r^2drd\theta=\int_0^{2\pi}9d\theta=18\pi$

(2) $\int_0^{2\pi}\int_0^2 e^{-r^2}rdrd\theta=-\frac{1}{2}\int_0^{2\pi}(e^{-4}-1)d\theta=\pi-\pi e^{-4}$

(3) $\int_0^{2\pi}\int_0^{2-\cos\theta}r\sin\theta rdrd\theta=\int_0^{2\pi}\left[\frac{1}{3}(2-\cos\theta)^3\sin\theta\right]d\theta=0$

(4) $\int_0^{2\pi}\int_0^3 r^2rdrd\theta=\int_0^{2\pi}\frac{81}{4}d\theta=\frac{81}{2}\pi$

[문제 6.22]

(1) $\int_0^1\int_0^1\int_0^1(x^2+y^2+z^2)\,dzdydx$

$=\int_0^1\int_0^1(x^2+y^2+\frac{1}{3})\,dydx=\int_0^1(x^2+\frac{2}{3})\,dx=1$

(2) $\int_1^e\int_1^e\int_1^e\frac{1}{xyz}dxdydz$

$=\int_1^e\int_1^e[\frac{\ln x}{yz}]_1^e\,dydz=\int_0^e\int_0^e\frac{1}{yz}dydz$

$=\int_1^e[\frac{\ln y}{z}]_1^e dz=\int_1^e\frac{1}{z}dz=1$

(3) $\int_0^1\int_0^\pi\int_0^\pi y\sin z\,dxdydz$

$=\int_0^1\int_0^\pi \pi y\sin z\,dydz=\frac{\pi^3}{2}\int_0^1\sin z\,dz$

$=\frac{\pi^3}{2}(1-\cos 1)$

(4) $\int_0^3\int_0^{\sqrt{9-x^2}}\int_0^{\sqrt{9-x^2}}dzdydx$

$=\int_0^3\int_0^{\sqrt{9-x^2}}\sqrt{9-x^2}\,dydx=\int_0^3(9-x^2)dx$

$=[9x-\frac{x^3}{3}]_0^3=18$

(5) $\int_0^1\int_0^{2-x}\int_0^{2-x-y}dzdydx$

$=\int_0^1\int_0^{2-x}(2-x-y)\,dydx$

$=\int_0^1[(2-x)^2-\frac{1}{2}(2-x)^2]dx$

$=\frac{1}{2}\int_0^1(2-x)^2dx=[-\frac{1}{6}(2-x)^3]_0^1$

$=-\frac{1}{6}+\frac{8}{6}=\frac{7}{6}$

(6) $\int_0^\pi\int_0^\pi\int_0^\pi\cos(u+v+w)\,dudvdw$

$=\int_0^\pi\int_0^\pi[\sin(u+v+\pi)-\sin(w+v)]\,dvdw$

$=\int_0^\pi[(-\cos(w+2\pi)+\cos(w+\pi)$

$+\cos(w+\pi)-\cos w)]\,dw$

$=[-\sin(w+2\pi)+\sin(w+\pi)$

$-\sin w+\sin(w+\pi)]_0^\pi$

$=0$

(7) $\int_1^e\int_1^e\int_1^e \ln r \ln s \ln t \, dtdrds$

$= \int_1^e\int_1^e \ln r \ln s[t\ln t - t]_1^e \, drds$

$= \int_1^e \ln s[r\ln r - r]_1^e \, ds = [s\ln s - s]_1^e = 1$

[문제 6.23]

(1) $f_{XZ}(x,z) = \int_0^\infty e^{-x}e^{-y}e^{-z}dy = e^{-(x+z)}$

(2) $F_{XZ}(x,z) = \int_0^x\int_0^z f(x,z)dzdx$

$= \int_0^x\int_0^z\int_0^\infty e^{-(x+y+z)}dydzdx$

$= \int_0^x\int_0^z e^{-(x+z)}dzdx$

$= (1-e^{-x})(1-e^{-z})$

(3) $F_{YZ}(y,z) = \int_0^y\int_0^z f(y,z)dzdy$

$= \int_0^y\int_0^z\int_0^\infty e^{-(x+y+z)}dxdzdy$

$= \int_0^y\int_0^z e^{-(y+z)}dzdy$

$= (1-e^{-y})(1-e^{-z})$

[문제 6.24]

(1) $f_{YZ}(y,z) = \int_0^1 \frac{x+y+1}{2}dx = \frac{2y+3}{4}$,

$0 \le z \le 1, 0 \le y \le 1$

(2) $F_{XZ}(x,z) = \int_0^x\int_0^z\int_0^\infty \frac{x+y+1}{2}dydzdx$

$= \int_0^x\int_0^z \frac{2x+3}{4}dzdx$

$= \frac{z(x^2+3x)}{4}, 0 \le x \le 1, 0 \le z \le 1$

(3) $f_Y(y) = \int_0^1 f_{YZ}(y,z)dz = \int_0^1 \frac{2y+3}{4}dz = \frac{2y+3}{4}$,

$0 \le y \le 1$

(4) $f_{XYZ}(x,y,z)$와 $f_X(x)f_Y(y)f_Z(z)$가 다르므로 독립이 아니다.

[문제 6.25]

(1) $1 = k\int_0^1\int_0^1\int_0^2 xy^2z \, dx \, dy \, dz$

$= 2k\int_0^1\int_0^1 y^2z \, dy \, dz = \frac{2k}{3}\int_0^1 z \, dz$

$= \frac{k}{3} \quad \therefore k = 3$

(2) $P\left(X<\frac{1}{4},\ Y>\frac{1}{2},\ 1<Z<2\right)$

$= 3\int_0^{\frac{1}{4}}\int_{\frac{1}{2}}^1\int_1^2 xy^2z \, dx \, dy \, dz$

$= \frac{9}{2}\int_0^{\frac{1}{4}}\int_{\frac{1}{2}}^1 y^2 \, z \, dy \, dz = \frac{21}{16}\int_0^{\frac{1}{4}} z \, dz$

$= \frac{21}{512}$

APPENDIX :확률응용을 위한 미분적분기초

A.1 미분기초

[연습문제 .1]

1. (1) $\dfrac{f(4)-f(2)}{4-2}=\dfrac{24-8}{2}=8$

(2) $\dfrac{f(3)-f(1)}{3-1}=\dfrac{27-1}{2}=13$

(3) $\dfrac{f(5)-f(1)}{5-1}=\dfrac{3-1}{4}=\dfrac{1}{2}$

(4) $\dfrac{f(10)-f(1)}{10-1}=\dfrac{1-0}{9}=\dfrac{1}{9}$

(5) $$\frac{f(a+h)-f(a)}{a+h-a}=\frac{\left(\frac{1}{a+h}-\frac{1}{a}\right)\cdot a(a+h)}{h\cdot a(a+h)}=\frac{a-(a+h)}{h\cdot a(a+h)}=\frac{-h}{h\cdot a\cdot(a+h)}=\frac{-1}{a(a+h)}$$

(6) $$\frac{f\left(\frac{\pi}{3}\right)-f\left(-\frac{\pi}{6}\right)}{\frac{\pi}{3}-\left(-\frac{\pi}{6}\right)}=\frac{\left(\frac{\sqrt{3}}{2}+\frac{1}{2}\right)-\left(-\frac{1}{2}+\frac{\sqrt{3}}{2}\right)}{\frac{\pi}{2}}=\frac{1}{\frac{\pi}{2}}=\frac{2}{\pi}$$

2. (1) (a) $$f'(1)=\lim_{h\to0}\frac{f(1+h)-f(1)}{h}=\lim_{h\to0}\frac{(1+h)^2+2(1+h)-3}{h}=\lim_{h\to0}\frac{1+2h+h^2+2+2h-3}{h}=\lim_{h\to0}\frac{h^2+4h}{h}=\lim_{h\to0}(h+4)=4$$

(b) $y-3=4(x-1)$

(2) (a) $$f'(1)=\lim_{h\to0}\frac{f(1+h)-f(1)}{h}=\lim_{h\to0}\frac{\left(\frac{1}{h+2}-\frac{1}{2}\right)\cdot 2(h+2)}{h\cdot 2(h+2)}=\lim_{h\to0}\frac{2-(h+2)}{h\cdot 2(h+2)}=\lim_{h\to0}\frac{-h}{h\cdot 2(h+2)}=-\frac{1}{4}$$

(b) $y-\dfrac{1}{2}=-\dfrac{1}{4}(x-1)$

3. 기울기을 구하는 방법은 두가지가 있다.

(방법 1)

$$f'(2)=\lim_{x\to2}\frac{f(x)-f(2)}{x-2}=\lim_{x\to2}\frac{x^2-6x+8}{x-2}=\lim_{x\to2}\frac{(x-2)(x-4)}{(x-2)}=-2$$

(방법 2)

$$f'(2)=\lim_{h\to0}\frac{f(2+h)-f(2)}{h}=\lim_{h\to0}\frac{(2+h)^2-6(2+h)-(-8)}{h}=\lim_{h\to0}\frac{4+4h+h^2-12-6h+8}{h}=\lim_{h\to0}\frac{h^2-2h}{h}=\lim_{h\to0}(h-2)=-2$$

따라서 접선은 $y+8=-2(x-2)$

4. $\dfrac{\Delta y}{\Delta x}=\dfrac{f(3)-f(1)}{3-1}=\dfrac{10-2}{3-1}=4$

[연습문제 1.2]

1. (1) $$f'(x)=\lim_{h\to0}\frac{f(x+h)-f(x)}{h}=\lim_{h\to0}\frac{(x+h)^3-2(x+h)-[x^3-2x]}{h}=\lim_{h\to0}\frac{x^3+3x^2h+3xh^2+h^3-2x-2h-x^3+2x}{h}=\lim_{h\to0}(x^2+3xh+h^2-2)=3x^2-2$$

(2) $$f'(x)=\lim_{h\to0}\frac{f(x+h)-f(x)}{h}=\lim_{h\to0}\frac{(x+h)^4-x^4}{h}=\lim_{h\to0}\frac{x^4+4x^3h+6x^2h^2+4xh^3+h^4-x^4}{h}$$

$$=\lim_{h\to0}(4x^3+6x^2h+4xh^2+h^3)$$
$$=4x^3$$

(3) $f'(x)=\lim_{h\to0}\frac{f(x+h)-f(x)}{h}$

$$=\lim_{h\to0}\frac{\left(\frac{1}{\sqrt{x+h}}-\frac{1}{\sqrt{x}}\right)\sqrt{x+h}\sqrt{x}}{h\sqrt{x+h}\sqrt{x}}$$
$$=\lim_{h\to0}\frac{\sqrt{x}-\sqrt{x+h}}{h\sqrt{x+h}\sqrt{x}}$$
$$=\lim_{h\to0}\frac{-h}{h\sqrt{x+h}\sqrt{x}(\sqrt{x}+\sqrt{x+h})}$$
$$=\lim_{h\to0}\frac{-1}{\sqrt{x+h}\sqrt{x}(\sqrt{x}+\sqrt{x+h})}$$
$$=-\frac{1}{2x\sqrt{x}}$$

(4) $f'(x)=\lim_{h\to0}\frac{f(x+h)-f(x)}{h}$

$$=\lim_{h\to0}\frac{\left[\frac{1}{(x+h)^2+1}-\frac{1}{x^2+1}\right]\cdot[(x+h)^2+1](x^2+1)}{h\cdot[(x+h)^2+1](x^2+1)}$$
$$=\lim_{h\to0}\frac{x^2+1-[(x+h)^2+1]}{h\cdot[(x+h)^2+1](x^2+1)}$$
$$=\lim_{h\to0}\frac{-2xh-h^2}{h\cdot[(x+h)^2+1](x^2+1)}$$
$$=\lim_{h\to0}\frac{-2x-h}{[(x+h)^2+1](x^2+1)}$$
$$=\frac{-2x}{(x^2+1)(x^2+1)}=\frac{-2x}{(x^2+1)^2}$$

2. (1) $y'=0$

(2) $y'=-12x^3+\frac{1}{2}$

(3) $y'=-\frac{1}{15}+\frac{3}{15}x^2-\frac{5x^4}{15}=-\frac{1}{15}+\frac{1}{5}x^2-\frac{1}{3}x^4$

(4) $y'=0-\frac{1}{3}\frac{1}{2\sqrt{x}}=-\frac{1}{6\sqrt{x}}$

(5) $g(x)=3x^{-\frac{2}{3}}-2x^{-\frac{3}{2}}$, $g'(x)=-2x^{-\frac{5}{3}}+3x^{-\frac{5}{2}}$

(6) $y=3x+2x^{-1}-x^{-3}$, $y'=3-2x^{-2}+3x^{-4}$

(7) $y=3x^{-1}+2x-x^2$, $y'=-3x^{-2}+2-2x$

(8) $f(x)=x^{\frac{3}{2}}(x-3x^2)=x^{\frac{5}{2}}-3x^{\frac{7}{2}}$,

$f'(x)=\frac{5}{2}x^{\frac{3}{2}}-\frac{21}{2}x^{\frac{5}{2}}$

3. (1) $g'=6x(2x^3-1)+(3x^2+2)(6x^2)$

$$=12x^4-6x+18x^4+12x^2$$
$$=30x^4+12x^2-6x$$

(2) $y'=2x(3x^2-2x)+(x^2-2)(6x-2)$

$$=6x^3-4x^2+6x^3-2x^2-12x+4$$
$$=12x^3-6x^2-12x+4$$

(3) $y'=2\sqrt{x}+(2x-1)\frac{1}{2\sqrt{x}}$

$$=\frac{4x+2x-1}{2\sqrt{x}}=\frac{6x-1}{2\sqrt{x}}$$

(4) $y'=-2\sqrt{x}+(3-2x)\frac{1}{2\sqrt{x}}$

$$=\frac{-4x+3-2x}{2\sqrt{x}}=\frac{3-6x}{2\sqrt{x}}$$

4. (1) $y'=\frac{3(2x-1)-(1+3x)\cdot2}{(2x-1)^2}=\frac{6x-3-2-6x}{(2x-1)^2}$

$$=\frac{-5}{(2x-1)^2}$$

(2) $y'=\frac{1\cdot(x^2+1)-x\cdot2x}{(x^2+1)^2}=\frac{x^2+1-2x^2}{(x^2+1)^2}$

$$=\frac{1-x^2}{(x^2+1)^2}$$

(3) $y'=\frac{\frac{1}{2\sqrt{x}}(\sqrt{x}+3)-(\sqrt{x}-3)\frac{1}{2\sqrt{x}}}{(\sqrt{x}+3)^2}$

$$=\frac{\left[\frac{\sqrt{x}+3}{2\sqrt{x}}-\frac{(\sqrt{x}-3)}{2\sqrt{x}}\right]\cdot2\sqrt{x}}{(\sqrt{x}+3)^2\cdot2\sqrt{x}}$$
$$=\frac{\sqrt{x}+3-(\sqrt{x}-3)}{2(\sqrt{x}+3)^2\cdot\sqrt{x}}$$
$$=\frac{6}{2(\sqrt{x}+3)^2\sqrt{x}}=\frac{3}{(\sqrt{x}+3)^2\sqrt{x}}$$

5. (1) $f'(x)=4x^3+6x$, $f''(x)=12x^2+6$

(2) $f'(x)=3x^2-6-2x^{-2}$, $f''(x)=6x+4x^{-3}$

[연습문제 1.3]

1. (1) $y' = 4(3x^2 - \sqrt{x})^3\left(6x - \dfrac{1}{2\sqrt{x}}\right)$

(2) $y' = 30(x^2 + 4x - 1)^5(2x+4)$
$= 60(x^2+4x-1)^5(x+2)$

(3) $y' = 9x^2(2x+3)^4 + 3x^3 \cdot 4(2x+3)^3 \cdot 2$
$= 9x^2(2x+3)^4 + 24x^3(2x+3)^3$
$= 3x^2(2x+3)^3[3(2x+3)+8x]$
$= 3x^2(2x+3)^3(14x+9)$

(4) $y' = \dfrac{2(x+1)(2x+1)^3 - (x+1)^2 \cdot 3(2x+1)^2 \cdot 2}{(2x+1)^6}$
$= \dfrac{2(x+1)(2x+1)^2[(2x+1)-3(x+1)]}{(2x+1)^6}$
$= \dfrac{2(x+1)(2x+1-3x-3)}{(2x+1)^4}$
$= \dfrac{2(x+1)(-x-2)}{(2x+1)^4}$
$= -\dfrac{2(x+1)(x+2)}{(2x+1)^4}$

2. $f(1) = \dfrac{2}{(3-2)^2} = 2 \quad \Rightarrow \quad \therefore (1,\ 2)$

$y = 2(3x-2)^{-2},\ y' = -4(3x-2)^{-3} \cdot 3 = \dfrac{-12}{(3x-2)^3}$

$f'(1) = -12$

$\therefore y - 2 = -12(x-1)$

3. (1) $y' = 3[f(x)]^2 \cdot f'(x)$

(2) $y' = 3[f(x^3)]^2 \cdot f'(x^3) \cdot 3x^2$

(3) $y = [f(x)]^{-\frac{1}{2}}, \quad y' = -\dfrac{1}{2}[f(x)]^{-\frac{3}{2}} \cdot f'(x)$

(4) $y' = 12[f(x^2)+2x]^3 \cdot [f'(x^2) \cdot 2x + 2]$
$= 24[f(x^2)+2x]^3[xf'(x^2)+1]$

4. (1) $\dfrac{d}{dx}(x^3 - 2xy + y^3) = \dfrac{d}{dx}(0)$
$3x^2 - (2 \cdot y + 2x \cdot y') + 3y^2 \cdot y' = 0$
$3x^2 - 2y - 2xy' + 3y^2y = 0$
$y'(3y^2 - 2x) = 2y - 3x^2$
$\therefore \dfrac{dy}{dx} = \dfrac{2y-3x^2}{3y^2-2x}$

(2) $\dfrac{d}{dx}(x^2y^3 - x^3y^2) = \dfrac{d}{dx}(-5)$
$2x \cdot y^3 + x^2 \cdot 3y^2y' - (3x^2 \cdot y^2 + x^3 \cdot 2yy') = 0$
$2xy^3 + 3x^2y^2y' - 3x^2y^2 - 2x^3yy' = 0$
$y'(3x^2y^2 - 2x^3y) = 3x^2y^2 - 2xy^3$
$\therefore \dfrac{dy}{dx} = \dfrac{xy^2(3x-2y)}{x^2y(3y-2x)} = \dfrac{y(3x-2y)}{x(3y-2x)}$

[연습문제 1.4]

1. (1) $y' = -\sin(-3x+2) \cdot (-3) = 3\sin(-3x+2)$

(2) $y' = -\csc^2(3x^2+2x) \cdot (6x+2)$
$= -(6x+2)\csc^2(3x^2+2x)$

(3) $y' = 3(\sin x)^2 \cdot \cos x = 3\sin^2 x\cos x$

(4) $y' = 3(\sin 2x)^2 \cdot \cos 2x \cdot 2$
$+ 3(\cos 2x)^2 \cdot (-\sin 2x) \cdot 2$
$= 6\sin^2 2x\cos 2x - 6\cos^2 2x\sin 2x$

(5) $y = \dfrac{(\cos x)^2}{\sin x}$
$y' = \dfrac{2(\cos x)(-\sin x)(\sin x) - (\cos x)^2 \cdot \cos x}{\sin^2 x}$
$= \dfrac{-2\cos x \cdot \sin^2 x - \cos^2 x}{\sin^2 x}$
$= \dfrac{-\cos x(2\sin^2 x + \cos^2 x)}{\sin^2 x}$

2. (1) $-\sin(x+y) \cdot (1+y') + \cos(x-y) \cdot (1-y') = 0$
$-\sin(x+y) - y'\sin(x+y) + \cos(x-y) - y'\cos(x-y) = 0$
$-\sin(x+y) + \cos(x-y) = y'\sin(x+y) + y'\cos(x-y)$
$-\sin(x+y) + \cos(x-y) = y'[\sin(x+y) + \cos(x-y)]$
$\therefore \dfrac{dy}{dx} = \dfrac{-\sin(x+y)+\cos(x-y)}{\sin(x+y)+\cos(x-y)}$

(2) $2x + 2y \cdot y' = \sec(xy)\tan(xy) \cdot (y + xy')$
$2x + 2yy' = y\sec(xy)\tan(xy) + xy'\sec(xy)\tan(xy)$
$y'[2y - x\sec(xy)\tan(xy)] = y\sec(xy)\tan(xy) - 2x$
$\therefore \dfrac{dy}{dx} = \dfrac{y\sec(xy)\tan(xy) - 2x}{2y - x\sec(xy)\tan(xy)}$

3. (1) $y' = e^{\sec x} \cdot \sec x \tan x$

(2) $y' = a^{\cos x}(-\sin x) \cdot \ln a = -a^{\cos x} \sin x \ln a$

(3) $y' = e^{ax} \cdot a \cdot \sin bx + e^{ax} \cdot \cos bx \cdot b$

$= e^{ax}(a \sin bx + b \cos bx)$

(4) $e^{xy^3}(1 \cdot y^3 + x \cdot 3y^2 \cdot y') = 1 - y'$

$y^3 e^{xy^3} + 3xy^2 y' e^{xy^3} = 1 - y'$

$y'(3xy^2 e^{xy^3} + 1) = 1 - y^3 e^{xy^3}$

$\therefore \dfrac{dy}{dx} = \dfrac{1 - y^3 e^{xy^3}}{(3xy^2 e^{xy^3} + 1)}$

4. (1) $y' = \dfrac{1}{\ln x} \cdot \dfrac{1}{x} = \dfrac{1}{x \ln x}$

(2) $y' = \dfrac{1}{\sin x} \cdot \cos x \cdot \dfrac{1}{\ln 3} = \dfrac{\cot x}{\ln 3}$

(3) $y' = \dfrac{1}{x \cos x}(\cos x - x \sin x)$

(4) $y' = 2x \ln x + x^2 \cdot \dfrac{1}{x} = 2x \ln x + x$

5. (1) 양변을 y에 관하여 미분하면

$\dfrac{dx}{dy} = 3\cos 3y \quad \therefore \dfrac{dy}{dx} = \dfrac{1}{3\cos 3y}$

(2) 양변을 x에 관하여 미분하면

$\cos x - \sin y \cdot \dfrac{dy}{dx} = 0$

$\therefore \dfrac{dy}{dx} = \dfrac{\cos x}{\sin y}$

(3) 양변을 x에 관하여 미분하면

$\cos x + \cos y \cdot \dfrac{dy}{dx} = y + x \cdot \dfrac{dy}{dx}$

$\therefore (x - \cos y)\dfrac{dy}{dx} = \cos x - y$

$\therefore \dfrac{dy}{dx} = \dfrac{\cos x - y}{x - \cos y}$

6. (1) 양변의 자연로그를 잡으면

$\ln y = x \ln x$

양변을 x에 관하여 미분하면

$\dfrac{1}{y} \cdot \dfrac{dy}{dx} = \ln x + x \cdot \dfrac{1}{x}$

$\therefore \dfrac{dy}{dx} = y(\ln x + 1) = x^x(\ln x + 1)$

(2) 양변의 자연로그를 잡으면

$\ln y = x \ln(\ln x)$

양변을 x에 관하여 미분하면

$\dfrac{1}{y} \cdot \dfrac{dy}{dx} = \ln(\ln x) + x \cdot \dfrac{1}{\ln x} \cdot \dfrac{1}{x}$

$\therefore \dfrac{dy}{dx} = y\left\{\ln(\ln x) + \dfrac{1}{\ln x}\right\} = (\ln x)^x \ln(\ln x) + (\ln x)^{x-1}$

(3) $\dfrac{dy}{dx} = (\sin x)^x \left(\ln(\sin x) + \dfrac{x\cos x}{\sin x}\right)$

7. (1) $\displaystyle\lim_{x\to 3}\frac{x^2-9}{x-3}$가 $\dfrac{0}{0}$의 형식이고, 따라서 $\displaystyle\lim_{x\to 3}\frac{2x}{1} = 6$

(2) $\displaystyle\lim_{x\to 0}\frac{\tan x}{x}$가 $\dfrac{0}{0}$의 형식이고, 따라서 $\displaystyle\lim_{x\to 0}\frac{\sec^2 x}{1} = 1$

(3) $\displaystyle\lim_{x\to -2}\frac{x^3+8}{x^2-4}$가 $\dfrac{0}{0}$의 형식이고,

따라서 $\displaystyle\lim_{x\to -2}\frac{3x^2}{2x} = -3$

$\displaystyle\lim_{x\to -2}\frac{3x^2}{2x}$는 부정형이 아니라는 점을 유의하자.

(4) $\displaystyle\lim_{h\to 0}\frac{e^h-1}{h}$가 $\dfrac{0}{0}$의 형식이고, 따라서 $\displaystyle\lim_{h\to 0}\frac{e^h}{1} = 1$

(5) $\displaystyle\lim_{x\to\infty}\frac{x^3-4x^2+7}{3-6x-2x^3}$가 $\dfrac{\infty}{\infty}$의 형식이고,

따라서 $\displaystyle\lim_{x\to\infty}\frac{3x^2-8x}{-6-6x^2}$ 와 같다.

로피탈의 법칙을 두 번 더 적용해 보아라.

$\displaystyle\lim_{x\to\infty}\frac{6x-8}{-12x} = \lim_{x\to\infty}\frac{6}{-12} = \frac{-1}{2}$

(6) $\displaystyle\lim_{x\to\infty}\frac{\ln x}{x}$가 $\dfrac{\infty}{\infty}$의 형식이고, 따라서 $\displaystyle\lim_{x\to\infty}\frac{1/x}{1} = 0$ 과 같다.

(7) $\displaystyle\lim_{x\to\infty} x \sin\frac{1}{x}$은 $\infty \cdot 0$의 형식이다. $x \sin\dfrac{1}{x} = \dfrac{\sin 1/x}{1/x}$ 이기 때문에 두 번째 형식은 $\dfrac{0}{0}$의 부정형이다.

$$\lim_{x\to\infty} x \sin\frac{1}{x} = \lim_{x\to\infty}\frac{-\frac{1}{x^2}\cos\frac{1}{x}}{-\frac{1}{x^2}} = \lim_{x\to\infty}\cos\frac{1}{x} = 1$$

(더 간단한 답은 $\displaystyle\lim_{x\to\infty} x \sin\frac{1}{x} = \lim_{x\to\infty}\frac{\sin\frac{1}{x}}{\frac{1}{x}} = 1$)

(8) $\lim_{x\to0}(1+x)^{1/x}$은 1^∞의 형식이다. $\frac{0}{0}$의 형식인

$\lim_{x\to0}\ln y=\lim_{x\to0}\frac{\ln(1+x)}{x}$이다.

$\lim_{x\to0}\ln y=1,\ y=e^1=e$

(9) $\lim_{x\to\infty}x^{1/x}$은 ∞^0의 형식이다. $y=x^{1/x}$이면

$\ln y=\frac{1}{x}\ln x$($x\to\infty$일 때 $\frac{\infty}{\infty}$ 형식이므로)

따라서 $\lim_{x\to\infty}\ln y=\frac{1/x}{1}=0$이고, $\lim_{x\to\infty}y=e^0=1$

[연습문제 1.5]

1. (1) $y'=-\frac{1}{\sqrt{1-(-3x+2)^2}}\cdot(-3)$

$=\frac{3}{\sqrt{1-(-3x+2)^2}}$

(2) $y'=-2\cdot\frac{1}{\sqrt{1-(\sqrt{x-1})^2}}\cdot\frac{1}{2\sqrt{x-1}}$

$=\frac{-1}{\sqrt{2-x}\sqrt{x-1}}$

(3) $y'=-\frac{1}{1+\left(\frac{1}{x}\right)^2}\cdot\frac{-1}{x^2}=\frac{1}{x^2+1}$

(4) $y=\ln(x^2+4)-x\tan^{-1}\left(\frac{x}{2}\right)$

$\Rightarrow\frac{dy}{dx}=\frac{2x}{x+4}-\tan^{-1}\left(\frac{x}{2}\right)-x\left[\frac{\left(\frac{1}{2}\right)}{1+\left(\frac{x}{2}\right)^2}\right]$

$=\frac{2x}{x^2+4}-\tan^{-1}\left(\frac{x}{2}\right)-\frac{2x}{4+x^2}=-\tan^{-1}\left(\frac{x}{2}\right)$

(5) $y'=-\frac{1}{1+(\csc(x^2))^2}\cdot(-\csc(x^2)\cot(x^2))\cdot2x$

$=\frac{2x\csc(x^2)\cot(x^2)}{1+\csc^2(x^2)}$

(6) $y'=\frac{1}{\sqrt{1-((1-x^2)^2)^2}}\cdot2(1-x^2)\cdot(-2x)$

$=\frac{-4(1-x^2)}{\sqrt{1-(1-x^2)^4}}$

2. (1) $(f^{-1})'(2)=\frac{1}{f'(f^{-1}(2))}=\frac{1}{f'(3)}=\frac{1}{-1}=-1$

(2) $(g^{-1})'(4)=\frac{1}{g'(g^{-1}(4))}=\frac{1}{g'(2)}=\frac{1}{5}$

(3) $(g^{-1})'(1)=\frac{1}{g'(g^{-1}(1))}=\frac{1}{g'(2)}=\frac{1}{2}$

3. (1) $f^{-1}(3)=x,\ 3=f(x),\ \ 3=x^3+2x$

$x^3+2x-3=0,\ x=1$

$f'(x)=3x^2+2$

$f'(1)=5$

$(f^{-1})'(3)=\frac{1}{f'(f^{-1}(3))}=\frac{1}{f'(2)}=\frac{1}{5}$

(2) $f^{-1}(1)=x,\ 1=f(x),\ 1=x^3+x-1$

$x^3+x-2=0$

$\therefore x=1$

$f'(x)=3x^2+1, f'(1)=4$

$g'(1)=(f^{-1})'(1)=\frac{1}{f'(f^{-1}(1))}=\frac{1}{f'(1)}=\frac{1}{4}$

(3) $g'(2)=\frac{1}{f'(0)}=\frac{1}{2}$

4. (1) $f(x)=x^3+4x-1,\quad a=-1$

$f'(x)=3x^2+4$

$f(x)=x^3+4x-1=-1,\quad x=0$

$f'(0)=3(0)^2+4=4$

$(f^{-1})'(-1)=\frac{1}{f'(0)}=\frac{1}{4}$

(2) $f(x)=x^3+2x+1,\ \ a=1$

$f'(x)=3x^2+2$

$f(x)=x^3+2x+1=1,\quad x=0$

$f'(0)=3(0)^2+2=2$

$(f^{-1})'(1)=\frac{1}{f'(0)}=\frac{1}{2}$

(3) $f(x)=x^5+4x-2,\quad a=3$

$f(x)=5x^4+4$

$f(x)=x^5+4x-2=3,\quad x=1$

$f'(1)=9$

$(f^{-1})'(3)=\frac{1}{f'(1)}=\frac{1}{9}$

(4) $f(x)=\sqrt{x^3+2x+1},\quad a=2$

$f'(x)=\frac{3x^2+2}{2\sqrt{x^3+2x+1}}$

$$f(x)=\sqrt{x^3+2x+1}=2, \quad x=1$$

$$f'(1)=\frac{5}{4}, \quad (f^{-1})'(2)=\frac{1}{f'(1)}=\frac{4}{5}$$

A.2 적분기초

[연습문제 2.1]

1. (1) $t^3+\frac{1}{4}t^2+c$

(2) $\int x^{\frac{1}{2}}+x^{\frac{1}{3}}dx=\frac{2}{3}x^{\frac{3}{2}}+\frac{3}{4}x^{-\frac{4}{3}}+c$

(3) $-7\cos\frac{\theta}{3}\cdot 3+c=-21\cos\frac{\theta}{3}+c$

(4) $-\frac{1}{2}csc\theta+c$

(5) $4\sec x-2\tan x+c$

(6) $\ln x-5\tan^{-1}x+c$

(7) $\int \cos\theta(\tan\theta+\sec\theta)d\theta=\int \sin\theta+1\,d\theta$

$=-\cos\theta+\theta+c$

(8) $t=1+x^4$라 하자 $\rightarrow dt=4x^3dx$

$\rightarrow \frac{1}{4}dt=x^3dx$

$\int x^3(1+x^4)^{-\frac{1}{4}}dx=\int \frac{1}{4}t^{-\frac{1}{4}}dt=3t^{\frac{3}{4}}+c$

$=3(1+x^4)^{\frac{3}{4}}+c$

(9) $\int \sin^2\frac{x}{4}dx=\int \frac{1-\cos\frac{x}{2}}{2}dx=\frac{1}{2}\left(x-\frac{\sin\frac{x}{2}}{2}\right)+c$

2. (1) $u=1-\theta^2 \rightarrow du=-2\theta\, d\theta \rightarrow -\frac{1}{2}du=\theta d\theta$

$\int \theta\sqrt[4]{1-\theta^2}\,d\theta=\int \sqrt[4]{u}(-\frac{1}{2})du=(-\frac{1}{2})(\frac{4}{5}u^{5/4})$

$=-\frac{2}{5}(1-\theta^2)^{5/4}+c$

(2) $-\ln|\cos x|+c$

(3) $u=\cos(2t+1) \rightarrow du=-2\sin(2t+1)dt$

$\rightarrow -\frac{1}{2}du=\sin(2t+1)dt$

$\int \frac{\sin(2t+1)}{\cos^2(2t+1)}dt=\int -\frac{1}{2}\frac{1}{u^2}du$

$=\frac{1}{2u}+c=\frac{1}{2\cos(2t+1)}+c$

(4) $\mu=\sin^2\theta \rightarrow d\mu=2\sin\theta\cos\theta d\theta \rightarrow \sin 2\theta\, d\theta=d\mu$

$\int(\sin 2\theta)e^{\sin^2\theta}d\theta=\int e^u du=e^u+c=e^{\sin^2\theta}+c$

(5) $\mu=1+e^{\frac{1}{x}} \rightarrow d\mu=e^{\frac{1}{x}}(-\frac{1}{x^2})dx$

$\rightarrow -d\mu=\frac{1}{x^2}e^{\frac{1}{x}}dx$

준식$=\int \sec\mu\tan\mu(-d\mu)=-\sec\mu+c$

$=-\sec(1+e^{\frac{1}{x}})+c$

(6) $\mu=\frac{2}{3}r \rightarrow d\mu=\frac{2}{3}dr \rightarrow \frac{3}{2}d\mu=dr$

준식$=\frac{5}{9}\int \frac{1}{1+(\frac{2}{3}r)^2}dr=\frac{5}{9}\int \frac{\frac{2}{3}}{1+\mu^2}d\mu$

$=\frac{5}{6}\tan^{-1}\mu+c=\frac{5}{6}\tan^{-1}(\frac{2}{3}r)+c$

(7) 이때 $u=\sin^{-1}x$ 이고,

$du=\frac{dx}{\sqrt{1-x^2}}$, $\int e^u du=e^u+c=e^{\sin^{-1}x}+c$

(8) $u=\cos x \rightarrow du=-\sin x\,dx \rightarrow -du=\sin x\,dx$

준식$=\int 2u^{-\frac{1}{2}}(-du)=-4u^{\frac{1}{2}}+c$

$=-4(\cos x)^{\frac{1}{2}}+c$

(9) $\mu=2t^{\frac{3}{2}} \rightarrow d\mu=3t^{\frac{1}{2}}dt \rightarrow \frac{1}{3}d\mu=\sqrt{t}\,dt$

준식$=\int \sin\mu\frac{1}{3}d\mu=-\frac{1}{3}\cos\mu+c$

$=-\frac{1}{3}cos(2t^{\frac{3}{2}})+c$

(10) $u=\tan x \rightarrow du=\sec^2x\,dx$

준식$=\int e^u du=e^u+c=e^{\tan x}+c$

(11) $u=2(r-1) \rightarrow du=2dr \rightarrow \frac{1}{2}du=dr$

준식$=\int \frac{3}{\sqrt{1-u^2}}\frac{1}{2}du=\frac{3}{2}\sin^{-1}u+c$

$=\frac{3}{2}\sin^{-1}(2r-2)+c$

(12) $u=\frac{2x-1}{2} \rightarrow du=dx \rightarrow du=dx$

준식$=\frac{1}{4}\int\frac{1}{u\sqrt{u^2-1}}du=\frac{1}{4}\sec^{-1}u+c$

$=\frac{1}{4}\sec\frac{2x-1}{2}+c$

(13) $t=\tan u \rightarrow dt=\sec^2 u\, du$

준식$=\int e^t dt=e^t+c=e^{\tan\mu}+c$

(14) $u=s^2 \rightarrow du=2sds$

준식$=\int\frac{1}{\sqrt{1-u^2}}du=\sin^{-1}u+c$

$=\sin^{-1}(s^2)+c$

3. (1) 준식$=\int\frac{1}{\sqrt{-(t-2)^2+1}}dt=\sin^{-1}(t-2)+c$

(2) 준식$=\int\frac{1}{(x+1)\sqrt{(x+1)^2-1}}dx=\sec^{-1}|x+1|+c$

4. (1) $\int x\sin\frac{x}{2}dx=x(-\cos\frac{x}{2})\cdot 2-\int(-\cos\frac{x}{2})\cdot 2dx$

$=-2x\cos\frac{x}{2}+4\sin\frac{x}{2}+c$

(2) $\frac{1}{2}x^2\ln x-\frac{1}{4}x^2+c$

(3) $\int x^3e^x dx=x^3e^x-\int 3x^2e^x dx$

$=x^3e^x-3(x^2e^x-\int 2xe^x dx)$

$=x^3e^x-3x^2e^x+6\int xe^x dx$

$=x^3e^x-3x^2e^x+6(xe^x-\int e^x dx)$

$=x^3e^x-3x^2e^x+6xe^x-6e^x+c$

(4) $-\frac{1}{2}\theta^2\cos 2\theta+\frac{1}{2}\theta\sin 2\theta+\frac{1}{4}\cos 2\theta+c$

(5) $\int e^{2x}\cos 3x\, dx$를 I라 하자.

$I=e^{2x}\sin 3x\cdot\frac{1}{3}-\int 2e^{2x}\sin 3x\cdot\frac{1}{3}dx$

$=\frac{e^{2x}}{3}\sin 3x-\frac{2}{3}(-e^{2x}\cos 3x\cdot\frac{1}{3}$

$-\int 2e^{2x}(-\sin 3x)\cdot\frac{1}{3}dx)$

$=\frac{e^{2x}}{3}\sin 3x+\frac{2}{9}e^{2x}\cos 3x-\frac{4}{9}I$

$\frac{13}{9}I=\frac{3e^{2x}}{9}\sin 3x+\frac{2}{9}e^{2x}\cos 3x$

$I=\frac{e^{2x}}{13}(3\sin 3x+2\cos 3x)+c$

[연습문제 2.2]

1. (1) $\int_0^2 x^2-3x\, dx=\left[\frac{1}{3}x^3-\frac{3}{2}x^2\right]_0^2=-\frac{10}{3}$

(2) 준식$=2[\tan x]_0^{\pi/3}=2\sqrt{3}$

(3) 준식$=\left[-\frac{1}{2}\cos 2x\right]_0^{\pi/8}=\frac{2-\sqrt{2}}{4}$

(4) 준식$=4[\sin^{-1}x]_0^{\frac{1}{2}}=4\sin^{-1}\frac{1}{2}-4\sin^{-1}0$

$=4\cdot\frac{\pi}{6}=\frac{2\pi}{3}$

2. (1) $u=\tan x \rightarrow du=\sec^2 x\, dx;\ x=0 \rightarrow u=0,$

$x=\frac{\pi}{4} \rightarrow u=1$

준식$=\int_0^1 u\, du=\frac{1}{2}[u^2]_0^1=\frac{1}{2}$

(2) $u=x^2+1 \rightarrow du=2x\, dx;\ x=0 \rightarrow u=1,$

$x=\sqrt{3} \rightarrow u=4$

준식$=\int_1^4\frac{2}{\sqrt{u}}du=\int_1^4 2u^{-\frac{1}{2}}du=4[u^{\frac{1}{2}}]_1^4=4$

(3) $u=3\sin x+4 \rightarrow du=3\cos x\, dx \rightarrow \frac{1}{3}du=\cos x\, dx;$

$x=0 \rightarrow u=4,\ x=2\pi \rightarrow u=4$

준식$=\int_4^4\frac{1}{\sqrt{u}}\frac{1}{3}du=0$

(4) $u=\tan\theta \rightarrow du \rightarrow \sec^2\theta\, d\theta;$

$x=0 \rightarrow u=0,\ x=\frac{\pi}{4} \rightarrow u=1$

준식$=\int_0^1 1+e^u du=[u+e^u]_0^1=e$

(5) $u=\ln x \rightarrow du=\frac{1}{x}dx;$

$x=2 \rightarrow u=\ln 2,\ x=4 \rightarrow u=\ln 4$

준식$=\int_{\ln 2}^{\ln 4}\frac{1}{u^2}du=\int_{\ln 2}^{\ln 4}u^{-2}du$

$=[-u^{-1}]_{\ln 2}^{\ln 4}=\dfrac{1}{\ln 4}$

(6) $u=\dfrac{s}{2} \rightarrow du=\dfrac{1}{2}ds$; $s=0 \rightarrow u=0$,

$s=1 \rightarrow u=\dfrac{1}{2}$

준식$=4\displaystyle\int_0^{\frac{1}{2}}\frac{1}{\sqrt{1-u^2}}du=4[\sin^{-1}u]_0^{\frac{1}{2}}=\frac{2}{3}\pi$

(7) 준식$=\displaystyle\int_0^{\pi}\frac{1-\cos 10r}{2}dr=\frac{1}{2}[r-\frac{\sin 10r}{10}]_0^{\pi}=\frac{\pi}{2}$

(8) -1

(9) $u=1+7\ln x \rightarrow du=\dfrac{7}{x}dx \rightarrow \dfrac{1}{7}du=\dfrac{1}{x}dx$;

$x=1 \rightarrow u=1$, $x=e \rightarrow u=8$

준식$=\displaystyle\int_1^8 u^{-\frac{1}{3}}\frac{1}{7}du=\frac{1}{7}\cdot\frac{3}{2}[u^{\frac{2}{3}}]_1^8=\frac{9}{14}$

(10) $u=\ln x \rightarrow du=\dfrac{1}{x}dx$;

$x=1 \rightarrow u=0$, $x=4 \rightarrow u=\ln 4$

준식$=\displaystyle\int_0^{\ln 4}\frac{1}{2}u^3du=\frac{1}{8}[u^4]_0^{\ln 4}=2(\ln 2)^4$

(11) $u=x^2 \rightarrow du=2xdx \rightarrow \dfrac{1}{2}du=x\,dx$;

$x=1 \rightarrow u=1$, $x=\sqrt{2} \rightarrow u=2$

준식$=\displaystyle\int_1^2 2^u\frac{1}{2}du=\frac{1}{2}[2^u]_1^2\frac{1}{\ln 2}=\frac{1}{\ln 2}$

3. (1) $=\dfrac{2}{e}$

(2) $=[x(-\cos x)-1(-\sin x)]_{\frac{\pi}{3}}^{\frac{\pi}{2}}$

$=[-x\cos x+\sin x]_{\frac{\pi}{3}}^{\frac{\pi}{2}}=\dfrac{\pi}{6}-\dfrac{\sqrt{3}}{2}+1$

(3) $u=\ln x$, $v'=x$

$u'=\dfrac{1}{x}$, $v=\dfrac{1}{2}x^2$

$=\left[\dfrac{1}{2}x^2\ln x\right]_1^e-\displaystyle\int_1^e\frac{1}{2}xdx$

$=\left[\dfrac{1}{2}x^2\ln x\right]_1^e-\left[\dfrac{1}{4}x^2\right]_1^e$

$=\dfrac{1}{4}e^2+\dfrac{1}{4}$

(4) $\dfrac{\pi}{4}-\ln\sqrt{2}$

4. (1) $\displaystyle\int_0^{\infty}\frac{dx}{x^2+1}=\lim_{b\to\infty}\int_0^b\frac{dx}{x^2+1}=\lim_{b\to\infty}[\tan^{-1}x]_0^b$

$\displaystyle=\lim_{b\to\infty}(\tan^{-1}b-\tan^{-1}0)=\frac{\pi}{2}-0=\frac{\pi}{2}$

(2) $\displaystyle\int_{-\infty}^{-2}\frac{2dx}{x^2-1}=\int_{-\infty}^{-2}\frac{dx}{x-1}-\int_{-\infty}^{-2}\frac{dx}{x+1}$

$\displaystyle=\lim_{b\to-\infty}[\ln|x-1|]_b^{-2}-\lim_{b\to-\infty}[\ln|x+1|]_b^{-2}$

$\displaystyle=\lim_{b\to-\infty}[\ln\left|\frac{x-1}{x+1}\right|]_b^{-2}$

$\displaystyle=\lim_{b\to-\infty}\left(\ln\left|\frac{-3}{-1}\right|-\ln\left|\frac{b-1}{b+1}\right|\right)$

$\displaystyle=\ln 3-\ln\left(\lim_{b\to-\infty}\frac{b-1}{b+1}\right)$

$=\ln 3-\ln 1=\ln 3$

(3) $\displaystyle\int_0^{\infty}\frac{dx}{(1+x)\sqrt{x}}$; $\left[\begin{array}{l}u=\sqrt{x}\\ du=\dfrac{dx}{2\sqrt{x}}\end{array}\right]\rightarrow\displaystyle\int_0^{\infty}\frac{2du}{u^2+1}$

$\displaystyle=\lim_{b\to\infty}\int_0^b\frac{2du}{u^2+1}$

$\displaystyle=\lim_{b\to\infty}[2\tan^{-1}u]_0^b$

$\displaystyle=\lim_{b\to\infty}(2\tan^{-1}b-2\tan^{-1}0)$

$=2\left(\dfrac{\pi}{2}\right)-2(0)=\pi$

(4) $\displaystyle\int_0^1 x\ln x\,dx=\lim_{b\to0^+}\left[\frac{x^2}{2}\ln x-\frac{x^2}{4}\right]_b^1$

$\displaystyle=\left(\frac{1}{2}\ln 1-\frac{1}{4}\right)-\lim_{b\to0^+}\left(\frac{b^2}{2}\ln b-\frac{b^2}{4}\right)$

$\displaystyle=-\frac{1}{4}-\lim_{b\to0^+}\frac{\ln b}{\left(\frac{2}{b^2}\right)}+0$

$\displaystyle=-\frac{1}{4}-\lim_{b\to0^+}\frac{\left(\frac{1}{b}\right)}{\left(-\frac{4}{b^3}\right)}$

$\displaystyle=-\frac{1}{4}+\lim_{b\to0^+}\left(\frac{b^2}{4}\right)=-\frac{1}{4}+0=-\frac{1}{4}$

(5) $\displaystyle\int_{-1}^{\infty}\frac{d\theta}{\theta^2+5\theta+6}=\lim_{b\to\infty}\left[\ln\left|\frac{\theta+2}{\theta+3}\right|\right]_{-1}^b$

$\displaystyle=\lim_{b\to\infty}\left[\ln\left|\frac{b+2}{b+3}\right|\right]-\ln\left|\frac{-1+2}{-1+3}\right|$

$=0-\ln\left(\dfrac{1}{2}\right)=\ln 2$

(6) $\int_0^{\ln 2} x^{-2}e^{-1/x}dx;\ \left[\frac{1}{x}=y\right] \rightarrow \int_{\infty}^{1/\ln 2} \frac{y^2e^{-y}dy}{-y^2}$

$=\int_{1/\ln 2}^{\infty} e^{-y}dy = \lim_{b\to\infty}[-e^{-y}]_{1/\ln 2}^{b}$

$=\lim_{b\to\infty}[-e^{-b}]-[-e^{-1/\ln 2}]$

$=0+e^{-1/\ln 2}$, 따라서 적분은 수렴한다.

(7) $\int_2^{\infty} \frac{dv}{\sqrt{v-1}};\ \lim_{v\to\infty}\frac{\left(\frac{1}{\sqrt{v-1}}\right)}{\left(\frac{1}{\sqrt{v}}\right)} = \lim_{v\to\infty}\frac{\sqrt{v}}{\sqrt{v-1}}$

$=\lim_{v\to\infty}\frac{1}{\sqrt{1-\frac{1}{v}}} = \frac{1}{\sqrt{1-0}} = 1$ and $\int_2^{\infty}\frac{dv}{\sqrt{v}}$

$=\lim_{b\to\infty}[2\sqrt{v}]_2^b = \infty,$

발산 $\Rightarrow \int_2^{\infty}\frac{dv}{\sqrt{v-1}}$ 는 극한 비교판정법에 의해 발산한다.

INDEX

B

C

D

E

F

G

H

I

J

M

N

P

R